算数から数学へ

もっと成長したい
あなたへ

黒木哲徳
Tetsunori Kurogi

日本評論社

まえがき

　このたび,『算数から数学へ』をおとどけできることを大変うれしく思います.

　この本の内容はタイトルの印象とは違い, 決してやさしくはないことを断っておきます.

　生活的話題や算数的話題が数学的にはどのように扱われるのかを感知していただければ幸いです. その内容も普段の学校数学ではあまり取り上げられない話題を取り上げています. 多くの読者にとっては学校数学以外のテーマは不慣れかと思いますが, これらを通して「数学とは何か」を知っていただくきっかけになればうれしく思います. 文明社会の牽引と文化の創造に数学は大きな役割を果たしてきました. 本書では, 数の計算から始まってルネッサンスの美の創造, 中学校の幾何学の到達点であるピタゴラスの定理の面白さやその空間的な意味, 最後はデータに潜む人間の心理までを学校数学のテーマごとのお話にしてあります. 一応, 章ごとに独立して読めるようにはしてありますので, お好きなところからどうぞ. ただ, 大筋の紹介ということで, 数学的厳密性は犠牲にしました. フランスの数学者ルネ・トムは, 1970年代に次のように述べています.

　　数学教育の立ち向かわなければならない問題は, 厳密性の問題ではなく,「感覚＝意味」の構成の問題であり, 数学的な対象の「存在論的正当化」の問題である.

　　　　　　　（「現代数学と通常の数学」:『何のための数学か』(R. ジョラン編,
　　　　　　　　　　　　　　森 毅, 齋藤正彦訳, 東京図書)に収録）

　本のタイトルに関わって, 個人的な経験をお話しします.

　戦後の民主主義の高揚した時期に, 信号機もまともな舗装道路もない片田舎で, 小学校から高校までの教育を受けました. 先生はもとよりみんなが新しい国づくりに燃えていた時代でした. 三年生で掛け算九九が言えずに廊下に立たされたのも懐かしい思い出です. しかしながら, 六年生までに漢字と計算の一通りが完璧にできればよいというくらいの, のんびりした教育でし

た．お蔭で算数嫌いにならずに済みました．すぐ隣に中学校があり，白線が一本入った帽子を被った中学生たちが凛々しく見え，早く中学生になりたいと思いました．数学との最初の出会いは四則演算です．毎朝の学級朝礼で，教室の前に貼ってある四則演算を斉唱させられました．何か小学校とは違うぞ，という思いの一方で，なぜこんなあたり前のことを毎日言わせるのかが疑問でした．この疑問が解けたのは，大学の数学科に進んでからでした．高校での数学との最初の出会いは因数定理でした．因数分解にてこずった中学校に比べると，まさに魔法のような定理に思えました．何か高尚な世界を垣間見たようで，少し大人になった気分でした．これが数学に傾倒していくきっかけでした．とはいっても，書店は高校のある隣町の一軒のみで，数学への好奇心を満たすにはせいぜい受験参考書くらいしかありませんでした．ともかく，受験参考書を読むくらいのことだったのですが…．一方で，なぜか生徒会会長をさせられ，成績の張り出し（成績順番と名前が50人ほど廊下に張り出された）を中止させたり，校則の改革に取り組んだりしたのも当時の時代的状況だったのかなと思います．

　長年「算数学」の必要性を強調してきました（『入門算数学』（日本評論社）という本を上梓しています）．算数と数学は違いがあります．それは学問的なことというより，人間の発達的な部分にあると考えています．算数から数学へと移行するのは，ちょうど精神的発達の状態が具体的な理解から抽象的な理解へと移行する時期でもあります．「算数学」の必要性を強調するのもそのような理由からです．個人的経験から，この時期に，その成長に相応しいものの存在とその違いがわかることが重要だと思っています．学校で数学を学ぶというのは人間の成長と深い関連があると考えています．ただ数式の運用や問題の解き方だけが分かればいいとわけではないのです．中学校から高校でも然り．同じ数学とは言ってもその一般性において大きな違いがあります．その違いをわかることが重要です．その意味で本書が少しお役に立てればうれしいという思いがあります．

　学校の勉強だけでなく，小説を読むように，ゲームをするように，数学の考えを学んでみてはいかがでしょうか．数学には，小説やゲームとはまた違った遊びとディオニッソス的興奮が詰まっています．と同時に，数学の場合は，そこに自分なりの意味づけをすることがとても大切です．意味のない学びが続かないことは，読者のみなさんは百も承知だと思います．そのための手助けになれば幸いです．

最後に，本書の挿絵は『入門算数学』（日本評論社）で協力をいただいた山田（旧姓高塚）直子さんにお願いしました．挿絵に助けられています．また，この本の出版にご苦労いただいた大賀雅美さんに感謝いたします．この書名は彼女からいただいたものです．期待にそえるものになっているとうれしいです．本の内容に関しては，もともと十数年以上も前の 2007 年 11 月号〜2009 年 3 月号（全 14 回）に『数学セミナー』（日本評論社）に連載させていただいたものに新たな話題を加えたものです．したがって，章によっては少々読み易さの違いがあるかもしれないことをお許しください．あわせて，当時の編集者であられた西川雅祐さんに感謝申し上げます．

2019.5.15　　　　著者記す

まえがき

目次

計算

の章

① 先人の知恵
九去法と十一去法

1.1●たかが計算，されど計算

　昔のことであるが，研究と講演のため東欧のルーマニアに行く機会があった．

　古い時代にモルドバ公国の首都であったヤシという町にあるアレキサンダー・クザというルーマニアで最も古い大学が目的地であった．ブカレストからヤシに向かう列車でのことだが，途中の駅から乗車してきた若い女性がやおら取り出したのが，一時流行した「数独」だった．夢中でやっているので話しかけるのは遠慮した．こんなところで数独にお目にかかるとは考えもしなかった．ちょうどヨーロッパのある国からこの地に来たので，かの地でのことが思い出された．これも列車の中での経験だが，朝のサンドイッチを購入した時のこと，日本流にいうと釣銭を計算しやすいように大きいお金と小銭を渡したのである．ところがなかなかおつりがこない．車内販売の彼女はずーっと立ったままなので，どうぞお掛けくださいといったのだが，座ってもまだおつりが来ない．そこでようやく察した．つまり，小銭の処理に困ってしまったのである．こちらでは釣銭をくれるときは，たいていは数え足しである．余計なことをしてしまったのである．

計算にまつわる二つの思い出であるが，近年の学校では学力の二極化が進んでいて，計算の分野でも例外ではないらしい．将来のわが国では，計算を楽しむ光景に出くわすのか，計算に困る光景に出くわすのか，いかに？

現代は計算には電卓があるので何をいまさらとお考えのむきもあろうが，数感覚は計算することによってはじめて養われるものである．だからといって，百マス計算的なものばかりでは寂しい．計算の持つ楽しさの工夫が必要である．実際，普通の人が計算の仕方を獲得できたのはつい数世紀前のことであり（それまでは計算とはごく限られた人の特権だった），たかが計算くらいと侮ってはいけない．

中世のヨーロッパでは，上流階級の人々は商売人のやることだからと計算を軽蔑していたらしい．たしかに，計算高い人というのは決して褒め言葉ではない．しかし，実のところ，計算はけっして易しくはなかったのである．とりわけ，割り算が難しかったようで，当時は大学でまじめに割り算を教えていたという話もあるくらいである．掛け算も大変だったようで，計算は特殊な技能だった．計算親方などという職業が生まれたのは，商業的な発展がその背景にあるとしても，計算が一つの技能であったことを物語る．驚くことには，貴族や上流階級の子弟が学ぶイギリスのパブリック・スクール（私立の学校）では，19世紀になるまでは計算はおろか数学も学校のカリキュラムから除外されていたという．カジョリの『初等数学史』(共立出版)には，18世紀の終わり頃までは，パブリック・スクールの普通の生徒は 2021÷43 ができなかったといっても過言ではないと述べられている．まあ，計算する必要がないほどに豊かな階級だったということなのかもしれない．

さて，これから紹介する**九去法**は 12 世紀のインドで使われていた検算の方法である．インドの計算法は，計算の途中を記録しない（消してしまう）ので，結果が合っているか否かを検算することがとても重要だったようだ．その後，16 世紀のヨーロッパにインド的な計算方法が広まったが，印刷技術の発達や筆算のやり方が進歩して，途中のチェックができるので，しだいに九去法による検算は重要性を失っていった．

しかし，現代はどうであろうか？　電卓やコンピュータは便利ではあるが，計算途中が残らないのは 12 世紀のインドと同じであるともいえる．機械は間違わないという信念の人には検算は無用かもしれないが，打ち込みミスはいつでも起きるものである．今の時代にこのアナログ思考を見直してみてはどうだろうか．

九去法は，3 世紀の最も重要なローマの神学者のヒッポリトス（170—236）という人が知っていたとのことである．

1.2●九去法

　3759＋2705 ＝ 6464 という計算が合っているかを次のように検算した．

（1）3759 のすべての桁の数字を足し算する．
$$3+7+5+9 = 24$$
次に 24 の数字を桁ごとに足し算する．
$$2+4 = 6$$

（2）2705 のすべての桁の数字を足し算する．
$$2+7+0+5 = 14$$
再び，14 の数字を桁ごとに足し算する．
$$1+4 = 5$$

（3）3759＋2705 に対応して，（1）と（2）の結果を加える．
$$6+5 = 11$$
11 の数字を桁ごとに足す．
$$1+1 = 2$$

（4）今度は計算結果の 6464 に対して，同じことを行う．
$$6+4+6+4 = 20,$$
$$2+0 = 2$$
このとき（3）と（4）はともに 2 となるので，いまの計算 3759＋2705 ＝ 6464 は正しいと判断する．なぜかは後ほど説明する．

　ただ，この場合「絶対間違っていない！」と主張できないのが弱いところである．というのは，（4）の過程を見てもらえばいいが，すべての数字を桁ごとに足しているのであるから，その答えが 6464 であろうと 6644 であろうと
$$6+4+6+4 = 6+6+4+4 = 20, \quad 2+0 = 2$$
で同じになるから，3759＋2705 ＝ 6644 と計算したとしても，誤りをチェックできない．ここがこの検算の弱点である．したがって，必要条件ではあるが十分条件ではない．もし，3759＋2705 ＝ 6474 と計算したとすれば，上記（4）のところが，

$$6+4+7+4 = 21, \qquad 2+1 = 3 \tag{4'}$$

となり，$2 \neq 3$ なので，この計算は間違っていると結論するのである．このようにして，すべての桁の数字の計算からもとの計算結果の間違いが判定できるということである．

この方法が**九去法**と呼ばれるのは，次のような理由からである．

3759 で行ったことを振り返ってみよう．最初の桁の数字の足し算（以下，「数字の総和」と呼ぶことにする）は $3+7+5+9 = 24$ であった．いま，この数字から 9 を引けるだけ引くと

$$24-9 = 15, \qquad 15-9 = 6$$

となり，(1) の 6 になる．つまり，数字の総和から 9 を引けるだけ引いた残りの数ということになる．ここから，九去法と呼ばれているのである．

数字を桁ごとに足すことと 9 を取り去るということがどのように関連しているかを説明しよう．

$$\begin{aligned}
&3759-(3+7+5+9) \\
&\quad = (3000-3)+(700-7)+(50-5)+(9-9) \\
&\quad = 3(1000-1)+7(100-1)+5(10-1)+(9-9) \\
&\quad = 3\times999+7\times99+5\times9
\end{aligned}$$

と書けるから，（もとの数）$-$（数字の総和）$= 3759-24$ は 9 で割り切れることがわかる．これはどんな数であろうと成立する．つまり，

「ある数を 9 で割った余り」

　　　＝「その数字の総和を 9 で割った余り」 　　　　　　　　　　　　(A)

ともいえる．

正の整数の割り算であるから，9 で割るというのは，9 を引けるだけ引くということに対応しているので，次のように言い換えてもよい．

「ある数から 9 を引けるだけ引いた余り」

　　　＝「その数字の総和から 9 を引けるだけ引いた余り」

これが最初に述べたことである．

さて，二つの数を足した場合に，いま述べた性質はどうなるかを考えてみよう．二つの正の整数を X と Y としよう．このとき，次の性質が成り立つのである．

「$X+Y$ を 9 で割った余り」

　　　＝（「X を 9 で割った余り」＋「Y を 9 で割った余り」）

「$X+Y$ を 9 で割った余り」と（「X を 9 で割った余り」＋「Y を 9 で割った余

り」）を考えると，前者は9を越えることはないが，後者は9を越えることがある．しかし，このとき，後者を再び9で割ることで，両者の余りは等しくなるのである．

このことを説明しよう．原理(A)を適用して，

　「$X+Y$ を9で割った余り」

　　＝「数 $X+Y$ の数字の総和を9で割った余り」

一方，

　「X を9で割った余り」

　　＝「X の数字の総和を9で割った余り」

　「Y を9で割った余り」

　　＝「Y の数字の総和を9で割った余り」

　「X を9で割った余り」＋「Y を9で割った余り」

　　＝「X の数字の総和を9で割った余り」

　　　＋「Y の数字の総和を9で割った余り」

この和が9を超えるときは，再び(A)を適用して9で割ってその余りを出せばよい．

まとめると，次のようになる．

　「数 $X+Y$ の数字の総和を9で割った余り」

　　＝（「X の数字の総和を9で割った余り」

　　　＋「Y の数字の総和を9で割った余り」）

　　（ただし9より大きければさらに9で割った余り）

こうして，$X+Y$ の計算が正しければ，これらの余りどうしも等しくなる．

これが，九去法を使った検算のやり方である．

九去法は足し算だけでなく，引き算，掛け算，割り算の検算にも使える．

また，「ある数が9で割り切れるかどうかは，その数字の総和が9で割れるかどうかである」というよく知られた性質も九去法の結果である．

このような数の遊びは，小学生高学年から中学生にとっては結構おもしろい遊びではないだろうか？

1.3●合同式の考え方

さて，以上に述べたことを少し効率的に考えるために，合同式という概念を導入するのが便利である．**合同式**は，ドイツの数学者フリードリッヒ・ガウス（1777—1855）によって導入された．

ある整数 a を正の整数 m で割るということを考えてみよう．このとき，整数 a を m で割った商を q として，余りを r と書けば，

$$a = mq + r, \qquad 0 \leqq r < m \tag{B}$$

となる．

$$a = 13, \quad m = 5 \ ならば \ 13 = 5 \times 2 + 3$$

ただし，$a < 0$ の場合には「割る」という表現は適切ではなく，(B)が成立するようにすると考える．

$$a = -27, \quad m = 5 \ ならば \ -27 = 5 \times (-6) + 3$$

この場合も 3 を「余り」と呼ぶことにする．

二つの整数があって，ある正の整数 m で割ったときの余りが等しいときに，この二つの整数は m を**法**として**合同**であるという．したがって，13 と -27 は 5 を法として合同である．これを $13 \equiv -27 \ (5)$ と表記する．

同じことであるが，これは $13 - (-27)$ が 5 で割り切れることを意味する．したがって，整数 a と b が正の整数 m を法として合同であることを $(a - b)$ が m で割り切れることであると定義してもよい．

$$a \equiv b \ (m) \Longleftrightarrow (a - b) \ が \ m \ で割り切れる$$

さて，この「$\equiv$」（合同）は等式と同じように，次の性質を持つ．

$$a \equiv a \ (m)$$
$$a \equiv b \ (m) \Longrightarrow b \equiv a \ (m)$$
$$a \equiv b \ (m), \ b \equiv c \ (m) \Longrightarrow a \equiv c \ (m)$$

この三つの性質が成り立つ関係を**同値関係**という．この性質は式を運用していく上で最低限必要なことである．

合同式に馴れるために具体例を考えてみよう．0, 1, 2, 3, 4, 5, 6, 7, 8, 9, 10 で

図形の合同なら知っているけど…

$m = 5$ とすれば，差が 5 で割り切れればよいから，

$$1 \equiv 6 \ (5), \quad 2 \equiv 7 \ (5), \quad 3 \equiv 8 \ (5),$$
$$4 \equiv 9 \ (5), \quad 0 \equiv 5 \equiv 10 \ (5)$$

もともと 5 で割った余りを問題としていたわけであるから，5 を法として考えることは，いかなる整数も 5 以下の数 $0, 1, 2, 3, 4$ のいずれかと合同ということである．

　これはマイナスの数になっても同じである．$-1, -2, -3, -4, -5, -6, -7,$ $-8, -9, -10$ では，次のようになる．

$$-1 \equiv 4 \ (5), \quad -6 \equiv 4 \ (5), \quad -2 \equiv 3 \ (5), \quad -7 \equiv 3 \ (5),$$
$$-3 \equiv 2 \ (5), \quad -8 \equiv 2 \ (5), \quad -4 \equiv 1 \ (5), \quad -9 \equiv 1 \ (5),$$
$$-5 \equiv 0 \ (5), \quad -10 \equiv 0 \ (5)$$

両辺の数の差が 5 で割り切れればよいことから明らかであろう．

　プラス，マイナスいずれにしても法が 5 の場合は，5 以下の数 $0, 1, 2, 3, 4$ のいずれかと合同になる．

　さらに，合同式では次のような足し算，引き算，掛け算ができる．

　以下で使用する文字はすべて整数を表しているものとする．

　（1）$a \equiv b \ (m), \ c \equiv d \ (m) \Longrightarrow a \pm c \equiv b \pm d \ (m)$

　（2）$a \equiv b \ (m), \ k$ を整数 $\Longrightarrow ka \equiv kb \ (m)$

　（3）$a \equiv b \ (m), \ c \equiv d \ (m) \Longrightarrow ac \equiv bd \ (m)$

最初の二つは，定義より明らかである．（3）は，

$$ac - bd = ac - bc + bc - bd$$
$$= (a-b)c + (c-d)b$$

$a-b$ と $c-d$ はともに m で割り切れるから，この式全体が m で割り切れる．これより $ac \equiv bd \ (m)$ である．

$m = 5$ のときは，すべての数は5以下の数と合同であるから，足し算，掛け算は次の表だけで十分である．

+	0	1	2	3	4
0	0	1	2	3	4
1	1	2	3	4	0
2	2	3	4	0	1
3	3	4	0	1	2
4	4	0	1	2	3

×	0	1	2	3	4
0	0	0	0	0	0
1	0	1	2	3	4
2	0	2	4	1	3
3	0	3	1	4	2
4	0	4	3	2	1

　この数表でみるように，合同式の世界で考えれば，$1+4$ は 0 になり，$2×3$ が 1 になるということである．通常の数の扱いとは違った考え方をすることを通して数学って作るものだということを感じていただきたい．

　ところが，割り算になるとちょっと厄介である．

　整数 a と b がともにある整数 k で割れる場合，一般には $a \equiv b \ (m) \Longrightarrow a \div k \equiv b \div k \ (m)$ は成り立たない．例えば，$4 \equiv 22 \ (6)$ であるが，$4 \div 2 \equiv 22 \div 2 \ (6)$ とはならない（実際，$2 \equiv 11 \ (6)$ だとすると，$11 - 2 = 9$ が 6 で割り切れなければならないことになる）．しかし法も割ると考えれば，$4 \div 2 \equiv 22 \div 2 \ (6 \div 2)$ は成り立つ．たしかに，$2 \equiv 11 \ (3)$ である．

　一般には，整数 a と b がともにある整数 k で割り切れる場合，

（4）k と m の最大公約数が d ならば，
$$a \equiv b \ (m) \Longrightarrow a \div k \equiv b \div k \ (m \div d)$$
　　が成り立つ．したがって，k と m の最大公約数が k ならば，
$$a \equiv b \ (m) \Longrightarrow a \div k \equiv b \div k \ (m \div k)$$
　　が成り立つ．

（5）k と m が ± 1 以外の公約数を持たないならば，
$$a \equiv b \ (m) \Longrightarrow a \div k \equiv b \div k \ (m)$$
　　が成り立つ．

　(4)は次のように説明できる．

　k と m の最大公約数が d なので $k = dg, \ m = dn$ と書ける．最大公約数ということから g と n は ± 1 以外に共通の約数を持たない．a も b も k で割り切れるとしているので，$a = ks, \ b = kt$ とすると $a = dgs, \ b = dgt$ となる．

a と b は合同なので, $a-b = dg(s-t)$ は $m = dn$ で割り切れる. したがって, $g(s-t)$ が n で割り切れる. g と n は共通の約数を持たないので, $s-t$ が n で割り切れる. こうして, $s \equiv t$ (n) となる.

$s = a \div k, \ t = b \div k, \ n = m \div d$ なので,

$$a \div k \equiv b \div k \ (m \div d)$$

が成り立つ.

さて, 合同式の基本的性質がわかったところで, 九去法を合同式を使って説明しよう.

1.4●合同式と九去法

まず, 整数係数の x の多項式を $f(x)$ としよう. その $f(x)$ が, 次のように書けているとする. $a_0, a_1, a_2, \cdots, a_n$ は整数.

$$f(x) = a_n x^n + a_{n-1} x^{n-1} + a_{n-2} x^{n-2} + \cdots + a_2 x^2 + a_1 x + a_0$$

このとき, m を法として合同な二つの整数 p と q に対して, $f(p)$ と $f(q)$ も m を法として合同になる. つまり,

$$p \equiv q \ (m) \Longrightarrow f(p) \equiv f(q) \ (m)$$

が成立する.

なぜなら, 最高の次数の部分 $a_n x^n$ を考えてみよう. 1.3 でみたように, 掛け算で合同式は変わらないから, $p \equiv q \ (m)$ ならば $p^n \equiv q^n \ (m)$ であり, 整数倍してもやはり合同式は変わらないから $a_n p^n \equiv a_n q^n \ (m)$ となる. 同様に $a_{n-1} p^{n-1} \equiv a_{n-1} q^{n-1} \ (m)$ となる.

合同式では足し算が成立するので,

$$a_n p^n + a_{n-1} p^{n-1} \equiv a_n q^n + a_{n-1} q^{n-1} \ (m)$$

これを続けていけば, 次のようになる.

$$a_n p^n + a_{n-1} p^{n-1} + a_{n-2} p^{n-2} + \cdots + a_2 p^2 + a_1 p + a_0$$
$$\equiv a_n q^n + a_{n-1} q^{n-1} + a_{n-2} q^{n-2} + \cdots + a_2 q^2 + a_1 q + a_0 \ (m)$$

こうして, $f(p) \equiv f(q) \ (m)$ が得られる.

九去法に戻ってみよう.

九去法は, 9 を取り去っていくということであるが, 取り去るというのは 9 を 0 と見ることと同じなので, 9 を法として考えるということである.

$$9 \equiv 0 \ (9)$$

最初の節で，$3759-(3+7+5+9)$ が 9 で割り切れるということを見た．これを合同式で書けば，

$$3759 \equiv 3+7+5+9 \ (9)$$
$$\equiv 6 \ (9)$$

つまり，3759 を 9 で割れば余りが 6 になることを示している．

このことを合同式の立場から説明してみよう．

$$3759 = 3\times1000+7\times100+5\times10+9$$
$$= 3\times10^3+7\times10^2+5\times10+9$$

ここで $f(x) = 3x^3+7x^2+5x+9$ とおけば，$x = 10$ として，

$$3759 = f(10)$$

一方，

$$3+7+5+9 = f(1)$$

ところで，$10 \equiv 1 \ (9)$ である．こうして，この節の最初で述べたように，$f(10) \equiv f(1) \ (9)$ となるから，

$$3759 \equiv 3+7+5+9 \ (9)$$

である．これが，合同式の立場からみた「九去法」の正当性の説明である．

このように，合同式という概念を導入することで，いろいろなことを考えたり，面白い結果を導くこともできる．これが数学の楽しさである．新たな記号の導入は考え方を簡潔にできるだけではなく，思考の発展をも促すのである．記号の持つ良さを感知できれば，それだけでも数学の世界の素晴らしさがわかるのではないだろうか．

$9 \equiv 0 \ (9)$ と考えるのが九去法であった．そこで，$11 \equiv 0 \ (11)$ の場合はどうなるかと考えてみよう．すると，

$$10 \equiv -1 \ (11)$$

なので，

$$f(10) \equiv f(-1) \ (11)$$

である．つまり，

$$3759 \equiv -3+7-5+9 \equiv 8 \ (11)$$

である．これは，3759 を 11 で割れば 8 余る，ということを意味している．この方式を**十一去法**と呼ぶ．

九去法と十一去法のどちらも計算方法は楽であるので，この二つを併用することで，検算の正確度は増すことになる．

2 合同式を使って 七五三遊び

2.1●七五三って？

　七五三の祝いとは，男の子は三歳と五歳，女の子は三歳と七歳の 11 月 15 日に行われる成長を祝う行事である．この祝いだけではなく，この三つの数字は私たちの生活に頻繁に出てくる．どうも，1, 3, 5, 7, 9 という奇数は，めでたい数として昔から使われてきたようである．万葉の時代には和歌という形式の詩が盛んで，それは 5, 7, 5, 7, 7 から成っている．なぜ，5 と 7 だけの成句になったのかはわからないが，この 31 文字のなす世界は素晴らしく，意味深いものがある．

　柿本人麻呂の夜明けの情景を詠んだ次のような和歌は有名であるが，なんともいえない味わいがある．

　　ひむがしの　のにかぎろひの　たつみえて
　　かへりみすれば　つきかたぶきぬ　　　　　　　　　（万葉集・巻一）

また，大伴坂上郎女が詠んだという

　　こひこひて　あへるときだに　うるはしき
　　ことつくしてよ　ながくとおもはば　　　　　　　　（万葉集・巻四）

などは，久しぶりの再会に恨み言をいう恋人の表情が目に見えるようである．
　5 文字と 7 文字を使った 5 節 31 文字が醸し出すなんとも奥ゆかしい世界は，字数と形式の制約という一見自由な発想を制限するかに見える思考の枠組みが，情景や気持ちを表現するための最適な言葉を紡ぐという非常に高度の思考を要求した結果である．たぶん，この制約がその時代以降の人々の思考を鍛錬し続けてきたとは言えないだろうか．その意味では数学も同じであ

る．制約された形式は，実は自由な発想の極限であり，その形式に込められた高い抽象性のゆえに活発な研ぎ澄ました思考を必要とするとも言える．

　日本人が数字だけでなく，比較的に数学に強いといわれるのも，そのような文化的な背景があるのかもしれない．最近では，このよさも失われてきつつあるのかな．

　七五三の祝いはおめでたい話だが，「753教育」などと言われるセンセーショナルな使い方もされる．つまり，小学校では7割，中学校では5割，高校では3割の者しか授業についていけていないという統計調査であるが，奇しくも7，5，3となったのか，表現のアピール性から（無意識にしろ）そのような丸め方をするのかは定かではない．

　さて，横道にそれたので本題に戻そう．次のような七五三遊び（著者が勝手に名づけた）をご存知だろうか．

- あなたの年齢を7，5，3で割った余りを教えてください．「0です」「3です」「0です」
- はい，あなたの年齢は63歳ですね．

この問題は，年齢を x とすれば，整数 m, n, k があって

$$\begin{cases} x = 7m \\ x = 5n+3 \\ x = 3k \end{cases} \tag{1}$$

となる．（1）の第一式と第三式より，

$$m : k = 3 : 7$$

となるので，$m = 3t$，$k = 7t$ とおけば，$x = 21t$ となる（t は整数）．これと第二式より $x = 21t = 5n+3$ だから，x は21の倍数であり，5で割って3余る

七五三遊びって？

日本　　中国

数だということになる. $t = 1, 2, 3 \cdots$ を代入していくと, $t = 3$ のときに 63 となり, これは 5 で割って 3 余る数字になる. ここでは年齢を尋ねているので 100 以上の数字は(ほぼ)考えなくてよいだろうから, 63 が求める答えである. 根気強くやれば, 中学生でも解を見つけることができる.

このように個々の問題に即して解を探すことはできる. もっとも, いつもうまく答えが見つかるという保証はないが, この七五三遊びは古くから伝わっており, 4 世紀から 5 世紀に書かれたといわれている中国の『孫子算経』に出てくる.

そこには,「このようにすれば解が求まる」とあるだけで, 当時の人々にとってはその解法を覚えるしかなかったようである. 後世の人々はこれをいろいろな歌にして覚えたようである. その**口遊**の一つは次のようなものである(中国語の歌を日本語的に意訳したもの).

> 3 人いっしょに 70 歳まではまれ, 梅の木 5 本に花枝 21 本, 子供 7 人正月 15 日に里帰り, 後は 105 を引けばよい　　　　(算法統宗, 1593 年)

この歌は $3, 5, 7$ の順序であるので,「3 で割った余りは 0 なので 70×0 とし, 5 で割った余りは 3 なので 21×3 とし, 7 で割った余りは 0 なので 15×0 として, それをすべて足しなさい.」ということである. つまり

$$70 \times 0 + 21 \times 3 + 15 \times 0 = 63$$

もし, この数が 105 より大きくなれば, 105 から引けばよいと言っている. もっとも, この解法は 105 よりは小さい数を求めるという制限つきである.

『孫子算経』は官僚のための教科書であったらしいので, 解法を丸暗記することは苦ではなかったのかも知れないが, 必要なことをマスターするために「口遊」で覚えようとするのは時代を問わず大切だ. わが国の万葉の時代ですら, 貴族の子弟は九九を口ずさんで遊んでいたようである. 実際, 平安時代には『くちのすさみ』という教科書の中に九九があった.

2.2●『孫子算経』の口遊の意味は？

ところで, この解き方は吉田光由の『塵劫記』にも出てくる. そこでは**百五減算**と呼ばれているが, 105 を引いて求めるということから来ている.

なぜ, これで答えが求まるかということを初等的に述べてみよう.

以下（2.2〜2.4）に出てくる文字はすべて整数を表しているものとする．

105 は，105 ＝ 7×5×3 のことである．

いま，ある数 x を 7, 5, 3 で割った商を p, q, r，余りをそれぞれ s, t, u とすると

$$\begin{cases} x = 7p+s \\ x = 5q+t \\ x = 3r+u \end{cases}$$

(2)

となる．第一式に 5×3，第二式に 7×3，第三式に 7×5 をそれぞれ掛ける．

$$\begin{cases} 15x = 105p+15s \\ 21x = 105q+21t \\ 35x = 105r+35u \end{cases}$$

(3)

これらをすべて足し算する．

$$71x = 105(p+q+r)+(15s+21t+35u)$$

右辺の最後の括弧は，s, t, u が最初にわかっているので具体的な数値である．

さて，右辺の第一項は p, q, r がどのような数値であろうとも 105 の何倍かになることを示している．105 が最初に与えられた 7 と 5 と 3 の積で得られる定まった数であることに注目して，この左辺の $71x$ と右辺第一項の 105 を見比べて「$x =$」という式にするには，$35x$ を足して，$71x+35x = 106x = 105x+x$ としておけばよい．

$35x$ を足すことは，(3) の第三式の右辺を足すことであるから

$$105(p+q+r)+(15s+21r+35u)+105r+35u$$
$$= 105(p+q+2r)+(15s+21t+70u)$$

となる．こうして，

$$105x+x = 105(p+q+2r)+(15s+21t+70u)$$

すなわち，

$$x = 105(p+q+2r-x)+(15s+21t+70u)$$
$$= 105w+(15s+21t+70u)$$

（ただし，$w = p+q+2r-x$）

この式の右辺の第一項は，とにもかくにも 105 の何倍かの数であることを示しているにすぎないから，後半の $15s+21t+70u$ を求めて，105 の倍数との調整をすればよいということになる．

こうして，『孫子算経』の 15, 21, 70 を掛けて足すことの理由が理解できる．また，105 より大きくなれば，105 を引いておけばよい理由も納得できるであ

ろう.

　つまり，この問題の答えは，次のような形で求まるということである.
$$x = 105w + (15s + 21t + 70u)$$

『孫子算経』に発したこの問題は，13 世紀に書かれた『**数書 九 章**』の中に
一般的な形での解法が述べられている.　このような整数の問題を扱う統一的
な方法として，18 世紀にガウスが合同式を導入したことを述べた.　この問題
もガウスにより合同式を用いて解決されているが，合同式のない 5 世紀も前
に一般的な解き方に到達していたというのだから驚きである.

　この解法が**中 国 剰余定理**と呼ばれるのはそのためである.　次に，合同式
を用いたこの問題の解法について述べよう.

2.3●七五三遊びの一般的解法

　ある数を $7, 5, 3$ で割った余りをそれぞれ s, t, u とすれば，次の連立合同式
$$\begin{cases} x \equiv s \ (7) \\ x \equiv t \ (5) \\ x \equiv u \ (3) \end{cases} \tag{4}$$
は $7 \times 5 \times 3 = 105$ を法としてただ一つの解を持ち，それは
$$x = 105w + (15s + 21t + 70u) \qquad (w \text{ は任意の整数})$$
という形で表されるというのが 2.2 で述べたことである.

　105 を法としてただ一つの解を持つということは，$0 \leqq x < 105$ の範囲で
は x はただ一つ求まるということである.

　(4)に別の解 x' があるとすれば，次式が成立するはずである.
$$\begin{cases} x \equiv x' \ (7) \\ x \equiv x' \ (5) \\ x \equiv x' \ (3) \end{cases}$$
このことより，$x - x'$ は 7 でも 5 でも 3 でも割り切れるということなので，
$7 \times 5 \times 3 = 105$ で割り切れることになる.　したがって，$x - x' \equiv 0 \ (105)$ とな
り，$x \equiv x' \ (105)$ であり，$0 \leqq x < 105$ の範囲ではただ一つということにな
る.

　これで，105 を越えなければ $x = 15s + 21t + 70u$ が解であり，105 を越えれ
ばそこから 105 を引いておけばよい（$w = -1$ とする）ということになる.　こ

の最後の部分が百五減算と称される理由にあたる.

実は,『数書九章』に出てくるのは,もっと一般的な連立合同式に対する解法である.（合同式とは別の形で書かれている.）

例えば,三つの**互いに素**な(どの二つをとっても 1 以外に共通の約数を持たない)正の整数 a, b, c に対して,「ある数を a で割った余りが s, b で割った余りが t, c で割った余りが u であるとき,この数はどんな数か?」という遊びに対しても適用できる.

つまり,$7, 5, 3$ である必要はない.要は,次の連立合同式を解くという話である.

$$\begin{cases} x \equiv s \ (a) \\ x \equiv t \ (b) \\ x \equiv u \ (c) \end{cases} \qquad (5)$$

この解は,

$$x = k_1 bcs + k_2 act + k_3 abu$$

となる.もし,この値が abc よりも大きくなれば,abc を引いておけばよいというものである.ただし,k_1, k_2, k_3 は次の三つの合同式で求まる整数である.

$$\begin{cases} k_1 bc \equiv 1 \ (a), \\ k_2 ac \equiv 1 \ (b), \\ k_3 ab \equiv 1 \ (c) \end{cases}$$

なぜかというのは第 3 節にするが,このような形で x が表されれば,(5) を満たすことは納得できるだろう.

いま $a = 7$, $b = 5$, $c = 3$ で考えれば,最後の式は,次のようになる.

$$\begin{cases} 15k_1 \equiv 1 \ (7) \\ 21k_2 \equiv 1 \ (5) \\ 35k_3 \equiv 1 \ (3) \end{cases} \qquad (A)$$

k_1, k_2, k_3 に,$1, 2, 3, \cdots$ を代入して試してみれば,$k_1 = 1$, $k_2 = 1$, $k_3 = 2$ とすればよいことがわかる.

こうして,

$$x \equiv 15s + 21t + 70u \ (105)$$

となる.

結局は,この $15, 21, 70$ がわかればよいということになるのだが,そのためには(A)の式を解く必要がある.つまり,最初の合同式を解く代わりに(A)

の形の合同式を解くことに落ち着いたのである.

2.4●合同式を解く

ともかく，（A）の合同式を解いてみよう.

$15k_1 \equiv 1 \ (7)$ から，k_1 を求めてみる.

7 を法としているので，7 の倍数は 0 と合同であるから，

$$7k_1 \equiv 0 \ (7)$$

合同式の計算で，注意を要するのは割り算のときだけであったので（先回述べた），両辺を 2 倍してもよいから，

$$14k_1 \equiv 0 \ (7)$$

$15k_1 \equiv 1 \ (7)$ から $14k_1 = 0 \ (7)$ を引き算すると

$$15k_1 - 14k_1 \equiv 1 - 0 \ (7)$$

となり，

$$k_1 \equiv 1 \ (7)$$

よって，$k_1 = 7p + 1$（p は任意の整数）となる．$p = 0$ とすれば，$k_1 = 1$ となる.

次に，$35k_3 \equiv 1 \ (3)$ を解いてみよう.

$3k_3 \equiv 0 \ (3)$ なので，12 倍して，

$$36k_3 \equiv 0 \ (3)$$

引き算をして，$-k_3 \equiv 1 \ (3)$ なので

$$k_3 \equiv -1 \ (3)$$

$-1 \equiv 2 \ (3)$ より，

$$k_3 \equiv -1 \equiv 2 \ (3)$$

から，$k_3 = 2$ が解の一つとなる.

このように，前節の（A）を解くのはそう難しくはないことがわかる．　　□

もっとも，合同式の方程式はいつも解けるとは限らない.

$15k_1 \equiv 1 \ (7)$ は解けたが，$21k_1 \equiv 1 \ (7)$ は解がない，というより成り立たない．それは 21 が 7 の倍数なので，$21 \equiv 0 \ (7)$ であり，$21k_1 \equiv 0 \ (7)$ となるからである.

●合同式の解の存在 ··

　一般には，$ax \equiv b \ (m)$ は，a と m の最大公約数 d が b を割り切るときにのみ解を持つ．したがって，a と m が互いに素であれば常に解を持つ．

　したがって，前節の（A）が解けるためには条件が必要になる．

　　$15k_1 \equiv 1 \ (7)$

は，15 と 7 とが互いに素であるという解ける条件を満たしている．右辺は 1 なので，15 と 7 が互いに素なとき以外には解がない．

　15 は 7 と互いに素であり，21 は 5 と，35 は 3 と互いに素である．このことが（A）の解ける条件である．これは，7, 5, 3 が互いに素であるということで保証されているのである．七五三遊びがうまくいくのはそのためである．

　もちろん，三つの数字ではなく，二つの数字でもこの方法は使える．したがって，次のような問題もその方法で解けるが，まずは直接解いてみよう．

> **問**
>
> お餅を 40 個作った．ある日，7 個ずつに分けようとしたら 2 個余り，5 個ずつに分けようとしたら 3 個余った．いったいお餅は何個残っていたのだろうか．

　次のような二つの合同式を解く問題である．

$$\begin{cases} x \equiv 2 \ (7) \\ x \equiv 3 \ (5) \end{cases} \tag{6}$$

第一式より

　　$x = 7p + 2$　　（p は任意の整数）

第二式より

　　$x = 5q + 3$　　（q は任意の整数）

これに $p = 1, 2, 3, \cdots$，$q = 1, 2, 3, \cdots$ と逐次代入していけば求まるだろうが，それでは効率が悪いだろう．

　（6）が解きにくいのは，法が違っているからである．もし，法が同じであれば，この節の冒頭に見たように比較的簡単に解くことができる．

　そこで，（6）の二つの式から，一つの法に揃った合同式を作ることを考える．ここがポイントである．

(6)の第一式を 5 倍し，第二式を 7 倍する．$5x = 5 \times 7p + 5 \times 2$ から

$5x \equiv 10 \ (35)$ $\hfill (7)$

$7x = 7 \times 5q + 7 \times 3$ から

$7x \equiv 21 \ (35)$

この二つの合同式を解けばよい．

引き算をして，$7x - 5x \equiv 21 - 10 \ (35)$ から

$2x \equiv 11 \ (35)$

この式を 2 倍して，$4x \equiv 22 \ (35)$．これを(7)式から引けば，

$5x - 4x \equiv 10 - 22 \equiv -12 \ (35)$

$x \equiv -12 \equiv -12 + 35 \equiv 23 \ (35)$

こうして，

$x = 35r + 23$ $\qquad$ (r は任意の整数)

が得られる．

$r = 0$ とすると，$x = 23$ となり，いまは 40 以下で考えているのでこれが求める解になる．（もちろん，$r = 1, 2, 3, 4, \cdots$ とすれば，解は無数にでてくる．）

2.3 の方法に従えば，この解は次のようになる．

$x = k_1 bs + k_2 at$

となる．ここで

$$\begin{cases} k_1 b \equiv 1 \ (a), \\ k_2 a \equiv 1 \ (b) \end{cases}$$

なので，この k_1, k_2 を特定すればよい．

今の場合は，$5k_1 \equiv 1 \ (7)$，$7k_2 \equiv 1 \ (5)$ を解いて，k_1, k_2 はともに 3 となるから，

$x = k_1 bs + k_2 at = 3 \times 5 \times 2 + 3 \times 7 \times 3 = 93$

これは 40 より大きいので，$7 \times 5 = 35$ を 2 回引けばよい．$93 - 2 \times 35 = 23$ となる．

3 道具がもたらした文化

3.1●計算の道具は必要か

　計算に関する歴史を見れば，日本や中国などでは算木やソロバンの実用的な手引書などの発行によるところが大きい．ソロバンが中国で広く用いられるようになるのは13世紀頃のようで，それまでは算木が主流であった．ソロバンが日本に伝わったのは明との交易によるところが大きく，一般に広く普及するのは江戸時代になってからのようである．ソロバンによって，乗法，除法，開平（平方根の計算），開立（立方根の計算）などの数の計算ができるようになり，江戸時代の文化に大きな影響を与えた．ユークリッドの『原論』（詳しくは第三章を参照）と対比される『**九章算術**』の内容もソロバンによって乗り越えられたと言えよう．

　計算力が落ちていると言われる今日，教具としてのソロバンを現代的に見直すことも必要かも知れない．

　さて，二つの数 12649 と 9591 の最大公約数を求めるのにソロバンを使う方法があるが，ご存知だろうか．

　まず二つの数を少し離してソロバンに入れる．このソロバン上で，大きい数から小さい方の数を引けるだけ引く．いまの場合は，最初は 1 回だけ引けて 3058 と 9591 になる．ソロバン上にはこの 3058 と 9591 が残っている．そこで，先ほどと同じことを行う．今度は，3 回引けてソロバン上は 3058 と

417 になる．また，繰り返す．今度は 7 回引けて，139 と 417 となる．同じことを続けると 3 回引けて 139 と 0 となる．このとき 139 が 12649 と 9591 の最大公約数である．

最大公約数は (12649, 9591) という記号で書かれるので，

(12649, 9591) = 139.

いまのプロセスを振りかえると次のようになる．

	12649	9591	
1	9591		左端の 1 は引けた回数を示している
	3058	9591	
		3058×3　3	右端の 3 は引けた回数を示している
	3058	417	
7	417×7		左端の 7 は引けた回数を示している
	139	417	
		139×3　3	右端の 3 は引けた回数を示している
	139	0	

数式で書くと

$$\begin{cases} 12649 = 9591\times1+3058 \\ 9591 = 3058\times3+417 \\ 3058 = 417\times7+139 \\ 417 = 139\times3 \end{cases} \qquad (*)$$

となる．これを使って計算すると

$$\begin{aligned}
12649 &= 9591\times1+3058 \\
&= (3058\times3+417)\times1+3058 \\
&= 3058\times(3+1)+417 \\
&= (417\times7+139)\times(3+1)+417 \\
&= 417\times(7\times(3+1)+1)+139\times(3+1) \\
&= 139\times\{3\times(7\times(3+1)+1)+(3+1)\} \\
&= 139\times91 \\
9591 &= 3058\times3+417 \\
&= (417\times7+139)\times3+417 \\
&= 417\times(7\times3+1)+139\times3
\end{aligned}$$

$$= 139 \times 3 \times (7 \times 3 + 1) + 139 \times 3$$
$$= 139 \times \{3 \times (7 \times 3 + 1) + 3\}$$
$$= 139 \times 69$$

つまり

$$12649 = 139 \times 91$$
$$9591 = 139 \times 69$$

となる. 91 と 69 は 1 以外に共通の約数を持たないので(互いに素), 最大公約数は 139 ということになる. ソロバンであれば非常に手早く確実にできる.

3.2●壁張りの術

今のように, 大きい数から小さい数を引けるだけ引くというのは, 大きい数を小さい数で割り, その余りを求めていることになる. 二つの数の最大公約数を求めるのに大きい数を小さい数で割り, さらに小さい方の数をその余りで割り, さらにその余りを次の余りで割るという方法を続けていけば最大公約数が求まるというアルゴリズムは**ユークリッドの互除法**と呼ばれている. ユークリッドの『**原論**』(紀元前 300 年頃)の第 7 巻(命題 1〜命題 3)にある.

これは次のようにいうこともできる.

> **問**
> 高さ 12649 cm, 幅 9591 cm の壁がある. この壁に同じ大きさの正方形のタイルを張りたい. そのようないちばん大きなタイルを見つけて張れば効率的なので, いちばん大きなタイルを見つけよ.

この壁に張れるいちばん大きな正方形のタイルは，9591 cm×9591 cm のタイルである．そのタイルでは壁に余白が出てしまう．その余白部分 (12649 −9591) cm×9591 cm ＝ 3058 cm×9591 cm の長方形の壁を張るいちばん大きなタイルを考える．一辺が 3058 cm の正方形のタイルがいちばん大きく，三枚のタイルが張れる．それでもやはり余白が出てしまう．次にこの余白の長方形の壁 3058 cm×417 cm を張るいちばん大きなタイルを考える．今度は，417 cm×417 cm のタイルがいちばん大きな正方形タイルであるが，七枚のタイルが張れる．しかし，また余白が出る．その余白の壁は 139 cm×417 cm となる．この壁を張るいちばん大きな正方形タイルは 139 cm×139 cm であり，ちょうど三枚張れる．こうして，最終的には一辺が 139 cm の正方形タイルがこの壁を全部張ることのできる最も大きなタイルになる．このプロセスを計算によって必要なことだけを示すと 3.1 の(*)のようになり，この余りで余りを割る方法がユークリッドの互除法である．つまり，12649 と 9591 の最大公約数を見つける方法である．

　壁張りを図示すると次の図 1 のようになる．

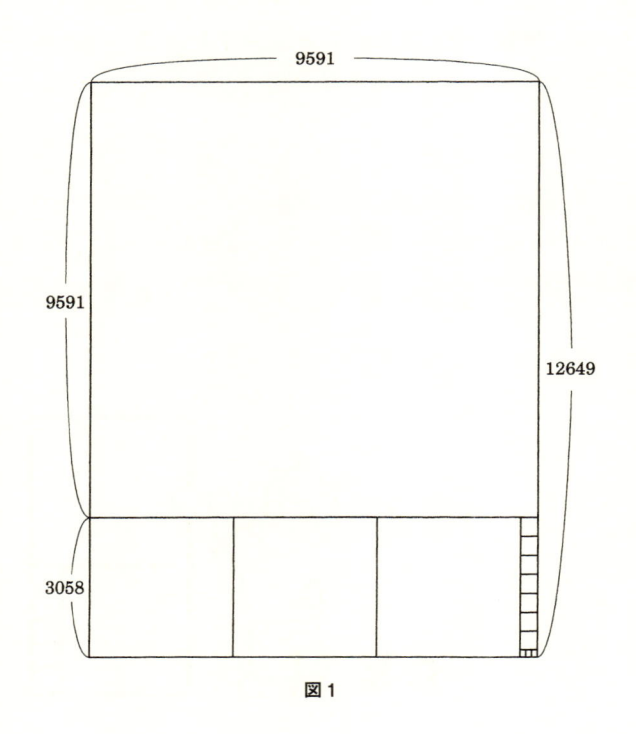

図 1

ところで，この計算のプロセス(*)を逆にたどれば，

$$
\begin{aligned}
(12649, 9591) &= 139 \\
&= 3058 - 417 \times 7 \\
&= 3058 - (9591 - 3058 \times 3) \times 7 \\
&= 3058 \times 22 - 9591 \times 7 \\
&= (12649 - 9591) \times 22 - 9591 \times 7 \\
&= 12649 \times 22 - 9591 \times 29 \\
&= 12649 \times 22 + 9591 \times (-29)
\end{aligned}
$$

とできる．つまり，$139 = (12649, 9591) = 12649 \times 22 + 9591 \times (-29)$ と書ける．

これは一般的に考えても同じことである．

二つの正の整数値 a, b があり，a, b の最大公約数を d とすれば，ある適当な整数 s, t を探してきて，

$$
d = (a, b) = as + bt
$$

とすることができる．

したがって，a, b が互いに素であれば，適当な整数値 s, t を見つけて

$$
as + bt = 1 \tag{1}
$$

とできるということである．もっとも，この解の一つを s_0, t_0 とするとき，任意の整数値 k に対して，

$$
s = s_0 + bk, \qquad t = t_0 - ak
$$

が，(1)の解になるということであり，解は一つに定まるわけではない．

さて，次のような遊びはどこかでお目にかかったことがあるだろう．

> **問**
>
> 生まれた月を 31 倍し，生まれた日を 12 倍して足した数を教えてください．あなたの誕生日を計算してみせます．

もし，あなたの誕生日が 3 月 10 日ならば，$93 + 120 = 213$ となる．

そこで，生まれた月を x，生まれた日を y とした方程式を考えると

$$
31x + 12y = 213
$$

という方程式を解くことになる．12 と 31 は互いに素なので，(1)から $31s +$

$12t = 1$ となる整数 s, t がある．31 と 12 に対して（*）と同じようにしてそれを逆にたどれば，$s = -5,\ t = 13$ という一つの解が得られる．ここで，$31s + 12t = 1$ を 213 倍すれば，$31 \times 213s + 12 \times 213t = 213$ となる．したがって，$x = 213 \times (-5),\ y = 213 \times 13$ が解の一つになることがわかって，このとき，次の形のものが一般的な解になる．

$$x = -1065 + 12k,$$
$$y = 2769 - 31k$$

ところで，$13 > x > 0,\ 32 > y > 0$ であるから，

$$13 > -1065 + 12k > 0 ; \quad 89.8 > k > 88.7,$$
$$32 > 2759 - 31k > 0 ; \quad 89.3 > k > 88.1$$

より $k = 89$ となり，$x = 3,\ y = 10$ がわかって，誕生日を言い当てることができる．

2.3 で述べたように，中国剰余定理は 13 世紀に書かれた『**数書九章**』に出てくる．その中で**秦九韶**という人が，その解

$$x = k_1 bcs + k_2 act + k_3 abu$$

の k_1, k_2, k_3 の統一的な求め方，つまり，

$$\begin{cases} k_1 bc \equiv 1 \ (a), \\ k_2 ac \equiv 1 \ (b), \\ k_3 ab \equiv 1 \ (c) \end{cases}$$

の解法を与えたのである．

後で見るようにユークリッドの互除法によるものと似ているが，それを可能にしたのはまさに計算の道具である算木の存在だったのではないかと推測される．それは，算木を用いる代数である**天元術**の開拓者はこの人だといわれているからである．算木やソロバンが電卓と違うのは，その過程の操作性にある．そこに試行錯誤の思考を支える源泉があるともいえる．

$k_1 bc \equiv 1 \ (a)$ から k_1 を求めるには，bc と a が互いに素であることから，bc と a の最大公約数が 1 であり，ユークリッドの互除法と同じような作業を続けていけば，最後は 1 にたどり着くことを使っている．これは引き算を繰り返す作業なのだから，途中の過程の必要な数値を残していくことになるが，秦九韶は，その過程を算木と言葉で残している．

七五三問題を振り返れば，

$$\begin{cases} 15k_1 \equiv 1 \ (7) \\ 21k_2 \equiv 1 \ (5) \\ 35k_3 \equiv 1 \ (3) \end{cases}$$

を解くことであった(2.3はこのままの形で合同式を解く練習をした). 今回は, ユークリッドの互除法でやってみよう.

$35k_3 \equiv 1 \ (3)$ は 35 と 3 でユークリッドの互除法をやれば,

$$35 = 3 \times 11 + 2$$
$$3 = 2 \times 1 + 1$$

最後の式を書き直す.

$$\begin{aligned} 1 &= 3 - 2 \times 1 \\ &= 3 - (35 - 3 \times 11) \times 1 \\ &= 3 \times 12 - 35 \\ &= 3 \times 12 + 35 \times (-1) \end{aligned} \tag{2}$$

この両辺を 3 を法として考えれば, $1 \equiv 35 \times (-1) \ (3)$ となるので, $k_3 = -1$ である. しかし, $35k_3 \equiv 1 \ (3)$ は 3 を法とした合同式なので, $k_3 = -1 + 3h$ の形のものも解であるから, $h = 1$ として, $k_3 = 2$ となる.

秦九韶は $35k_3 \equiv 1 \ (3)$ を解く方法を「**大衍 求 一 術**」（だいえんきゅういちじゅつ）と呼び, k_3 を**乗 率**（じょうりつ）と呼んでいる. 乗率を求めるプロセスはこのユークリッドの互除法に対応していて,「求一」というのはこの作業の最後の式 $3 = 2 \times 1 + 1$ の余り 1 を指している. この 1 が出てくるまでやれば乗率が求まるという意味である(図 2(次ページ)の 1*).

実際には, $35k_3 \equiv 1 \ (3)$ ではなく, もっと簡単にした $2k_3 \equiv 1 \ (3)$ を解く, つまり, $ax \equiv 1 \ (m)(a < m)$ から乗率 x を求める方法を次のように行っている.

例として, $63x \equiv 1 \ (139)$ を『中国古代数学教育史』(科学出版社)を参考に

$$63x \equiv 1 \ (139)$$

$$\begin{array}{|cc|} \hline 1 & 63 \\ 0 & 139 \\ \hline \end{array} \quad \underset{q_1 = 2}{\overline{139 = 63 \times 2 + 13}} \longrightarrow \qquad \text{139 を 63 で割ると 13 余る.}$$

$$\begin{array}{|cc|} \hline 1 & 63 \\ 2 & 13 \\ \hline \end{array} \quad \overline{\begin{array}{l} 63 = 13 \times 4 + 11 \\ q_2 = 2 \times 4 + 1 \\ \quad = 9 \end{array}} \longrightarrow \qquad \text{63 を上の余り 13 で割ると 11 余る.}$$

$$\begin{array}{|cc|} \hline 2 & 13 \\ 9 & 11 \\ \hline \end{array} \quad \overline{\begin{array}{l} 13 = 11 \times 1 + 2 \\ q_3 = 9 \times 1 + 2 \\ \quad = 11 \end{array}} \longrightarrow \qquad \text{余り 13 を上の余り 11 で割ると 2 余る.}$$

$$\begin{array}{|cc|} \hline 9 & 11 \\ 11 & 2 \\ \hline \end{array} \quad \overline{\begin{array}{l} 11 = 2 \times 5 + 1 \\ q_4 = 11 \times 5 + 9 \\ \quad = 64 \end{array}} \longrightarrow \qquad \text{余り 11 を上の余り 2 で割ると 1 余る.}$$

$$\begin{array}{|cc|} \hline 64 & 1^* \\ 11 & 2 \\ \hline \end{array} \quad \longrightarrow \quad \text{stop} \qquad \begin{array}{l} \text{余り 2 は上の余り 1 で割り切れるので} \\ \text{ここでストップ.} \end{array}$$

$$x = q_4 = 64 \qquad \begin{array}{l} q_1, q_2, \cdots \text{ が乗率の計算で } q_4 = 64 \text{ が} \\ \text{求めるものである.} \end{array}$$

図 2 『中国古代数学教育史』(科学出版社)より

して解こう．そこには具体例はないが，次に示すようなプロセスが書かれている(少し修正してある)．

　箱の中の左側の部分が乗率の計算であり，右側の部分がユークリッドの互除法の部分である(式では矢印の上の部分)．したがって，これを(2)と同じように逆にたどれば $1 = 63 \times 64 + 139 \times (-29)$ となり，$1 \equiv 63 \times 64 \ (139)$ となる．

　このプロセスはユークリッドの互除法のようにみえるが，乗率の計算方法は独自のものであり，算木から生まれてきた方法なのではないかと思われる．

　ところで，ユークリッドの互除法は分数概念とも密接に関係している．その話は第二章にゆずる．ひと頃に比べて分数の計算ができないという話を耳にすることが多くなったのは少し心配である．計算そのものができないことはもちろん問題であるが，それ以上に，分数を概念として扱うことができないことが後々大変なことになる．それは，分数が必要であるか否かという問題ではなく，数学がわかるようになるにはどうしても概念操作が必要だからである．しかし，計算は概念理解にとって必要欠くべからざるステップとい

うことである.

　今日ではコンピュータが生活に欠かせない道具になりつつある．だからといって，計算が不必要になったわけではない．所詮，コンピュータは機械であり，それを動かすにはプログラムが必要である．プログラムにわずかなバグ（誤り）があれば，必要以上の放射線を浴びて絶命するという医療ミスも起きる．このプログラム（ソフトともいう）を作るのは人間である．そのソフトを作るには計算の仕組みの理解が必要なのだ．

　たかが計算，されど計算というわけである．

4 暗号で情報化社会を生き抜く

4.1●情報化時代の守り神

　21 世紀は数学的なセンスが必要な時代だといえそうである．多くの詐欺的な事件は数学的に考えるまでもなく，そのセンスさえあれば防げたと思えるものが多い．この高度情報化社会では，多くのことがブラックボックス化していたり，サブプライムローンに見られるように海の向こうの問題がたちどころに世界中を巻き込んだりする．そのような事態を読み解くには数学の力が必要になる．それでもその災いを防ぎきれないかもしれないが，少しでも数学的センスがあればリスクを最小に抑えられたかもしれないのである．

　さて，数学の応用には直接的なものと間接的なものがある．直接的に方程式を立てて解を求めるものと，直接の計算はしないが数学を用いて推測や予測をするものなどがある．今日の話題になっている **RSA 暗号**は，3 人の科学者(Rivest, Shamir, Adleman)の頭文字をとったものであるが，コンピュータですら計算が大変だという性質を使うもので，これまでと違った種類の数学の応用ともいえる．しかも，使用される方法自体が新しい素数の発見に関係しているというのもこれまでとは違っており，人間が考え出した数学の持つ奥深さに驚かされてしまう．もちろん，その計算の手間を省くというところにも数学が使用される．コンピュータの計算時間を短縮するという"時は金なり"という現実に中国剰余定理が貢献している．

　そこで，RSA 暗号のことを少し触れておく．この節は中学生には難しいかもしれないが，概略を知っていただくだけでも数学のすばらしさをわかるのではないだろうか．

　コンピュータでは文章は数字の列として処理される．例として，アルファベットの a から z までがその順に沿って数字化されているとしよう．

　一つの文字に二つの数字を与え，一桁の場合は 0 をつけることにして，文

字間は 00 を置くことにする．つまり，a は 01 であり，z は 26 である．

I will meet you tonight.

は，

0900230912120013050520002515210020151409070820　　　　　　（A）

と数字化される．

いま，二つの素数 3 と 11 を考える．（後でわかるが，小さい数字ではこの場合が簡単にうまく説明できるからである．）この数字列（A）の一文字一文字を 3 乗して（これは 3 乗でなくてもいいのだが，後の計算がうまくいくように 3 にしてある．先ほどの 3 とは無関係），二つの素数 3 と 11 を使った $3 \times 11 = 33$ を法とした数字の列を作る．ただし，00 はそのままにする．

　Ｉ＝09→（3乗）→729→（33を法として計算する）→03

　w＝23→（3乗）→12167→（33を法として計算する）→23

　　⋮

　t＝20→（3乗）→8000→（33を法として計算する）→14

0300230312120019262614001609210014090503131714　　　　　（B）

この暗号化した数字列（B）を相手に送る．受け取った側が，この（B）を（A）に戻すには，（A）の中のアルファベットに対応する二つの数字を x としたとき，（B）ではそれが

　$x^3 \equiv a \ (33)$

となっているから，受け取った数字 a を x に戻す必要がある．

もし，$x^3 = a$ となっているだけなら 3 乗根（立方根）を考えればよいので，暗号にはならない．しかし，いまは 33 を法とするので，$a^m \equiv (x^3)^m \equiv x \ (33)$ となる m をみつけたい．この m は，最初に考えた二つの素数 3 と 11 に関係していて，次の式で計算される（なぜかは 4.2 で述べる）．

　$3m = (3-1)(11-1)+1$　　　　　　　　　　　　　　　　　　　　（ア）

（右辺の 3 と 11 が最初に与えた素数であり，左辺の 3 は最初に 3 乗した 3 である．）

これより，$m = 7$ となる．実際，

　03→（7乗）→2187→（33を法として計算する）→09＝Ｉ

　23→（7乗）→3404825447→（33を法として計算する）→23＝w

　　⋮

　14→（7乗）→105413504→（33を法として計算する）→20＝t

となり，もとの文章が復元できる．

これを J と K で暗号としてやり取りをするには

（1）文章を受け取る K は，J に 3（乗数）と 33 を教えて，3 乗して 33 を
　　　法とした数字に文章を直して送ってもらう.
（2）K はそれを受け取って，m を使ってこの文を復元する.

これが RSA 暗号方式の大筋である.

　最初の 3（乗数）と 33 は，公開された鍵（**公開鍵**）と呼ばれる. 例えば，K が
J だけでなくほかの人と取引をやっている場合には，その人たちすべてにこ
の数値を公開しておくのである.
　この場合は，33 が簡単なので，この公開鍵から，33 ＝ 3×11 として，（ア）
を用いて m を計算してこの文章を解読することができる. この m を**秘密鍵**
というが，もし秘密鍵が簡単に計算できたら暗号は盗まれてしまう. したが
って，実用上は 33 の部分を二つの大きな素数の積にしておく. そうすれば，
その積の 33 にあたる数字を鍵として公開しても，二つの素数は公開しない
ので，この公開された数字を二つの素数の積に分解するのは，現在のところ
コンピュータを使っても膨大な時間がかかり，暗号を解読するのはほとんど
不可能だというわけである. したがって，秘密鍵の m を見つけるのも不可
能に近いということである.
　しかし，原理的には 33 にあたる公開鍵の素因数分解がわかれば，秘密鍵の
m を計算することはできる. 計算時間と秘密鍵の m をみつける手続きの大
変さを利用している点がこの暗号の真髄であるが，これは情報化時代ならで
はの新たな数学の応用といえよう.

4.2●暗号の鍵を見つけるには？

RSA 暗号方式は，あらかじめ公開鍵として二つの数字を公開して暗号文を作ってもらう．それを $\{r, n\}$ とする．r は乗数であり，n は法(mod)である．しかし，肝心なのはその暗号をもとに戻すところにある．つまり，秘密鍵 m の存在である．m がなければもとには戻せない．

もう一度振り返ってみる．

ある文字を暗号化するには，文字に対応する二つの数字 x を r 乗し，法 n で計算したものを求める．それを a とすると，この a が暗号化された数字である．

つまり，$x^r \equiv a \ (n)$ となっている．そこで，これを戻すには，

$$a^m \equiv (x^r)^m \equiv x \ (n)$$

となる m が必要になる．こうして，$x^{rm} \equiv x \ (n)$ となる m を求める式が 4.1 の(ア)であった．

このようなことがうまくいく仕組みが必要だというわけである．これを考えついたのが冒頭に述べた 3 人の科学者というわけであるが，これは数に関する性質を熟知してなければ思いつかない技なのである．

合同式では，単純に x で割り算をすることはできないが，すでに 1.3 の(5)で述べたように x と n が互いに素であれば，

$$x^{rm} \equiv x \ (n)$$

は，

$$x^{rm-1} \equiv 1 \ (n)$$

となる．

ところでこの最後の式に関して，整数の話ではよく知られた定理がある．**オイラーの定理**と呼ばれる次のような式である．

●オイラーの定理

x と n が互いに素であれば，$x^{\phi(n)} \equiv 1 \ (n)$．

ただし，$\phi(n)$ は**オイラーの関数**と呼ばれるもので，n と互いに素であるような n 以下の数の個数である．

たとえば，$n = 5$ ならば，$1, 2, 3, 4$ の 4 個が 5 と互いに素であるから，

$$\phi(5) = 4$$

である．したがって，x の指数に注目をして，$rm-1 = \phi(n)$ であればよいので，

$$rm = \phi(n)+1 \qquad\qquad\qquad (イ)$$

という関係式が得られる．前節の例では，$r = 3$, $n = 33$ であった．33 以下の 33 と互いに素である数の個数は 20 であり，$\phi(33) = 20$ となるので，$3m = 20+1$ から，$m = 7$ が得られる．

ところで，オイラーの関数 $\phi(n)$ において，n が素数であれば n より小さい数はすべて n と互いに素であるから，$\phi(n) = n-1$ となる．

また，n が二つの素数 p, q で $n = pq$ と分解されるときには次のような性質がある．

$$\phi(n) = \phi(pq) = \phi(p)\phi(q) = (p-1)(q-1)$$

$n = 33$ のときは，

$$\phi(33) = \phi(3)\phi(11) = (3-1)(11-1) = 20$$

であるので，

$$3m = (3-1)(11-1)+1 = 21$$

となり，これが 4.1 の（ア）式で m が計算できる理由である．

このように，暗号のからくりは，実は素数と素因数分解と合同式に関する話なのである．整理をすると，暗号は次のような手続きで作られる．

まず，文章を数字化する方法をお互いで約束しておく．文章を受け取る側は，

（1）二つの素数 p, q を選ぶ．
（2）$n = pq$ を公開鍵の一つとする．
（3）（イ）から秘密鍵 m が整数値として定まるようにもう一つの公開鍵 r を選ぶ．
（4）$\{r, n\}$ を公開鍵とする．
（5）文章を送ってもらう側に公開鍵 $\{r, n\}$ を知らせる．

さて，文章を送る側は，

（6）送る文章を約束に従って数字化する．
（7）数字化された文字を r 乗し，$n = pq$ を法とした数字を求める．
　　　（暗号文）

　ここまでが，暗号化であり，この文章を送ることになる．この数字を受け取った側は，これを解読するのである．受け取り側は，秘密鍵 m を使って解読することになる．

　もっとも，$x^{\phi(n)} \equiv 1 \ (n)$ であれば $(x^{\phi(n)})^k \equiv 1 \ (n)$ なので，（3）での公開鍵 r と秘密鍵 m の選択は（イ）の式そのものでなく

　　　$rm = k\phi(n) + 1$　　　（k は任意の正の整数）

となれば十分である．したがって，ある k の値に対して r と m が存在すればよいことがわかる．

　このことは，与えられた公開鍵 r に対して，

　　　$rm \equiv 1 \ (\phi(n))$

から秘密鍵 m を決めればよいということである．

　ここで再び合同式に遭遇する．

　ところで，このような合同式は，$(r, \phi(n)) = 1$ であれば必ず解がある（2.4 で述べた合同式の解の存在）．つまり，公開鍵 r は $\phi(n)$ と互いに素になるように定めておけばよいということになる．

　秘密鍵 m は合同式 $rm \equiv 1 \ (\phi(n))$ を解いて求められることは分かったが，公開鍵 $\{r, n\}$ を公開するので，$rm \equiv 1 \ (\phi(n))$ を解いて秘密鍵 m がわかってしまうのではないかという懸念がある．

　そのためには，公開鍵の r はともかくも，もう一つの公開鍵 n を構成している素数 p, q として非常に大きな素数を採用することで，公開鍵 n の素因数分解が簡単には見破られないようにしておくのである（新しい素数の発見が話題になるのもそのためである）．そうすれば，公開鍵 n を構成している素数 p, q を見つけるのが難しくなる．また，$\phi(n) = (p-1)(q-1)$ も非常に大きな数になり，$rm \equiv 1 \ (\phi(n))$ を解いて秘密鍵 m を求めるにも非常に時間がかかるので，暗号を見破るのに時間がかかりすぎてしまうのである．もちろん数字 m も非常に大きい数字になるから，さらにここから m 乗して法 n として復元するにも大変な作業になり，解読をあきらめるということになる．

　このように，素数と素因数分解と合同式に支えられた暗号だが，コンピュータなしでは復元は難しいというわけである．

　4.1 で示したような公開鍵を選んで，spring のように，せいぜい数文字を暗号化して，それを解読する遊びをやれば，計算力の向上に役立つと考える．べき乗は電卓でやってもいいし，法にもとづく数の計算は引き算でも割り算でもできるので，文字を解読するという目的に向かって計算に集中できるの

ではないかと考えるが，いかがだろうか．

4.3●時は金なり？

　さて，この暗号が中国剰余定理とどのような関係にあるのか？ と不思議に思われる向きもあろう．その概要のみを述べておこう．

　この暗号は送り手にとってその手間がかからないことが必要であり，公開鍵の r は比較的小さい数が望ましい．しかし一方で，暗号が見破られないためにはもう一つの公開鍵 n は大きくしてあり，法による計算も必要がなく，ベキ乗するだけで十分である可能性も高い．問題は受け取る側の計算量である．

　これは，秘密鍵 m が大きい上に公開鍵 n を法として計算しなければならないから大変である．そこで，復元するときの計算量を減らすことが実用上の重要な課題となる．

　もう一度，単純化して述べれば，暗号化では，アルファベット一文字に対応する数字 x から
$$x^r \equiv a \ (n)$$
を求めて，a を送る．復号するときは，
$$x \equiv a^m \ (n)$$
となる x を求める．

　この計算をコンピュータでやろうとすると大変のようで，公開鍵 n の長さの３乗に比例するとのことである．そこで，これを縮める工夫がいる．

　いま $n = pq$ と分解されたときに，$x \equiv a^m \ (n)$ を計算せずに，二つの素数 p, q に対応した合同式を見つけてそれを計算しようというわけである．これでかなりの時間が節約できる．

　ここで中国剰余定理を思い起こしてみよう．p, q が互いに素であるとき，次の連立合同式を解く話であった．
$$\begin{cases} x \equiv s \ (p) \\ x \equiv t \ (q) \end{cases}$$
この解 x は，$pq = n$ を法としてただ一つ求まるというものである．その解を v とすれば，
$$x \equiv v \ (n)$$
というわけである．このことを逆用して，$n = pq$ なので，$x \equiv a^m \ (n)$ を計

算する代わりに，うまい連立合同式を見つけて，それを計算しようというわけである．

そうすることで，もし，その素数 p, q の長さが公開鍵 n の半分だったとすれば計算時間が非常に節約できるという話になる．結局は，どんなに高性能の暗号を作ったとしてもそれを復元するのにコンピュータを走らせる時間がかかるのであれば，コストが高くつくことになる．その意味で，時間の縮減が重要な課題であり，経費節約を担う鍵が中国剰余定理に隠されていたというわけである．

レンブンスウ…
って何!?

第二章

数

の章

1 数って何

1.1●分数とは

第一章では数の計算にまつわることを述べたので，ここでは数のことについて少し振り返っておこう．

$1, 2, 3, 4, \cdots$ のような数を自然数といい，小学校ではこれに 0 を加えた数を扱っる．さらに，$\pm 1, \pm 2, \pm 3, \pm 4, \cdots$ のような数に 0 を加えたものを整数といい，中学校以上で扱う数である．もちろん，数にはこれ以外に小数や分数があり，それらも小学校や中学校の学習の範囲である．

数は量から出てくるものであり，自然数は順序を数えるとき（これを順序数または序数という）や物の個数を表すとき（集合数または基数という）に使われる．これは数の大きな役割でもある．数の発展から言えば，自然数の次には正の分数が用いられた．

数が自然数しかないとした場合のことを考えてみよう．自然数には，0 を含まないことが多いが，ここでは 0 も含めた正の整数を考えることにする．

二つの数（量）を比較する方法には引き算と割り算がある．

引き算であれば大きい数から小さい数を引くことにすれば，結果も自然数となり問題はない．しかし，割り算はどうだろうか？　例えば，十個のものを二人に分けるとなると，一人五個というように自然数になるので問題はない．また，十個のものを三人に分けるとなると一人三個ずつで一個余るということになり，これはこれで問題はない．つまり，物の個数（これを離散的な数という）を取り扱う場合にはあまり問題は起きない．

ところが，長さが $10\,(\mathrm{cm})$ である板チョコレートを 3 等分したときの一つの長さはどうなるか？　もちろん，具体的に三つに等分割することは難しいことではないが，その長さを表記して伝えるまたは記録する場合はどうするか．いま数は自然数しかないわけだから，せいぜい $3\,(\mathrm{cm})$ より大きく $4\,(\mathrm{cm})$ より小さいという表現が精一杯というところであろう．

長さのような量を連続量といい，個数のような量を離散量という．この連続量の扱いが問題となる．

そこで，10 を 3 で割るという演算も込めた結果の表示として，これを $\frac{10}{3}$ と表記することにする．といっても具体的にどのような長さかがピンとくるわけではない．それは表記上のことにすぎないが，それを新しい数の表現として受け入れるということで，これを分数と呼ぶわけである（分数の本来的な意味を含めた導入については第 2 節で述べる）．

しかし，これが自然数と融合する数として認められるためには，まずは自然数の世界のルール（演算）に従ってもらう必要がある．つまり，自然数でやっている演算がこの新しい数にも適応できることが求められる．演算とは，加法，減法，乗法，除法のことである．ここでは演算の立場から分数について説明しよう．

まず，自然数は加法と乗法が自由にできる．また，減法は大きい数から小さい数のみを減ずることにすれば，答えは自然数になる．

ところが，除法（割り算）については先ほど見たとおりである．

そこで，二つの自然数 n, m $(m \neq 0)$ に対して，n を m で除して得られる新しい数を $\frac{n}{m}$ と表記して分数と呼んだのであるが，数というのは単に表記することだけでなく，それを用いて計算ができなければご利益はない．

したがって，分数を自然数と同じような数として認めるには，それを用いて計算（加法，減法，乗法，除法）ができる必要がある．

そこであらためて演算を意識した分数の定義が必要になる．というわけで，除法は乗法の逆算として，分数を次のように定義する．

二つの自然数 n, m $(m \neq 0)$ に対して，

$m \times x = n$ （または $x \times m = n$）

となるような x を $\frac{n}{m}$ と表記し，それを分数ということにする．

掛け算の逆算が割り算なので，$x = \frac{n}{m} = n \div m$ のことである．

$m = 10$ と $n = 2$ であれば，$10 \times x = 2$ となる x を $\frac{10}{2}$ と表記する．この x は $10 \div 2$ として求まり，5 である．つまり，$\frac{10}{2} = 10 \div 2 = 5$ のことである．

しかし，$m = 10$ と $n = 3$ であれば，

$10 \times x = 3$ $\hspace{4cm}$ (*)

となる x に対応する自然数はない．演算的には $x = 10 \div 3$ なのだが，この x を $\frac{10}{3}$ として表記して，新しい数，分数として考えようというわけである．

もちろん，この場合の掛け算(*)は自然数の中では意味を持たない．形式にすぎないが，その結果生じる x を新しく数と認めることにすれば，この掛け算も（したがって割り算も）意味があるものになる．

　そのために，自然数での演算のルールがこの新しい数でも成り立つようにして，この新しい数を使って計算が自由自在にできるようにしておきたいわけである．その前に，次のことを指摘しておこう．

　分数の定義のところで，$m=1$ とすれば，$x=n$ となる．このことは分数の定義から自然数も得られる．つまり，自然数も分数の一つだということになる．

　こうして，いま考えた分数の世界は，その中に自然数を含んでしまうことになる．

　そこで，自然数における演算を振り返ってみよう．

（1）加法

　　二つの自然数は足すことができて，その結果は自然数である．

　　さらには，次のようなルールを満たす．自然数 a,b,c に対して次のことが成り立つ．

$$a+b = b+a \qquad （交換法則）$$
$$a+(b+c) = (a+b)+c \qquad （結合法則）$$

　　最初の性質は足し算の順序によらないと言っているわけで，$2+3=5$ であるし，$3+2=5$ である．

　　次の性質は，三個以上の数を足すときにどんな順序で足しても結果は同じだと言っているわけである．つまり，$2+3+4$ を計算するときに，2 に $3+4$ を計算した 7 を足すと 9 である．一方で，$2+3$ を計算して 5 となり，それに 4 を足しても 9 となる．このように計算の順序によらずに，計算結果がただ一通りに定まるということを保証する性質である．

　　なんでもないことのように見えるが，この二つの性質がないと足し算の順序に気を付けなければならないので，足し算が自由にできるというわけにはいかなくなる．

（2）乗法

　　二つの自然数は掛けることができて，その結果は自然数である．

　　さらには，次のようなルールを満たす．自然数 a,b,c に対して

$$a \times b = b \times a \qquad \text{(交換法則)}$$
$$a \times (b \times c) = (a \times b) \times c \qquad \text{(結合法則)}$$

足し算のところで述べたように，掛け算が自由にできるには重要な性質である．

（3）加法と乗法に関して次のルールが成り立つ．

$$a \times (b+c) = a \times b + a \times c \qquad \text{(分配法則)}$$

足し算と掛け算が混じった計算が自由にできるためにはこの性質が必要なのである．

自然数を含んだ新しい数(分数)の計算が自由自在にできることを保証するためには，以上に述べたルールがこの新しい数にも適応できることを確かめる必要がある．

（ア）数の加法について $\dfrac{a}{b} + \dfrac{c}{d}$ を考えよう．

$$\frac{a}{b} = x \quad \text{は，} \; b \times x = a$$

$$\frac{c}{d} = y \quad \text{は，} \; d \times y = c$$

で定義される．

いま，$x+y$ を考えたいわけである．つまり，$x+y$ がどのような分数であるかを決めたいわけである．

結果的には，上の演算法則(1)(2)(3)を満たすようにしたいのでそれを先取りして，まったく形式的にこれらを満たすものとして考えみる．

そこで，$x+y$ に $b \times d$ を掛けてみる．

分配法則(3)が成り立つとして，

$$(b \times d) \times (x+y) = (b \times d) \times x + (b \times d) \times y$$

乗法(2)の交換法則と結合法則が成り立つとして，

$$(b \times d) \times (x+y) = (b \times d) \times x + (b \times d) \times y$$
$$= d \times (b \times x) + b \times (d \times y)$$

$b \times x = a$，$d \times y = c$ なので

$$= d \times a + c \times b$$
$$(b \times d) \times (x+y) = d \times a + c \times b$$

上式の左辺は自然数 $(b \times d)$ が $(x+y)$ に掛かっていて，右辺の自然数が $(d \times a + c \times b)$ になっているので，分数の定義から

$$x+y = \frac{d \times a + c \times b}{b \times d}$$

となる．

したがって，二つの分数の足し算は次のように定義すればよいことになる．

$$\frac{a}{b} + \frac{c}{d} = \frac{a \times d + c \times b}{b \times d}$$

この定義から分数同士の加法の交換法則が成り立つことは容易にわかる．

同様に分数同士の加法の結合法則についてもこの定義を用いて確かめることができる．

（イ）分数の乗法について $\frac{a}{b} \times \frac{c}{d}$ を考えよう．

$$\frac{a}{b} = x \quad は，\ b \times x = a$$

$$\frac{c}{d} = y \quad は，\ d \times y = c$$

で定義される．

いま，$x \times y$ を考えたいわけである．加法の時と同じようにして，$x \times y$ に $b \times d$ を掛けてみる．

交換法則と結合法則が成り立つとして考えて，

$$\begin{aligned}
(b \times d) \times (x \times y) &= (d \times b) \times (x \times y) \\
&= (b \times x) \times (d \times y) \\
&= a \times c
\end{aligned}$$

したがって，$x \times y = \frac{a \times c}{b \times d}$ が得られる．

$$\frac{a}{b} \times \frac{c}{d} = \frac{a \times c}{b \times d}$$

この定義から分数同士の乗法の交換法則が成り立つことは容易にわかる．

また，分数同士の乗法の結合法則についてもこの定義を用いて確かめることができる．

さらには，加法と乗法が定義されたので，分配法則が成り立つことも容易にわかる．

減法と除法はそれぞれ加法，乗法の逆演算として考える．

減法の場合は，ここでの話は正の場合のため大小関係が必要となり，分数の大小関係を定義しなければならない．大小関係を考えたのちに減法を定義する．

ここでは結果だけを示しておく．

$$\frac{a}{b} - \frac{c}{d} = \frac{a \times d - c \times b}{b \times d}$$

減法が可能であるには $a \times d - c \times b \geqq 0$ が必要である．これは $\frac{a}{b} \geqq \frac{c}{d}$ の条件である．

除法は乗法の逆算から考えればよい．

$$\frac{a}{b} \div \frac{c}{d} = \frac{a \times d}{b \times c}$$

問

減法と除法が上記のようになることを導いてみよう．

以上に見たように，

（1）新しい数である分数は自然数を含むこと

（2）新しい数である分数は自然数のときの演算とそのルールを満たすこと

以上のことにより，自然数を含む新しい数の世界が確立したことになる．

こうして，減法は制約があるが，除法に関しては自由にできる数の世界を手に入れることができた．これを数の拡張と呼ぶ．

自然数の世界から，正の分数の世界へと数の世界の拡張がされたわけである．さらに負の数も数と認めれば負の分数へと拡張されていくことになる．

以上は，分数を演算の立場から考えてみたものである．

数としての分数はこれでいいのだが，私たちが分数を使うのは量との関わりであることがほとんどである．もともと数は量を表記し計算するために考

えられたものなので当然なのだが…．冒頭に述べた $10\,\mathrm{cm}$ のチョコレートを三人で分ければ，一人分は $\frac{10}{3}$（cm）となる．これでは量感はつかみにくいかも知れない．離散量のときのように 10（cm）は 1（cm）のチョコレートが十個分だと考えれば，一人分は三個（つまり 3（cm））と余り一個分（1（cm））をさらに三等分した一つ分を分数として表現した $\frac{1}{3}$（cm）だと考えれば，3（cm）$+\frac{1}{3}$（cm）の長さが一人のもらい分となる．つまり，$\frac{10}{3}$（cm）$= 3$（cm）$+\frac{1}{3}$（cm）となり，これで量的な把握はできるであろう．もっとも，実際にチョコレートを三人で分けたときにこのようにして分けるわけではないので，長さのような連続量を扱うときには，別途，演算と具体の場面との関連からの説明が必要であろう．

さらなる分数の生まれてくる背景については第 2 節以下でお話ししよう．

一方，分数以外に小数というのがあるが，これはいったい何かということについて次に考えてみよう．

1.2●小数とは何か？

これも除法との関連で考えれば，余りの量を数としてどう処理するのかという問題になる．

分数は自然数をうまく使って表現したものである．もともと，分数は二つの自然数を用いて比として考えたものであり，自然な取り扱い方ともいえる．

一方，小数となると少し経緯が違う．それは数の表記と不可分に結びついている．そこで，まず現在使っている自然数の表記方法に触れておこう．

365 という表記は，

$$365 = 3\times100+6\times10+5\times1$$
$$= 3\times10^2+6\times10^1+5\times10^0$$

ということある．

（ア）「十」（10）を一つのまとまりとして表記したものである．
つまり，「365」は $10^0 = 1$ が五個（5），$10^1 = $ 十（10）が六個（6），$10^2 = $ 百（100）が三個（3）ということである．

（イ）それぞれの個数を表記するために「位」と考え方が必要になる．
数の官職である．それを右から左に順番に表記したものが 365 で

ある．それぞれの場所は，「位」（または桁）と呼び，「一の位が 5」，「十の位が 6」，「百の位が 3」というわけである．

　基本的には，いま使っている数の表記はこの二つの原理（ア）（イ）からできている．もちろん，（ア）（イ）の間には関連があり，十をまとまりとして位が上がって（左に進む）いくという関係がある．年末大売り出しの補助券と抽選券の関係である．

　これを十進位取り記数法（単に十進数ともいう）と呼んでいる．

　この十進位取り記数法では，数を表記する文字は，0, 1, 2, 3, 4, 5, 6, 7, 8, 9 のみである．9 の次の数を 10 と表記する．それは，十個をひとまとまりとして，十の位に移して 1 と書き，一の位には何もないから 0 と書いて，10 なのである．つまり，10 という表記は十進位取り記数法での表記である．

　したがって，十円玉には 10 と書かれているし一円玉には 1 と書かれているので，十円玉一個と一円玉一個でいくらと聞くと，「じゅういちえん」と答えてもそれを 101 と書く子がいても不思議はない．「じゅう」という言葉が「10」であると思ってしまうのである．

　つまり，現在使用している自然数の表記は次のような仕組みでできている．もちろん，それらはお互いに連動している．

　（1）0, 1, 2, 3, 4, 5, 6, 7, 8, 9 の十個の記号のみを使う
　（2）位取りの原理を使う
　（3）十進の原理を使う

　そこで，最初の課題に戻ろう．除法における余りの数的表現の問題である．前節の最後に触れたように，10 cm のチョコレートを三人で等しく分けたときの一人分は，分数では $\frac{10}{3} = 3 + \frac{1}{3}$ という表現になる（単位の cm は省略している）．ここでは，余りは $\frac{1}{3}$ と表現されている．この余りの部分の別の表現はないのかということである．先ほど述べたように私たちが使っている自然数の表現は十進数であった．その延長上で余りを表現する方法が中国などでは古くから行われていた．つまり，1（cm）をさらに十等分して一の位より下の位を新たに作ってこの余りを表現する方法である．こうして小数表記が生まれてくる．ただ，私たちの生活では，mm という単位を使っているので，

47

単位の換算だと考えてしまいがちであるが，それは以下に述べる十進位取り記数法の原理による表記なのである.

　さて，三等分したチョコレートの一つ分は3と余りが出る．その余りを数として，十進位取り記数法の原理(1)(2)(3)を用いて実現しようというわけである．それがこれから述べる小数による表記となるのである．この記数法で使える文字は，「0,1,2,3,4,5,6,7,8,9」という十個である．「位」が必要であること，「十進」の原理であることから次のように考える.

　　（ウ）「余り」は1よりは小さい．したがって，一の位よりも上の位では表現できないので，一の位より小さい位が必要であること．そこで，一の位より一つ下の位が必要となり，それを「下の位」ということにしよう.

　　（エ）十進の原理を使うので，あるものを十個集めたものが1となるようにしなくてはならない．換言すれば，1を十等分したものの一つ分を「下の位」の1とみなすということが必要になる．それを0.1と表記する.

　　　そこで，$0.1+0.1=0.2$と約束をする．したがって，0.1が五個ならば，0.5とするわけである．0.1が十個ならば1として，左の一の位に移行するわけである.

　こうして，0,1,2,3,4,5,6,7,8,9の文字と，0と1と"."を使って新たな数の表記しようというわけである．これまでの数字の特性であった，$1+1=2$,$1+1+1+1+1=5$であったことと整合性を持たせるために，$0.1+0.1=0.2$,$0.1+0.1+0.1+0.1+0.1=0.5$として，0.1が十個ならば1とするわけである．こうして小数が生まれてくる．この誕生の方法からわかるようにこれまでの自然数での計算の仕組みが容易に適用できるというメリットもある.

　十等分した一つ分を「新たな1（つまり0.1）」として，余りの$\frac{1}{3}$にあたる部分を測定したときに，実は3回測定できて，また余りが出てくる．つまり，$10=3+0.3+$余り　となる．ここで，$3+0.3$を3.3と表記する（つまり，$3+0.3=3.3$とする）ことにすれば，$10=3.3+$余り　となる．そこで，もう一つ下の位を用意するとともに，0.1をさらに十等分した新たな1を創り出さなくてはならない．それを0.01と表記することにする．こうして，右のほうにいくらでも位をつくって表記をしていくことができるのである．一の位の「下の

位」を「0.1 の位」とか「$\frac{1}{10}$ の位」とか呼んでいる．こうして，三等分されたチョコレートの一つ分の長さは 3.3333… という小数表記となり，$10 \div 3 = 3.3333\cdots$ となるのである．

このように "." という記号を付け加えることで，十進位取り記数法の原理を踏襲した表現が小数と呼ばれる数の表現方法である．十進位取り記数法の原理を採用しているので，計算が機械的にできるというメリットや量感がつかみやすいというメリットがある．先ほど述べたように，中国では古くから十進数の原理を採用して数を表現してきたので，文字や数字が中国から伝わったわが国では小数の方が馴染みやすい．ただ，いまのように無限小数がでてくる．

チョコレートの一つ分はもらったけれど，それを長さで表現すると限りがなくなってしまい，分数表記に比べればなんともすっきりとしない．十進法による数的表記をしようとして，逆にややこしくなってしまった感がある．

したがって，このようなときには $\frac{10}{3}$ という分数表現のみにして無限小数を扱わないことにするのか，もっと言えば無限小数を数として認めるかどうかということが大きな問題となる．しかし，そのような数の表記法を考え出し，使う以上は数として認めざるを得ないだろう．そうしたとき，分数では表記できない無限小数が存在するのである．私たちに馴染みの深い円周率（π）は分数では表記できない無限小数なのである．

そこで，根源的な問いとして，「数とは何か」ということを避けては通れない．

しかし，ここではこれ以上のことには踏み込まないこととする．そこで，最後に無限小数を数と認めることでどのようなことが起きるのかを見ておこう．

$$\frac{1}{3} = 0.33333\cdots$$

$$\frac{2}{3} = 0.66666\cdots$$

$$\frac{1}{3} + \frac{2}{3} = 1$$

一方，無限小数も数として認めるので，数としての演算ができるわけだから，$0.33333\cdots + 0.66666\cdots$ が計算できることになる．これらの数は位取り記数法の原理で表記されているわけであるから，位ごとの計算をすればよい．

どの桁でも 3+6 ＝ 9 なので，この計算結果は，0.33333…＋0.66666… ＝ 0.99999… としていいだろう．無限小数も数であることを認めているので，これも一つの数を表していることになる．

　ところが，第三式からその数は1である．

　したがって，1 ＝ 0.9999… ということである．

　つまり，

　　1 ＝ 0.9999…

　　2 ＝ 1.9999…

　　3 ＝ 2.9999…

ということになる．

　このように，数の表記としては無限小数を避けては通れない．しかしそれを認める以上は，すべての数が二通りの表記を持つことを免れないのである．

　分数と小数の関係は除法という演算を通して結びつくわけだが，本質的な違いはどこにあるのだろうか．第3節以降で考えてみよう．

2 分数がつくる豊かな世界

2.1●分数はやさしいか

　分数に関しては，いつの時代も指導が難しいようだ.

　分数ができないことが問題にされるのは，計算ができないことだけにあるのではなく，分数には概念的な理解がどうしても必要だからである.

　分数は十進数構造をもとに学習する小学校の数の学習の中でもっとも困難な部分である. 数の概念の拡張が十進数的ではないので，概念的理解の未発達な小学校の時期に学習することの困難さは避けられない. つねに数と量との関係を意識しながら教育する大変さもある. 特に，小数文化圏といわれるわが国では，分数よりは小数の方が日常的でもあるからである.

　しかし，分数文化圏と称されるヨーロッパですら，歴史的にみても分数の計算には非常に苦心していた様子がわかる. 例えば，古代エジプトでは，分数を**単位分数**に分解するのが基本であった. 単位分数は量的な把握ができ，つねに量的な把握との確認を必要としたことの表れではないだろうか. 単位分数とは分子が 1 の分数のことで，例えば 1 m の長さを三等分したときの一つ分の長さ $\frac{1}{3}$ m のような分数のことである. 一方で，1 m を三等分した $\frac{1}{3}$ m と 1 m を五等分した $\frac{1}{5}$ m を合せた長さが 1 m のどれくらいになるかなどを求める単位分数どうしの計算も大変だったと推測される.

　実際，与えられた分数を単位分数に直すということは簡単ではなく，リンドパピルスには $\frac{2}{a}$ ($a = 5 \sim 101$ の奇数)の表があるくらいだ.

　例えば，

$$\frac{2}{3} = \frac{1}{2} + \frac{1}{6}, \qquad \frac{2}{5} = \frac{1}{3} + \frac{1}{15}, \qquad \frac{2}{11} = \frac{1}{6} + \frac{1}{66}$$

といった具合である.

2.2●分数とユークリッドの互除法

　第一章の 3.2 節で，二つの整数の最大公約数を求める方法の一つとして確立されているユークリッドの互除法について述べた.

　最大公約数を求めることは，換言すれば，二つの数の共通の基準を見つけることである. 二つの数 247 と 152 を考えたときに，もちろん，共通の単位は 1 であるが,「両方を同時に割り切る最も大きな単位を求めよ」と問われたときに，最大公約数を求めるということになる. その最大公約数を求めるのに次のようなユークリッドの互除法を使うのである.

$$\begin{cases} 247 = 152 \times 1 + 95 \\ 152 = 95 \times 1 + 57 \\ 95 = 57 \times 1 + 38 \\ 57 = 38 \times 1 + 19 \\ 38 = 19 \times 2 \end{cases} \tag{1}$$

こうして，最大公約数の 19 が求まり，

$$247 = 19 \times 13, \qquad 152 = 19 \times 8$$

となる. もちろん，**素因数分解**をつかって最大公約数を見つけることもできるが，この 247 のように素因数が小さくなく，分解することに手間がかかることを考えれば，この互除法が確実かつ直接的で簡単な方法である.

　最後の数 19 が 247 と 152 の公約数であることは，最後の式から順に逆に考えていけば，38 は 19 で割り切れ，57 も 19 で割り切れ，95 も 19 で割り切れ，152 も 19 で割り切れ，最後に 247 も 19 で割り切れることがわかり，19 が 247 と 152 の両方を割り切ることがわかる.

　それが最大の公約数であることは，今度は上から見ていけばよい. つまり，ある数 d が 247 と 152 の両方を割り切る任意の数（公約数）としたとき，最初の式から 95 は d で割り切れる. 次の式から，57 も d で割り切れる. したがって，次の式から 38 も d で割り切れる. さらに次の式から 19 も d で割り切れるということになって，19 が一番大きな公約数ということになる.

これは数についての話であるが，これを二つの量として考えれば，247 cm と 152 cm の長さの紐があるときに，これらをきちんとはかり切れる共通な最大の長さの紐を作れという問題でもある．

これは図1のようにして実現できる．2本の紐の一方の端をそろえて束ね，長い方の重なりのない残りの部分を折り重ね，そのさらに残りの部分をまた折り重ねる．この操作を繰り返して最後にすべてが同じ長さで束ねられていたとき，その長さの紐が求めるものである．

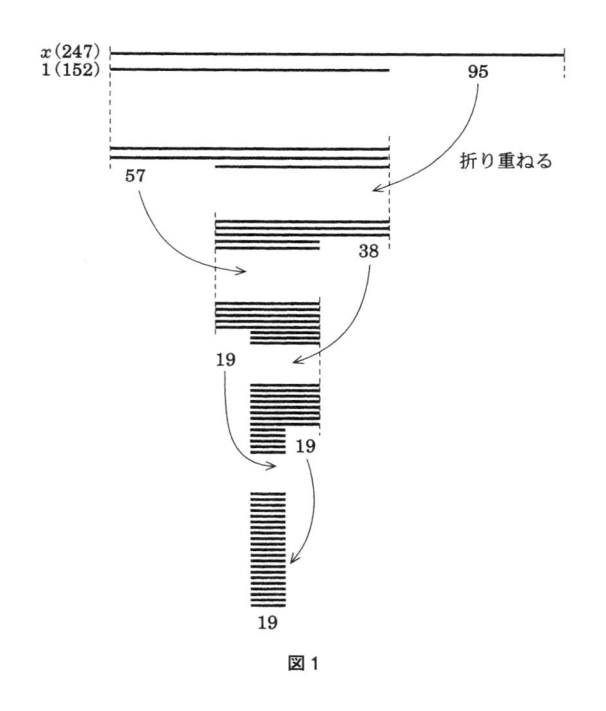

図1

この操作は，ユークリッドの互除法(1)そのものであり，最後に束ねられた紐の長さが，ユークリッドの互除法で求めた 19 に対応している．このように，実は未知の二つの量(重さでも水の量でも…)があったとき，この両方の共通量がいまのようにして求まることを意味している．

つまり，この方法は本質的には，整数の問題である必要はなく，もっと一般的な量に適用できる方法だということに気づくであろう．図1のように，もともと数値を必要とはしないという意味で，机上の知恵ではなく，生活の中からきわめて実用的に考えついたものではないかと推測される．

さて，このユークリッドの互除法は，整数の世界では最も基本的なものであり，素因数分解が一意的であるということもこれによって示すことができる．素因数分解が一意的であるというのは，あまりに当り前すぎてピンとこないかもしれないが，いま考えている数の因数をどんな順序で見つけていっても素因数分解の結果は同じであることを保証しているのである．

　ところで，第二章の 1.1 では演算という観点から分数を考えたが，ここではこのユークリッドの互除法の考え方から分数が生まれてくることを紹介しよう．すでに算数で学習した内容であろうが，247 をある与えられた量 x として，152 が基準の量の 1 であったとしよう．

　そこで，単位の量 1（152）で，量 x（247）をはかると 1 回はかれて，余り（95）が出る．この余りがどれくらいになるのか見当がつかないので，最初の単位 1 と比べるのである．そこで，この余り（95）で単位 1（152）をはかると，また余り（57）がでる．これを順次繰り返していくことで，余りが出なくなる量（19）にたどりつく．この最後の量を新しい基準の量にとれば，最初の基準量 1（152）もある量 x（247）もともにはかり切れることになる．そこで，この新たな基準量は最初の基準量 1 からみたときどのような量であるかを明確にしておかないと数的表現ができないことになる．

　いま（1）式を下から順に上に見ていくと 38 は 19 の二個ぶんで，57 は三個ぶん，152 は八個分だということがわかる．最初の単位量 1 はこの新たな基準量の八個分であるから，これを $\dfrac{1}{8}$ とするわけである．一方，未知の量 x（＝ 247）はこの新たな基準量の十三個分であるから，$x = \dfrac{1}{8} + \dfrac{1}{8} + \cdots + \dfrac{1}{8}$ ＝ $13 \times \dfrac{1}{8}$ というわけである．さらに，分数のたし算を確定することで $13 \times \dfrac{1}{8} = \dfrac{13}{8}$ となる．

　247 と 152 とは，19 を新たな基準として考えれば，それぞれ 13 個分と 8 個分であり，こうして新たな基準でみれば，13 対 8 ということになる．

$$247 : 152 = 13 : 8$$

　左辺は通常単位 1 ではかっているが，右辺は新しい基準単位（＝ 19）ではかっているというわけである．こうして，分数と比が密接に結びつくことにもなる．前者は二つの数から出てくる新たな数であり，後者は二つの数の関係を示している．

　このように，分数そのものが生まれてくる背景にユークリッドの互除法がある．

新たな基準量は，もともとの単位量1といま問題としている量との関係性で相対的に決まる．それは，単位量1のいくつ分であるかという形で捉えられるから，$\dfrac{1}{いくつぶん}$ という形の単位分数となる．整数の単位は1であるから整数の計算は楽であるが，分数になると，考える数によって基準単位がそれぞれ違うという難しさがある．最初に見たエジプトのように，単位分数に直すことができたとしても，分数どうしの計算をするとなると単位分数どうしの計算が必要であり，そのようにしても計算は簡単にならないのである．

2.3●分数と連分数の関係

計算は面倒でも分数表記がそれなりに優れていることは，今日でも頻繁に使われることからもわかる．例えば，スーパーのバナナの売場をおもい浮かべてみよう．「バナナ $\dfrac{1}{2}$ 房 100 円」という表示を目にすることがあるだろう．1 房に何本ついているかは定かでないし，すべての房を数えるのも大変だから，$\dfrac{1}{2}$ 房としておけば便利である．ましてや，目方をはかって売るのも面倒である．もちろん，数学の得意な人は，偶数と奇数で違うではないかと文句をいうかもしれないが，そこは最初に買った人の権利にすればよい．

アジア以外の国では，この分数表示はよく見かける．それは，数の発達の歴史の違いを反映しているからである．

ところで，ユークリッドの互除法のご利益はまだまだ存在する．

それは，**連分数**に関することである．

連分数とは，$\dfrac{247}{152}$ のような過分数を整数部分と真分数の形に次々と書き換えて得られる分数のことである．$\dfrac{247}{152}$ では次のようになる(このような書き方は連分数に展開するといい，次の(2)式を**連分数展開**と呼ぶ)．

$$\frac{247}{152} = 1 + \frac{95}{152}$$

$$= 1 + \frac{1}{\dfrac{152}{95}} = 1 + \frac{1}{1 + \dfrac{57}{95}}$$

$$= 1 + \frac{1}{1 + \dfrac{1}{\dfrac{95}{57}}} = 1 + \frac{1}{1 + \dfrac{1}{1 + \dfrac{38}{57}}}$$

$$= 1 + \cfrac{1}{1 + \cfrac{1}{1 + \cfrac{1}{\frac{57}{38}}}} = 1 + \cfrac{1}{1 + \cfrac{1}{1 + \cfrac{19}{38}}}$$

$$= 1 + \cfrac{1}{1 + \cfrac{1}{1 + \cfrac{1}{1 + \cfrac{1}{\frac{38}{19}}}}} = 1 + \cfrac{1}{1 + \cfrac{1}{1 + \cfrac{1}{1 + \frac{1}{2}}}} \tag{2}$$

$\dfrac{247}{152} = \dfrac{13}{8}$ であるが，後者を連分数展開しても(2)式と同じものが得られる．

　このような連分数を詳しく研究したのは，17世紀の科学者**ホイヘンス**(1626—1695)である．オランダのハーグの名門の家に生まれ，土星の輪の発見や振り子時計の発明などでも知られている．実は，彼は数学にも長けていて，太陽系の模型を作ろうとして，連分数を研究したといわれている．

　太陽系の模型を作るには，二つの歯車の組み合わせを惑星の周期の比に合わせる必要があった．ところが，惑星の公転周期は地球では365.24日であり，彼がその輪を発見したという土星では10759.23日である．小数点以下を無視しても，365と10759であり．このような歯車を実際に作るのは大変なことである．そこで，365と10759の比をもっともよく近似できて，歯車の歯数が小さくなる方法を考える必要があった．実は，連分数の大きな特徴はこの近似分数を作る方法でもあった．

$\dfrac{247}{152}$ はすでにみたように $\dfrac{13}{8}$ であるから，分母，分子ともにすでに小さい数で表現できている．

　念のために $\dfrac{247}{152}$ の近似分数を見てみよう．近似分数とは，(2)式の途中で止めて考えた分数のことである．これらは，次のようになる．

$$1,$$

$$1 + \frac{1}{1} = 2,$$

$$1 + \cfrac{1}{1 + \frac{1}{1}} = 1 + \frac{1}{2} = \frac{3}{2},$$

$$1 + \cfrac{1}{1 + \cfrac{1}{1 + \cfrac{1}{1}}} = \frac{5}{3},$$

$$1 + \cfrac{1}{1 + \cfrac{1}{1 + \cfrac{1}{1 + \cfrac{1}{2}}}} = \frac{13}{8}$$

となる.

この近似の特徴は，誤差があらかじめわかることである．例えば，$\frac{5}{3}$（$= 1.666$）で $\frac{247}{152}$（$= 1.625$）を近似することを考えると，その差は

$$\left| \frac{247}{152} - \frac{5}{3} \right| = 0.041$$

である．実は，この差は近似する分数 $\frac{5}{3}$ と次の分数 $\frac{13}{8}$ の分母の積 3×8 の逆数 $\frac{1}{3 \times 8}$ を越えないのである．

> **問**
>
> 地球の公転周期を 365 とし，土星の公転周期を 10759 とするとき，$\frac{10759}{365}$ の連分数展開を求め，この公転周期の分数を近似する分数で分母が 100 以下になるものを求めて，$\frac{10759}{365}$ との差を計算してみよう．

2.4●連分数はよい近似を生み出す魔法の術

さて，連分数は，2.2 で述べたように，ユークリッドの互除法の原理によって，数の単位 1 との新たな基準を求めて余りを余りで割り続けていくことで，整数部分が掃き出されて新たな分数が生まれてくる．

したがって，$\sqrt{2}$ のような数を考えてもその考えを適用できる．

$\sqrt{2}$ は一辺が 1 の長さの正方形の対角線の長さであり，1 と 2 の間にある数である（図 2，次ページ）．単位 1 ではかれる．つまり，整数部分 1 を掃き出すことに対応する．

$$\sqrt{2} = 1 + (\sqrt{2} - 1)$$

ユークリッドの互除法では，今度は単位 1 を $\sqrt{2} - 1$ ではかるわけである．

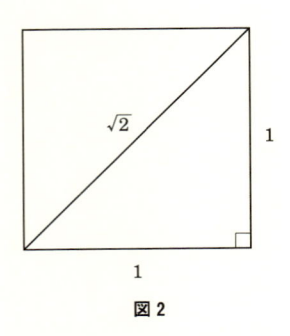

図 2

それは，1を$\sqrt{2}-1$で割ることで実現するが，これは$\dfrac{1}{\sqrt{2}-1}$の整数部分を掃き出すことに対応する．

$$\frac{1}{\sqrt{2}-1} = \frac{1}{\sqrt{2}-1} \times \frac{\sqrt{2}+1}{\sqrt{2}+1} = \frac{\sqrt{2}+1}{(\sqrt{2}-1)(\sqrt{2}+1)}$$

$$= \frac{\sqrt{2}+1}{2-1} = \sqrt{2}+1 = 2+(\sqrt{2}-1) \tag{3}$$

こうして，$\sqrt{2}-1$で割っても再び余りが出るが，その部分は$\sqrt{2}-1$である．これは，先ほどと同じことなので(3)式と同じ結果になる．結局，$\sqrt{2}$の連分数による表現は次のようになる．

$$\sqrt{2} = 1 + \cfrac{1}{2+\cfrac{1}{2+\cfrac{1}{2+\ddots}}} \tag{4}$$

これまでと違って，この連分数は無限に続くことになる．

もちろん，この右辺の無限に続く表記をどのように解釈をするのかという問題は残るとしても，この表記が意味あるものとして考えれば，右辺全体をxとおくとき，

$$x = 1 + \cfrac{1}{2+\cfrac{1}{2+\cfrac{1}{2+\ddots}}} = 1 + \cfrac{1}{1+1+\cfrac{1}{2+\cfrac{1}{2+\ddots}}} = 1 + \cfrac{1}{1+x}$$

となるから，これを計算して

$$x^2 = 2$$

を得る．$x > 0$より$x = \sqrt{2}$になる．

このように，$\sqrt{2}$ はそれを，十進小数で表記すれば 1.4142… といった無限小数であるが，分数表記で考えればこのような連分数になるのである．

数を小数で考えるか，分数で考えるかの違いで，その表記が異なることになる．数の連分数による表記は，計算上はとても不便であるが，$\sqrt{2}$ を近似するということでは優れている．

実際，2.3 と同様にして，$\sqrt{2}$ の分数近似を(4)から求めると次のようになる．

$$1, \quad \frac{3}{2} = 1.5, \quad \frac{7}{5} = 1.4, \quad \frac{17}{12} = 1.416, \quad \cdots$$

しかも，二桁の数の分数で小数点第二位まで正確に近似できるのである．実は，こうして得られる分数は $\sqrt{2}$ に収束するのである．十進小数であれば，

$$1.41 = \frac{141}{100}$$

なので，分母も分子も三桁の数になる．

このように分数は，数の(量といった方が適切かもしれないが)近似では非常に力を発揮するのである．

円周率 π では $\frac{22}{7}$ がよく使われていたのだが，それは連分数近似の第2番目に相当する．

> **問**
>
> π の値が 3.141592 とわかっているものとして，その連分数展開を第4段階まで求めてみよう．$\frac{22}{7}$ が第2番目にあたることを確認してみよう．

人類は計算に便利な十進小数を発見したにもかかわらず，分数を見捨てなかったことが，のちの数学の豊かな発展を後押ししたともいえよう．

3 有理数と無理数の近似

3.1 ● n 進数について

さて，前節は分数について触れた．

数の表現としては小数と分数があるが，小数は位<ruby>位<rt>くらい</rt></ruby>を作るまとまりがあり，これを**底**と呼ぶことにすれば，底に依存している．例えば，底が三の三進位取り記数法（単に三進数という）を考えてみよう．使う数字は 0, 1, 2 の三個であり，三になれば位が一つ上がる．したがって，十進数の 3 は三進数では 10 である．また，4 は 11，5 は 12，6 は 20 である．十進数の分数 $\frac{1}{3}$ は十進小数では 0.333… であるが，三進数では $\frac{1}{10}$ であり 0.1 になる．このように，小数が無限か有限かは底に依存していることになる．

ところで，数に有理数と無理数とがある．有理数とは $\frac{整数}{整数}$ であり，分数のことである．しかし，いかなる底によろうとも，$\frac{整数}{整数}$ という形が変わるわけではないから，これは底に関係しない普遍的な定義である．実は，「どんな底であろうとも，有理数は有限小数であるか循環小数であり，無理数は循環しない無限小数」なのである．このように，有理数，無理数という数の性質は，底に無関係な数独自の性質である．そのことをあらためて考えてみよう．

かなり古い話であるが，大学で二進数を講義し，練習問題もしっかりやった後で，次の問題を出した．

> **問**
> 34 個の点の集まりがあります．これを二進数と十二進数で表してください．

ほとんどの学生が十二進数では 210 と答えたのである．

二進数については何の問題もなくできるのに，学生たちは「十二個の集まりが二個できて十個余るので，210」と表記した．

十進数では $0, 1, 2, 3, 4, 5, 6, 7, 8, 9$ の 10 個の記号で数が表記されている．当然，十二進数になれば，$0, 1, 2, 3, 4, 5, 6, 7, 8, 9$ の先 12 個までの記号を必要とする．つまり，新たな数の記号の導入を考えつかなければならない．9 の次を α，その次を β とし，2α とでも表記すればいいのであるが，十進数を使い馴れていることや二進数では新たな記号を必要としないので，その原理にまで遡っては考えにくいようだ．

さて横道にそれたが，ここでは，十進数ではすでによく知られている次のことをあらためて考えてみることにする．

ある数が有理数であるのは，どのような底の小数表示でも有限小数であるか循環小数であるときに限る．（したがって，無理数であるのは循環しない無限小数のときである．）

このことの概略を述べるが，数学的な厳密さは抜きにしよう．

ある数 x を，底を n として表現するとは，

$$x = a_k n^k + a_{k-1} n^{k-1} + \cdots + a_0 + b_1 n^{-1} + b_2 n^{-2} + \cdots$$

と書き表すことである．これを位を使って，$a_k a_{k-1} \cdots a_0 . b_1 b_2 \cdots$ という具合に表記している．このような数の表記を n 進位取り記数法とか n 進数といい，n を底という．

有理数と小数のことに焦点を絞って考えるので，この整数部分は無視しても本質的な議論には影響はない．いま，1 以下の小数の部分

$$b_1 n^{-1} + b_2 n^{-2} + \cdots$$

だけを考えよう．x が十進数で $\frac{1}{4}$ であれば，二進数では $\frac{1}{100}$ であり，それぞれの小数表現は十進数では $2 \times 10^{-1} + 5 \times 10^{-2} = 0.25$，二進数では $0 \times 2^{-1} + 1 \times 2^{-2} = 0.01$ である．

ところで，$\sqrt{2}$ が十進数で $1.4142\cdots$ と無限小数になってしまうように，底が 10 でなくてもこのことは起こる．しかし，無限小数を許すと十進数でよく知られているように，一つの数が二つの表記を持つ．

$$1 = 0.99999\cdots, \qquad 0.25 = 0.24999999\cdots$$

そこで，これをさけるために，あるところから先がすべて $9 = 10 - 1$ になるような無限小数は認めないことにする．つまり，$0.9999\cdots$ や $0.2499999\cdots$ というのは除外する．n 進数であれば，あるところから先がすべて $n - 1$ にな

る表記は除外する．証明はしないが，こうすると小数による表記はただ一通りとなる．

　さて，小数の中には，次のような規則的な性質を持つものがある．

　　0.345345345…，　　　0.238345345345345…

このように繰り返しが起きている小数を**循 環 小 数**という．特に，前者の場合は**純 循環小数**という．

　いま，n 進数を考えてみる．

　実際，純循環小数であれば分数で表されることは次のようにしてわかる．

　　$0.b_1 b_2 \cdots b_k b_1 b_2 \cdots b_k \cdots$

　　　　$= b_1 n^{-1} + b_2 n^{-2} + \cdots + b_k n^{-k} + b_1 n^{-(k+1)} + b_2 n^{-(k+2)} + \cdots + b_k n^{-2k} + \cdots$

となるので，

　　　　$= b_1(n^{-1} + n^{-(k+1)} + \cdots) + b_2(n^{-2} + n^{-(k+2)} + \cdots) + \cdots + b_k(n^{-k} + n^{-2k} + \cdots)$

　　　　$= b_1 n^{-1}(1 + n^{-k} + \cdots) + b_2 n^{-2}(1 + n^{-k} + \cdots) + \cdots + b_k n^{-k}(1 + n^{-k} + \cdots)$

　　　　$= \dfrac{b_1 n^{k-1} + b_2 n^{k-2} + \cdots + b_k}{n^k - 1}$

これは普通の数の意味での分数である．この分子は n 進数の数では $b_1 b_2 \cdots b_k$ である．

　このとき，分母の $n^k - 1$ が n 進数の底 n とは互いに素であることはすぐわかるであろう．このように，n 進数の純循環小数は，分母が底 n とは互いに素になる数を用いて分数で表される．

　このことから，純循環でない循環小数であっても，循環しない部分はもともと $b_s n^{-s}$ の形の有限個の和であるから，分数で表現されることがわかる．こうして，n 進数の循環小数は分数で表現されることがわかり，有理数ということになる．

　実はその逆もいえる．循環小数で純循環でないものは，それを n 進数の底 n の何乗かにしておくと，その部分は整数部分に掃き出されてしまい，純循環の部分が小数部分になるので，本質的には純循環小数でそのことが示すことができれば十分である．

　いま，ある数が普通の数で $\dfrac{q}{p}$ と分数で表されていたとする．つまり，有理数としよう．ただし，$q < p$ であり，p は n 進数の底 n と互いに素であるとする（この仮定は後ほど使う）．有限小数であれば問題はないが，無限小数であったとする．この分数が n 進数の純循環小数となることを示す．

　　$\dfrac{q}{p} = 0.b_1 b_2 \cdots b_k \cdots$ とする．ただし，右辺は n 進数の小数である．$\dfrac{q}{p} = x$ と

おくと，

$$x = 0.b_1 b_2 \cdots b_k \cdots$$
$$= b_1 n^{-1} + b_2 n^{-2} + \cdots + b_k n^{-k} + \cdots$$

であるから，

$$nx = b_1 + n(b_2 n^{-2} + \cdots + b_k n^{-k} + \cdots)$$

第二項は 1 よりは小さいので，$b_1 = \lceil nx$ の整数部分」となる．

　次に，b_2 について考えてみよう．

$$n^2 x = n \cdot b_1 + b_2 + n^2(b_3 n^{-3} + \cdots + b_k n^{-k} + \cdots)$$

第三項は 1 よりは小さいので，$\lceil n^2 x$ の整数部分」$= n \cdot b_1 + b_2$ となる．こうして，

$$b_2 = n^2 x \text{ の整数部分} - n \cdot b_1$$
$$= n^2 x \text{ の整数部分} - n(nx \text{ の整数部分})$$

このように考えていくと n 進数の係数の部分である b_k は

$$b_k = n^k x \text{ の整数部分} - n \cdot (n^{k-1} x \text{ の整数部分}) \qquad (1)$$

となっていることがわかる．

　そこで，この係数 $b_1, b_2, \cdots, b_k, \cdots$ が繰り返しているか否かを調べればよい．

　さて，RSA 暗号のときに使った**オイラーの定理**を覚えているだろうか（第一章の 4.2）．

　p と n 進数の底 n は互いに素であるから，次の式が成立する．

$$n^{\phi(p)} \equiv 1 \ (p)$$

（ただし，$\phi(p)$ は p と互いに素である p 以下の数の個数．）　つまり，$n^{\phi(p)} - 1$ は p で割り切れるから，$n^{\phi(p)} - 1 = p \cdot r$ とおける．

　ここで，両辺に x をかけると

$$n^{\phi(p)} x - x = p \cdot r \cdot x = r \cdot q$$

より，

$$n^{\phi(p)} x = x + r \cdot q$$

　いま $\phi(p) = s$ とおくと $n^s x = x + r \cdot q$．ここで，b_{s+1} を考えてみよう．(1) より

$$b_{s+1} = n^{s+1} x \text{ の整数部分} - n \cdot (n^s x \text{ の整数部分})$$
$$= n(x + rq) \text{ の整数部分} - n \cdot ((x + rq) \text{ の整数部分})$$
$$= (nx \text{ の整数部分} + nrq) - n \cdot (rq) \qquad (\text{上の第二項は } x < 1 \text{ なので})$$
$$= nx \text{ の整数部分}$$
$$= b_1$$

同じようにして,

$$b_{s+2} = b_2, \qquad b_{s+3} = b_3, \qquad \cdots$$

であるから，純循環小数で表示されることがわかる.

$$\frac{q}{p} = x = 0.b_1 b_2 \cdots b_s b_1 b_2 \cdots b_s b_1 b_2 \cdots b_s \cdots$$

もっとも，p は n 進数の底 n と互いに素であるとして論を進めたので，互いに素でない場合が残っているがここでは省略しよう．その場合は有限小数か純循環小数でない循環小数となる.

以上のことから，どのような底をとろうとも，有理数は有限小数か循環小数であり，逆に有限小数か循環小数であれば有理数になることがわかる．したがって，無理数は循環しない無限小数であることがわかる.

> **問**
>
> $\dfrac{2}{3}$ を二進小数，三進小数で表してみよう.

3.2●連分数近似再考

数には有理数と無理数がある．それらを精度よく近似するのに連分数による方法はとても優れている.

第二章の 2.3 でみたように分数（有理数）$\dfrac{13}{8}$ を連分数展開すると次のようになる.

$$\frac{13}{8} = 1 + \cfrac{1}{1 + \cfrac{1}{1 + \cfrac{1}{1 + \cfrac{1}{2}}}}$$

これを次のように表記する.

$$[1 : 1, 1, 1, 2]$$

すべての有理数はこの方法で有限の連分数展開ができる．（このように分数部分の分子がすべて 1 となる連分数を**正則連分数**ともいう．）

そのときに，上の表記で最後が 1 となるものは除くことにすれば，この表記はただ一通りである（証明もさほど難しくはないが，ここでは省略をしよう）.

先ほどのことでいえば，最後は $1+\dfrac{1}{2}$ であるが，

$$1+\dfrac{1}{\dfrac{2}{1}} = 1+\dfrac{1}{1+\dfrac{1}{1}}$$

という形にもできるからである．つまり，

$$[1:1,1,2] = [1:1,1,1,1]$$

となる．そこで，最後の分母が 1 になるところまでは展開しないことに決める．

さて，本章の前節で述べたように，分数と連分数の関係は，大きな分子，分母を持つ分数を連分数によってより小さな分子，分母を持つ分数で近似することができるということである．

前節の土星と地球の公転周期の問題を再び考えてみよう —— それは $\dfrac{10759}{365}$ であった．これを連分数展開すると次のようになる．

$$\dfrac{10759}{365} = [29:2,10,4,4]$$

連分数展開を途中で切って得られる次の分数を**近似分数**（きんじぶんすう）という．

$$29,$$

$$[29:2] \qquad = \dfrac{59}{2} \qquad (=29.5),$$

$$[29:2,10] \qquad = \dfrac{619}{21} \qquad (=29.47619\cdots),$$

$$[29:2,10,4] \quad = \dfrac{2535}{86} \qquad (=29.476744\cdots),$$

$$[29:2,10,4,4] = \dfrac{10759}{365} \quad (=29.476712\cdots)$$

このように分数 $\dfrac{10759}{365}$ をより小さな分子，分母を持つ分数で近似する．これを小数に直してみると，$\dfrac{619}{21}$ では小数第三位までは一致し，$\dfrac{2535}{86}$ だと第四位まで一致している．このように，連分数によって得られる分数は近似の性能が驚くほどいいのである．

もう一つの特徴は，$\dfrac{10759}{365}$ への近似の配列が以下のような大小関係になることである．

$$29 < \dfrac{619}{21} < \dfrac{10759}{365} < \dfrac{2535}{86} < 29.5$$

連分数展開で書けば，

$$29 < [29 : 2, 10] < \frac{10759}{365} < [29 : 2, 10, 4] < [29 : 2] \qquad (2)$$

このように近似分数は最初に与えられた分数 $\frac{10759}{365}$ を両側から挟んで近似していることがわかる.

さらに,次の特徴もある.これは,近似の(2)の裏づけとなる性質であるとともに精度を考える上での重要な性質である.

$$29 \left(= \frac{29}{1} ; 分数とみなす\right), \quad \frac{59}{2} \Longrightarrow 29 \times 2 - 1 \times 59 = -1,$$

$$\frac{59}{2}, \quad \frac{619}{21} \Longrightarrow 59 \times 21 - 2 \times 619 = 1239 - 1238 = 1,$$

$$\frac{619}{21}, \quad \frac{2535}{86} \Longrightarrow 619 \times 86 - 21 \times 2535 = 53234 - 53235 = -1,$$

$$\frac{2535}{86}, \quad \frac{10759}{365} \Longrightarrow 2535 \times 365 - 86 \times 10759 = 925275 - 925274 = 1$$

この性質は,この数字を文字に置き換えてみることではっきりする.一般論はいいよ,という読者は69ページへ進もう.

いま,$\frac{q}{p} = [b_0 : b_1, b_2, b_3, \cdots, b_n]$ であったとしよう.

$$b_0 = \frac{b_0}{1},$$

$$[b_0 : b_1] = b_0 + \frac{1}{b_1} = \frac{b_0 b_1 + 1}{b_1},$$

$$[b_0 : b_1, b_2] = b_0 + \cfrac{1}{b_1 + \cfrac{1}{b_2}} = \frac{(b_0 b_1 + 1) b_2 + b_0}{b_1 b_2 + 1}$$

ここで,近似分数を明確にするために上記で得られる分子を s_i,分母を r_i とすると

$$s_0 = b_0, \quad s_1 = b_0 b_1 + 1, \quad s_2 = (b_0 b_1 + 1) b_2 + b_0,$$

$$r_0 = 1, \quad r_1 = b_1, \quad r_2 = b_1 b_2 + 1$$

であり,

$$\frac{s_0}{r_0}, \quad \frac{s_1}{r_1}, \quad \frac{s_2}{r_2}$$

が近似分数である.このとき,直接計算をすれば次のことがわかる.

$$s_0 r_1 - r_0 s_1 = -1, \quad s_1 r_2 - r_2 s_1 = 1$$

したがって,個々の数字の問題ではなく,この性質は連分数の持つ特徴だということがわかる.

一般に，

$$s_{k-1} r_k - r_{k-1} s_k = (-1)^k \qquad (1 \leqq k \leqq n) \tag{3}$$

が成り立つ．

実は s_i, r_i のそれぞれの間には，次のような逐次的関係が成り立っている．

$$\begin{cases} s_{k+1} = s_k b_{k+1} + s_{k-1} \\ r_{k+1} = r_k b_{k+1} + r_{k-1} \end{cases} \qquad (1 \leqq k \leqq n) \tag{4}$$

実際

$$s_0 = b_0, \qquad s_1 = b_0 b_1 + 1 = s_0 b_1 + 1,$$
$$r_0 = 1, \qquad r_1 = b_1,$$
$$\left. \begin{array}{l} s_2 = (b_0 b_1 + 1) b_2 + b_0 = s_1 b_2 + s_0, \\ r_2 = b_1 b_2 + 1 = r_1 b_2 + r_0 \end{array} \right\} \tag{$*$}$$

ここで，$\dfrac{s_2}{r_2}$ と $\dfrac{s_3}{r_3}$ の関係をみてみよう．

$$\frac{s_2}{r_2} = [b_0 : b_1, b_2] = b_0 + \cfrac{1}{b_1 + \cfrac{1}{b_2}}$$

なので，

$$b_2 \to b_2 + \frac{1}{b_3}$$

とすれば

$$\frac{s_2}{r_2} \to \frac{s_3}{r_3}$$

となる．

こうして $(*)$ より

$$\frac{s_3}{r_3} = \frac{s_1 \left(b_2 + \dfrac{1}{b_3} \right) + s_0}{r_1 \left(b_2 + \dfrac{1}{b_3} \right) + r_0} = \frac{s_2 b_3 + s_1}{r_2 b_3 + r_1}$$

全ての数は
分数で近似できる!!

スゴイニャー

となり，

$$s_3 = s_2 b_3 + s_1,$$
$$r_3 = r_2 b_3 + r_1$$

となる．

　実は，(3)式は(4)式を用いて証明することができるので，試してみてほしい．

$\dfrac{s_k}{r_k}$ $(k = 0, 1, \cdots, n-1)$ が $\dfrac{q}{p}$ の近似分数であり，$\dfrac{q}{p} = \dfrac{s_n}{r_n}$ である．

いま，隣り合う近似分数の項を調べると

$$\frac{s_{k-1}}{r_{k-1}} - \frac{s_k}{r_k} = \frac{s_{k-1} r_k - s_k r_{k-1}}{r_{k-1} r_k} = \frac{(-1)^k}{r_{k-1} r_k} \tag{5}$$

したがって，$\dfrac{s_0}{r_0} - \dfrac{s_1}{r_1} < 0,\ \dfrac{s_1}{r_1} - \dfrac{s_2}{r_2} > 0,\ \cdots$ となる．

　近似分数が(2)のように並んでいるかどうかを確認するには，(5)式から評価すればよい．実際，

$$\left| \frac{s_0}{r_0} - \frac{s_1}{r_1} \right| = \frac{1}{r_0 r_1} = \frac{1}{r_1} > \left| \frac{s_1}{r_1} - \frac{s_2}{r_2} \right| = \frac{1}{r_1 r_2}$$

なので，$\dfrac{s_1}{r_1}$ から見て，$\dfrac{s_2}{r_2}$ は $\dfrac{s_0}{r_0}$ よりは近いところにあり，$\dfrac{s_1}{r_1}$ より小さいわけであるから，$\dfrac{s_0}{r_0} < \dfrac{s_2}{r_2} < \dfrac{s_1}{r_1}$ の順に並んでいることがわかる．逆に，最後の $\dfrac{q}{p} = \dfrac{s_n}{r_n}$ から見ていけば，$\dfrac{q}{p}$ がそれらの近似分数のいずれにも挟まれていることがわかる．つまり，図1のような配置になっている．また，(5)式が誤差の範囲を与えていることも見て取れるであろう．

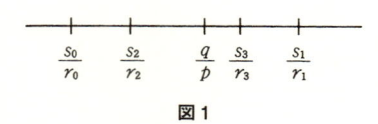

図1

問

$\dfrac{s_k}{r_k}$ の並び方から評価して，$\left| \dfrac{s_{k-1}}{r_{k-1}} - \dfrac{s_k}{r_k} \right| < \dfrac{1}{r_{k-1} r_{k-2}}$ となることを確認しよう．

さらに，$\left| \dfrac{q}{p} - \dfrac{s_k}{r_k} \right| < \dfrac{1}{r_k r_{k+1}}$ であることを示してみよう．このことから，近似の誤差が測れる．

　ここでは分数(有理数)の近似を詳しく述べたが，無理数になれば無限連分

数が出てくるだけの話である．もちろん，無限になってしまうので慎重な吟味は必要であるが，精神はまったく同じである．すべての実数と連分数は一意的に対応している．有理数の連分数展開が有限で無理数の連分数展開が無限になることを証明したのは，すでにこれまでに何度も出てきたオイラーである．もちろん，その逆も正しい．

特に，無理数は，小数で表したとしても書ききれないから，分数による近似が大きな意味を持ってくる．

実数を構成している割合からいえば，無理数の方がはるかに多いのであるから，「犬も歩けば無理数にあたる」ということになる．したがってそれを近似する簡単な分数（分母も分子もあまり大きくない）があれば，表記上でも計算上でもはるかに便利なのである．

円周率は循環しない無限小数なのだが，計算でも連分数展開から出てくる $\frac{22}{7}$（$= 3.142857\cdots$）を使えば，3.14と比べて，より円周率の真の値（$3.141592\cdots$）に近いのである．小数二桁の計算をするよりは分数の計算の方が楽である．面積の量的な認識という点からは小数の方が教育上は優れているが，別の見方をすることも大切で，演算的にも精密度からも近似分数は優れている．もっとも，最良近似とは何かという議論は大変なので，ここではこれ以上の言及はしない．

π の連分数展開は次のようになる．

$$\pi = 3 + \cfrac{1}{7 + \cfrac{1}{15 + \cfrac{1}{1 + \cfrac{1}{292 + \cfrac{1}{\ddots}}}}}$$

しかし，この連分数は数そのものの特質を反映していて，紀元前のユークリッドの互除法から出てきたことを考えれば，人類の英知にいまさらながら感嘆せざるを得ない．

近似ということは数学を考える上でとても重要なキーワードである．数学にはいたるところに近似の考えがでてくる．近似や極限という考えは避けて通れない．算数はきちんと計算をするので，円の面積もきちんと求まると思っている子どもが多い．それが近似値でしかないという意識がなく，円周率は3.14だから円の面積は正確に出せると思っている．本当に大切なのはこの数値で間に合わせておいても実用上は支障がないという認識なのだが…．

4 棘のあるバラの上手な料理法

4.1●温故知新

$\sqrt{2}$ や π という数は，綺麗な図形から出てくる数値である．$\sqrt{2}$ は長さ 1 の正方形の対角線の長さであり，π は直径が 1 の円の周の長さである．

これらはすべて無限小数であり，数で書き尽くすのが無理である．まさに，無理数といわれる所以である．綺麗なバラには棘があるというが，測定しきれない数だからこそ図形の中に秘められているともいえよう．

小学校では，綺麗な図形として正方形や円以外にも正三角形などがでてくるが，ここには $\sqrt{3}$ が隠されている．「正三角形の面積を求めましょう」といったとたんに，無理数の世界に突入するのである．これが数学の面白さかもしれない．

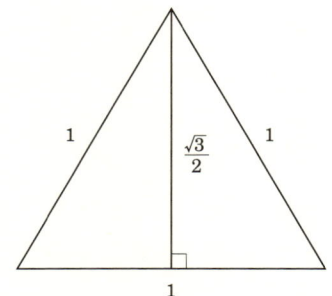

図1 ピタゴラスの定理（（註）を参照）から正三角形の高さは $\dfrac{\sqrt{3}}{2}$ となる．

小学校ではルート（平方根）は学習しないから関係がない，といって済まされない．実際に，正三角形の高さを定規で測り，面積を求める場面で綺麗な数値は得られないのだから，何 cm といったところでよしとするのか，それとも何 mm というところまで測定させるのかなどが問題となる．測定値は

測定値として，いずれにしても $\sqrt{3}$ の小数値が必要となる.

　同じように,「整数値を面積に持つ正方形を書きましょう」という何でもなさそうな問題は整数の平方根の問題でもある. 連分数のところで近似分数について触れたのだが，実は，かなり昔からこの平方根を計算するいろいろな方法が考えられていた. 平方根を求めることを**開平**という. 最近では開平のアルゴリズムは教えないようだが，知っていて損はない.

開平　$\sqrt{15}$

（1）15 に最も近い(15 を越えない)二乗数を考える.

　　　　$9 = 3 \times 3 = 3^2 \Longrightarrow 3$

（2）$15 - 9 = 6$

（3）この余りを 100 倍する $\Longrightarrow 600$

（4）(1)の 3 に同じ 3 を足して $3+3 = 6$ とする.

（5）$600 \geqq (60+a) \times a$ となる一番大きい数 a を求める. この場合は $a = 8$ である. 68×8 が 600 以下の最大数である. $\Longrightarrow 8$

（6）$600 - 68 \times 8 = 600 - 544 = 56$

（7）56 を 100 倍する $\Longrightarrow 5600$

（8）(5)での 68 と(5)で求めた 8 を足す.

　　　　$68+8 = 76$

（9）$5600 \geqq (760+b) \times b$ となる一番大きい数 b を求める. この場合は $b = 7$ である. 767×7 が 5600 以下の最大数である. $\Longrightarrow 7$

このようなプロセスを続けていけば，必要なだけの値が求まる.

　$\sqrt{15} = 3.8729833\cdots$

第二章

数の章

❹ 棘のあるバラの上手な料理法

一方，いまから 4000 年以上も前から計算の文化を持っていたバビロニアでは，次のような方法で平方根の近似値を求めていたのではないかといわれている．

$\sqrt{15}$ であれば，

（1）$15 = 4^2 - 1$　（15 にいちばん近い二乗数を選ぶ）

（2）$(-1) \div (2 \times 4) = \dfrac{-1}{8} = -0.125$

（3）$\sqrt{15} \approx 4 - 0.125 = 3.875$

この時点で，すでに小数点以下 2 桁まで一致している．
次に 4 の代わりに 3.87 をとり，同じことを繰り返す．

（4）$15 = (3.87)^2 + 0.0231$

（5）$0.0231 \div (2 \times 3.87) = \dfrac{0.0231}{7.74} = 0.002984$

（6）$\sqrt{15} \approx 3.87 + 0.0029844 = 3.872984$

これで，小数点以下 5 桁まで一致している．

　数千年も前の人達がこのような計算方法を考え出していたことは驚くしかない．ここでは，これをバビロニア的方法と呼ぶことにしよう．
　この方法は中国の『孫子算経』にもある．

問
上記の(4)で，3.87 ではなく，3.875 をとって計算を続けてみよう．

　さて，このことを振り返ってみよう．
$\sqrt{A}$ を求めるために $A = a^2 + r$ として（ただし，r は a^2 に比べてかなり小さいとする）

$$\sqrt{A} = \sqrt{a^2 + r} \approx a + \frac{r}{2a}$$

これは，図形的には次のように考えることができる．

$\sqrt{A}$ を求めることは，面積が A の正方形の一辺の長さを考えることであるから，まずこの正方形に含まれる整数値の辺を持つできるだけ大きな正方形を考える（条件を「この正方形を含む最小の…」としてもよいが，簡単のためにこうしよう）．出だしを整数値にするのは計算の都合上である．

そうすると $A = a^2 + r$ は，面積が A の正方形に一辺が a の正方形が含まれていて，その残りの面積が r ということになる（図 2）．

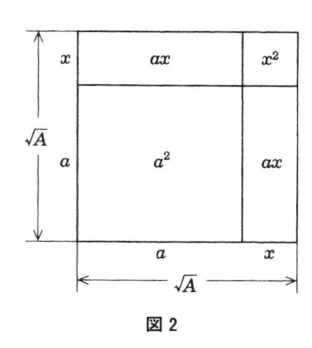

図 2

さて，$\sqrt{A} = a + x$ とすると，

$$r = 2ax + x^2$$

である．

図 2 でわかるように，正方形の残りの面積 r が a^2 に比べてかなり小さいとすれば，隅にある正方形の面積 x^2 は a^2 に比べてもっともっと小さい．二つの長方形の面積 $2ax$ に比べて，無視しても影響は少ないと考えられる．

つまり，

$$\frac{r}{2a} = x + \frac{x^2}{2a}$$

なので，

$$x \approx \frac{r}{2a}$$

と考えてよい．こうして，

$$\sqrt{A} = a + x \approx a + \frac{r}{2a}$$

という式が得られる．

バビロニア的方法がどのように得られたかは知らないが，このように非常に粗っぽいと思える方法でも，かなり精度のよい近似値が求まることがわか

る．実際の生活に関わっては，どうしてもその数値を必要とする．必要は発明の母であり，数値を求める必要がなければこのような工夫は生まれなかったのである．

中学校の数学では，平方根が出てきてもそれを数値化して用いる場面はほとんどなく，子どもたちにとっては無理数は無用数となりがちである．

その数を書ききれないから記号化せざるを得ないのであるが，数であることに変わりはない．その意味では，それを使うために数値化する作業を考えさせてみたいものである．

問

$a+\dfrac{r}{2a}$ は，次のように変形できる．

$$a+\frac{r}{2a} = \frac{a+\left(\dfrac{a^2+r}{a}\right)}{2}$$

この右辺は，a と $\left(\dfrac{a^2+r}{a}\right)$ の平均値だと考えることができる．このような解釈から，バビロニア流の工夫を説明してみよう．

ギリシャの幾何学が，面倒な数値の使用を避けて，長さで事を処理しようとしたのは，数学の発展上は賢明な選択であったといえるのだが，一方で数値を求めようとするこだわりと方法が数学の発展に貢献したことも忘れてならないのである．

この数学の二面性をしっかりと考えてみたいものである．

●註：ピタゴラスの定理

三平方の定理とも呼ばれている．図形を考えるとき，頻繁に出てくる定

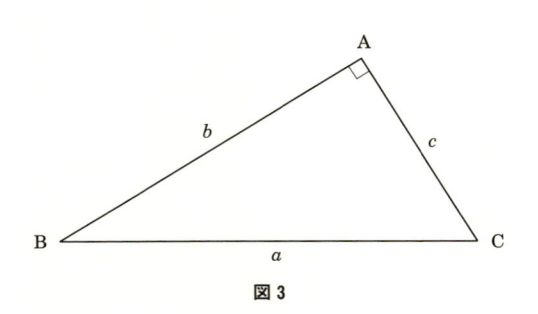

図3

理．三角形 ABC で ∠A ＝ 90° ならば $a^2+b^2=c^2$ が成り立つ．

証明については第六章第2節を参照されたい．

4.2●近似の方法を検討する

4.1 節でみたバビロニア的開平の方法は，実は，近代数学を先取りしているともいえる．

いま，$(1+x)^m$ という式を考えてみよう．$m=2$ ならば
$$(1+x)^2 = 1+2x+x^2$$
$m=3$ ならば
$$(1+x)^3 = 1+3x+3x^2+x^3$$
はよく知られている式である．

さらに，m が正の整数のときは，一般に次の式が成り立つ．
$$(1+x)^m = 1+\frac{m}{1!}x+\frac{m(m-1)}{2!}x^2+\cdots+\frac{m(m-1)\cdots(m-k+1)}{k!}x^k+\cdots+x^m$$
これは**二項定理**と呼ばれている．
$$1! = 1, \quad 2! = 1\cdot 2, \quad \cdots, \quad k! = 1\cdot 2\cdot 3\cdots\cdot k$$
この係数は，**パスカルの三角形**と呼ばれる次のような三角形で求められる．

$$
\begin{array}{ccccccccc}
& & & & 1 & & & & \\
& & & 1 & & 1 & & & \\
& & 1 & & 2 & & 1 & & \\
& 1 & & 3 & & 3 & & 1 & \longrightarrow (x+1)^3 = 1+3x+3x^2+x^3\\
1 & & 4 & & 6 & & 4 & & 1 \longrightarrow (x+1)^4 = ?
\end{array}
$$

図4 パスカルの三角形

さて，この m が正の整数とは限らない場合はどうなるか？　実は，m がどんな実数であっても次の式が成り立つのである．
$$(1+x)^m = 1+\frac{m}{1!}x+\frac{m(m-1)}{2!}x^2+\cdots+\frac{m(m-1)\cdots(m-n+1)}{n!}x^n+\cdots$$
ただし，$|x| < 1$ である．

これは**ニュートンの二項公式**とも呼ばれている．

この m が正の整数でなければ，この右辺は無限に続く項の足し算である．

$m = \dfrac{1}{2}$ なら，

$$(1+x)^{\frac{1}{2}} = \sqrt{1+x}$$

である．

この公式によれば，

$$\sqrt{1+x} = 1 + \frac{1}{2}x - \frac{1}{8}x^2 + \frac{1}{16}x^3 - \cdots$$

となる．

これを用いて，4.2 節の $\sqrt{A} = \sqrt{a^2+r} \approx a + \dfrac{r}{2a}$ について考えてみよう．

$$\sqrt{A} = \sqrt{a^2+r} = \sqrt{a^2\left(1+\frac{r}{a^2}\right)}$$

ここで，$\left|\dfrac{r}{a^2}\right| < 1$ なので二項公式を用いて，

$$
\begin{aligned}
&= a\sqrt{\left(1+\frac{r}{a^2}\right)} \\
&= a\left(1 + \frac{1}{2}\times\frac{r}{a^2} - \frac{1}{8}\times\left(\frac{r}{a^2}\right)^2 + \frac{1}{16}\times\left(\frac{r}{a^2}\right)^3 - \cdots\right) \\
&= a + \frac{r}{2a} - \frac{r^2}{8a^3} + \frac{r^3}{16a^5} - \cdots
\end{aligned}
$$

このとき，a, r の関係からみて，3 項以下の値は無視できるほどに小さいと考えて，2 項までをとれば，バビロニア流の近似式が得られることがわかる．

このように，ニュートン以降の近代数学を駆使して得られた結果に，バビロニア流の方法はうまく合致していたといえる．あの近似式にはこのような数学的な背景があったのである．

この新たな式で，$\sqrt{15}$ を改めて計算してみよう．

$$\sqrt{A} = \sqrt{a^2+r} \approx a + \frac{r}{2a} - \frac{r^2}{8a^3} + \frac{r^3}{16a^5}$$

$15 = 4^2 - 1$ だから，$a = 4$，$r = -1$ とする．3 項までを計算すると

$$a + \frac{r}{2a} - \frac{r^2}{8a^3} = 4 + \frac{-1}{8} - \frac{(-1)^2}{8\times 4^3} = 3.873046\cdots$$

4 項まででは

$$a + \frac{r}{2a} - \frac{r^2}{8a^3} + \frac{r^3}{16a^5} = 4 + \frac{-1}{8} - \frac{(-1)^2}{8\times 4^3} + \frac{(-1)^3}{16\times 4^5} = 3.872985\cdots$$

4.1 節では，2 項までの近似を二回使って，小数点以下 5 桁まで一致する結果を得たが，今は 4 項まで計算することで，同じく 5 桁まで一致する結果が

得られた.

　近代流とバビロニア流の方法を二回使う方法では，結果的には同じ精度であることがわかる．古き時代の人類の偉大な知恵に乾杯！

> **問**
> $\sqrt{31}$ の値を近代流とバビロニア流で求めてみよう.

　もちろん，近代流は単に $\sqrt{31}$ の近似を求めるだけにとどまらず，立方根 $\sqrt[3]{31}$（3 乗して 31 になる数のこと）を求めることもできる．それはニュートンの二項公式で $m = \dfrac{1}{3}$ とすればよい.

　$\sqrt[3]{A}$ を求めるために，$A = a^3 + r$ として

$$\sqrt[3]{A} = \sqrt[3]{a^3 + r} = \sqrt[3]{a^3\left(1 + \frac{r}{a^3}\right)}$$

ニュートンの二項公式を適用するために $\left|\dfrac{r}{a^3}\right| < 1$ となるように a, r を選ぶ.

$$\sqrt[3]{a^3\left(1 + \frac{r}{a^3}\right)} = a\sqrt[3]{1 + \frac{r}{a^3}}$$
$$= a\left(1 + \frac{r}{3a^3} - \frac{r^2}{9a^6} + \frac{5r^3}{81a^9} - \cdots\right)$$

5 項以降を無視すれば，

$$\sqrt[3]{A} = \sqrt[3]{a^3 + r} \approx a\left(1 + \frac{r}{3a^3} - \frac{r^2}{9a^6} + \frac{5r^3}{81a^9}\right)$$
$$= a + \frac{r}{3a^2} - \frac{r^2}{9a^5} + \frac{5r^3}{81a^8}$$

　これを使って $\sqrt[3]{31}$ を求めてみよう．$31 = 3^3 + 4$ だから，$a = 3$, $r = 4$ とする．$\dfrac{4}{3^3} = \dfrac{4}{27} < 1$ なので，たしかに上の式が使えて，

あなたは

ニュートン流？　バビロニア流？

$$\sqrt[3]{31} \approx 3 + \frac{4}{27} - \frac{16}{2187} + \frac{320}{531441} = 3.141434\cdots$$

となる．真の値は

$$\sqrt[3]{31} = 3.141380\cdots$$

なので，このような方法で小数点以下 3 桁まで一致した数値を得ることができた．

もっとも，第 2 項まで計算するだけでも $3 + \frac{4}{27} = 3.148148\cdots$ なので，小数点以下 2 桁までであればこれで十分ともいえる．

ニュートンの二項公式は，根号の計算だけでなく用途はいくらでもある．

以下にみるように，割り算が引き算になるという魔法の杖にもなる．$m = -1$ とすれば，

$$(1+x)^{-1} = \frac{1}{1+x} = 1 - x + x^2 - x^3 + x^4 - \cdots$$

であるから，$1 \div 1.0012$ のような計算では，$x = 0.0012$ が非常に小さいので，2 項くらいまで考えれば十分である．

$$1 \div (1+x) = \frac{1}{1+x} \approx 1 - x$$

こうして，割り算が引き算に化けるのである．

$$1 - x = 1 - 0.0012 = 0.9988$$

であるから，

$$1 \div 1.0012 = \frac{1}{1.0012} \approx 0.9988$$

である．

実際，$1 \div 1.0012 = 0.998801\cdots$ であるから，かなりの精度で近似値が求まる．

第三章

式の章

① 受難の二次方程式の解の公式

1.1●教育ってなに？

どうも世間的には数学はあまり好かれていないようである．学習指導要領の改訂が起きるたびに数学が問題となる．それは長く教育に携わってきた私たちへの警鐘とも受け止めている．

前々回（2002年）の学習指導要領改訂のときのある著名な方の発言の趣旨は次のようなものであった．

「二次方程式の解の公式など人生で一度も使わない，こんなことを教える必要があるのか？」という主旨のものであった．お上に対して忖度の大好きな国民性が幸いしたのか？　一時，中学校数学から二次方程式の解の公式が消えてしまった．

ところが，今度は別の著名な方が似たような発言をなさった．「中学校で数学がわからない者が増えて高校中退の原因になっている」と主張されて，「義務教育で二次方程式の解の公式のような難しいことをやっているのは日本くらいのものである」として，「高校における数学の必修をやめにしたら」という主張をされているのだ．

この主張にはいくつかのことが含意されている．

　　一つは，二次方程式の解の公式は難しい数学なのだということ．
　　二つ目は，義務教育で二次方程式の解法を教えるのは日本くらいだということ．
　　三つ目は，数学がわからないのが中退の原因だということ．

前々回の方の分を付け加えると，

　　四つ目は，人生で一度も使ったことがないこと．

どうも二次方程式の解の公式は分が悪いのである.

一つ目については後で検討しよう.

三つ目は本当に数学がわからないことが中退の原因なのか，その因果関係は明確なのか．数学がわからない教科だから必須から外せということであれば，そもそも教育という行為は成立しない．わかることをやることだけが教育ではないからだ．もちろん同時に，わからせる努力は必要であり，義務教育を含む学校教育への警告と考えることはできる．その意味では一考の余地はある.

四つ目に関しても同じことがいえる．どの教科でも教えられていることを一度も使ったことのない事柄の方が多いはずである．教育とは陶冶的意味を持つものである.

さて，ここでは一つ目の問題に戻ろう.

本当に解の公式は難しいのだろうか？ いや，一度も使わないから学ぶ必要がないとしてしまっていいのだろうか？

二次方程式は，二次なので面積のことを扱う場合によく出てくる．解を求めるとなると因数分解が簡単にできる場合はいいが，一般にはなかなか簡単には因数分解ができないのである．したがって，解の公式があればすべての二次方程式に対応できる.

この公式は7世紀，古代インドの天文学者のブラーマグプタ（598—660）という人が考えたもので，数学を知っていた世界中の人々が驚いて，それ以降このような公式を作ろうという熱が高まったとのことである．この時期の日本は，ようやく中国から入ってきた掛け算九九が普及し始めたばかりである.

高校までに扱う二次方程式とは次のような式である.

$$ax^2+bx+c = 0 \qquad (a \neq 0, \ 係数は a, b, c は実数である)$$

解の公式は $x = \dfrac{-b \pm \sqrt{b^2-4ac}}{2a}$ である.

次の二次方程式は黄金分割のときに出てくる方程式である.

$$x^2-x-1 = 0, \qquad x = \frac{1 \pm \sqrt{5}}{2}$$

この方程式に関するエピソードを紹介しよう.

定年後にある大学に勤めていたときの話である．70歳を過ぎた女性の方が（Aさんとしておこう）社会人入学という枠で入学をされた．Aさんは若いときに国立大学の受験に失敗した．当時は地方の国立大学といえども軒並

み難しかった．女の子が大学なんかという風潮もあり，浪人はできず，父親の言いつけで家の手伝いをせざるを得なかったようだ．しかし，どうしても大学への夢はあきらめきれずにいた．幸い，Aさんの家の近くに私立大学の教員養成系学部ができたというので入学をされた．年齢から言って，いまさら小学校の教員免許を取得しても正式の先生になれるわけはないのだ．しかし，それは彼女の長年の夢であった．大学の4年間をほぼ首席で通された．現在は80歳近いが，臨時的な講師として小学校で勤務されている．

これから話すのはAさんの数学の授業でのことである．

大学の授業で，先ほどの二次方程式の解を聞いたところ，解の公式を忘れたと言って若い受講生は立ち往生．ところが，このAさんは「平方完成をすればいいのですよね」と言われたのである．一瞬耳を疑った．高校を卒業して，もはや半世紀以上もなるのだ．そして，しばらくたって，「先生これでいいですか」と答えを言われたのである．彼女も若い学生と同様に解の公式は忘れてしまっていたらしい．しかし，解を導く手順をしっかり覚えておられた．

これが半世紀前の教育だったのかも知れない．

結論的なことを先に言えばすべての二次方程式は $X^2 = A$ という形の方程式に変形できるということである（(1)式を参照）．実は，二次方程式の解の求め方は平方完成につきるのである．

1.2●平方完成とは何か？

平方完成とは，二次方程式 $ax^2+bx+c=0$ の左辺を $ax^2+bx+c=a(x+p)^2+q$ という形に変形することである．具体的に説明しよう．

$x^2-x-1=0$ を解くことを考えよう．

$$x^2-x-1 = \left(x-\frac{1}{2}\right)^2 - \frac{1}{4} - 1 = \left(x-\frac{1}{2}\right)^2 - \frac{5}{4} \tag{1}$$

$\left(x-\frac{1}{2}\right)^2 - \frac{5}{4} = 0$ を解けばよい．

$\left(x-\frac{1}{2}\right)^2 = \frac{5}{4}$ から，

$$x-\frac{1}{2} = \pm\sqrt{\frac{5}{4}} = \pm\sqrt{\frac{5}{2}} \tag{2}$$

こうして，

$$x = \frac{\pm\sqrt{5}}{2} + \frac{1}{2} = \frac{1\pm\sqrt{5}}{2} \tag{3}$$

が得られる．

　つまり，二次式 x^2-x-1 を $\left(x-\dfrac{1}{2}\right)^2 - \dfrac{5}{4}$ の形に変形することである．実は，すべての二次方程式がこのような形に変形できる．そのことを知っていれば，決して難しいことではない．A さんは，半世紀たったいまでこの変形を覚えていて，しかも実行できたのである．

　実際，解の公式はこの変形によって導かれるものである．

$$ax^2+bx+c = a\left(x^2+\frac{b}{a}x+\frac{c}{a}\right)$$

$$= a\left\{x^2+2\frac{b}{2a}x+\left(\frac{b}{2a}\right)^2-\left(\frac{b}{2a}\right)^2+\frac{c}{a}\right\}$$

$$= a\left\{\left(x^2+2\frac{b}{2a}x+\left(\frac{b}{2a}\right)^2\right)-\left(\frac{b}{2a}\right)^2+\frac{c}{a}\right\}$$

$$= a\left\{\left(x+\frac{b}{2a}\right)^2-\frac{b^2-4ac}{4a^2}\right\} \qquad （平方完成）$$

$ax^2+bx+c = 0$ の解は $a\left\{\left(x+\dfrac{b}{2a}\right)^2-\dfrac{b^2-4ac}{4a^2}\right\} = 0$ から

$$\left(x+\frac{b}{2a}\right)^2-\frac{b^2-4ac}{4a^2} = 0 \Longrightarrow \left(x+\frac{b}{2a}\right)^2 = \frac{b^2-4ac}{4a^2}$$

よって，$x+\dfrac{b}{2a} = \pm\sqrt{\dfrac{b^2-4ac}{4a^2}} = \pm\sqrt{\dfrac{b^2-4ac}{2a}}$．こうして，次の解の公式が得られる．

$$x = \frac{-b\pm\sqrt{b^2-4ac}}{2a} \tag{4}$$

　このような変形は非常に人為的に見えるが，決して理由のない変形ではないのだ．ここで，これらのことをグラフを使って考えてみよう．

　フランスの哲学者であったデカルト（1596—1650）は，デカルト座標という代数式を幾何学的に表示する方法を考えた．この方法は代数式の意味を考えるのに優れている．

　方程式 $x^2-x-1 = 0$ の解を求めることは，二つの関数

　　$y = x^2-x-1$　と　$y = 0$

との交点を求めることである（図 1 を参照）．$y = 0$ は x 軸のことである．

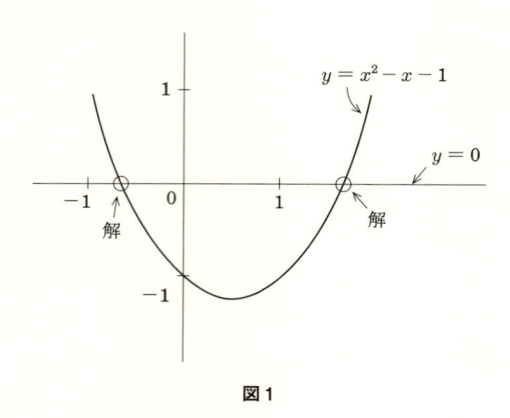

図1

$y = x^2 - x - 1$ のことを二次関数という．この二次関数のグラフの形は放物線と言われる．$y = x^2 - x - 1 = \left(x - \dfrac{1}{2}\right)^2 - \dfrac{5}{4}$ のグラフは $x = \dfrac{1}{2}$ を軸として左右対称である（図2）．

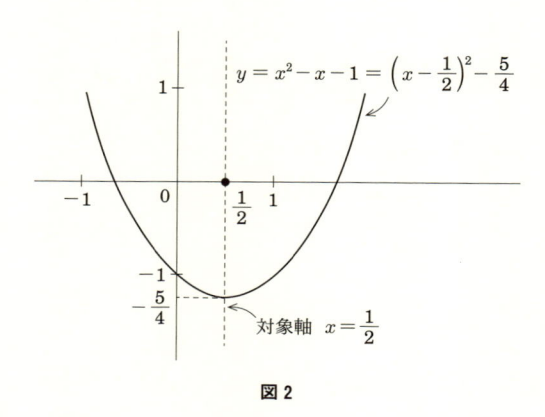

図2

このグラフを x 軸に平行に $\dfrac{1}{2}$ だけ左に移動させる．そうすると y 軸対称のグラフができる．先ほどの x と混同するといけないので大文字の X と Y を使って，この移動させたグラフの式を書くと下記のようになる．

$$Y = X^2 - \frac{5}{4} \tag{5}$$

この最後の式の良さはどこにあるかというと X 軸（$Y = 0$）との交点が簡単に求まるということである．つまり，式の上では $X^2 - \dfrac{5}{4} = 0$ を解くとい

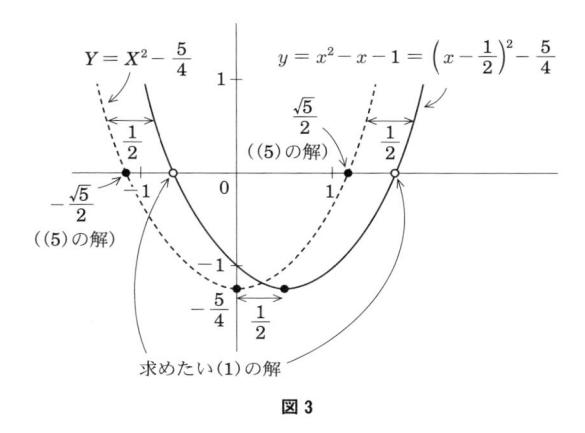

図3

うことである．この式は簡単に解ける．

$$X^2 - \frac{5}{4} = 0 \Longrightarrow X^2 = \frac{5}{4} \Longrightarrow X = \pm\frac{\sqrt{5}}{2}$$

これは(1)式に対応していることがわかる．最初の式の解 x を得るには $X = x - \frac{1}{2}$ なので $\frac{1}{2}$ だけ右に移動させることが必要であり，求めた答えに $\frac{1}{2}$ を足しておけばよい．これが(3)式に対応している．

完全平方の意味がグラフとの関連で読み取れただろうか？

以上のことが平方完成をして解を求めることのグラフ上での動きであった．$ax^2 + bx + c$ を $a(x+p)^2 + q$ という形に変形すること（＝平方完成）で，解の公式に行きつくのだが，グラフとの関連で理解しておけば難しいことではない．

ところで，この解が実数の解である（この方程式からできる二次関数のグラフが x 軸と交点を持つ）ためには，ルートの中は正でなければならないので，$b^2 - 4ac \geqq 0$ であることが必要十分条件となる．$D = b^2 - 4ac$ を判別式（discriminant）と呼んでいる．

$D \geqq 0$ のとき，二次方程式 $ax^2 + bx + c = 0$ は実数の解を持つ．その逆も正しい．また，この平方完成はグラフの対象軸を求めることや最大値や最小値を求めることにも対応している．

$$y = ax^2 + bx + c = a\left\{\left(x + \frac{b}{2a}\right)^2 - \frac{b^2 - 4ac}{4a^2}\right\}$$

このとき，この放物線のグラフは $x = -\frac{b}{2a}$ を軸に左右対称である．

また, $a > 0$ であれば, 下に凸でグラフの一番低い谷の部分が最小値である.

$$x = -\frac{b}{2a} \quad \text{のとき,} \quad y = -a \times \frac{b^2 - 4ac}{4a^2} = -\frac{b^2 - 4ac}{4a} \quad \text{（最小値）}$$

また, $a < 0$ であれば, 上に凸でグラフの一番高い山の部分が最大値である.

$$x = -\frac{b}{2a} \quad \text{のとき,} \quad y = -a \times \frac{b^2 - 4ac}{4a^2} = -\frac{b^2 - 4ac}{4a} \quad \text{（最大値）}$$

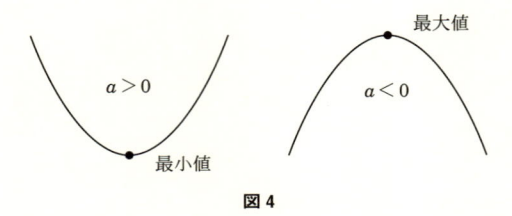

図 4

先ほどの $y = x^2 - x - 1$ のグラフは, $x = \dfrac{1}{2}$ のとき最小値 $\dfrac{-5}{4}$ を持つ（図 5）.

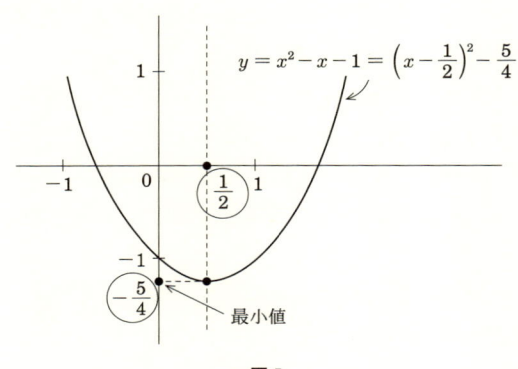

図 5

　ところで, 完全平方にするには次のように考えてもよい.

　$x^2 - x - 1$ で考えてみる. $x^2 - x - 1 = a(x + p)^2 + q$ とおくと, 明らかに $a = 1$ である. $(x + p)^2 + q = x^2 + 2px + p^2 + q$ なので, $x^2 - x - 1$ と比較してみれば,

$$2p = -1, \quad p^2 + q = -1, \quad p = -\frac{1}{2}, \quad q = -\frac{5}{4}$$

$$x^2 - x - 1 = \left(x - \frac{1}{2}\right)^2 - \frac{5}{4}$$

という具合に完全平方になる.

　ただ，単に公式を暗記するだけの知識では決して使えるようにはならないし，たくさんの公式をただ単に暗記するのは面倒くさくなって嫌になる．大切なことは公式を覚えることではなく，そこに至る原理を理解することである．これこそがまさに数学をすることなのである．

　話を 7 世紀に戻すと，1.1 で述べたように二次方程式の解の公式が見つかったことはやはり驚異的であった．なにせ，どんな二次方程式もこの公式により答えが求まってしまうからである．その後，高次の方程式の解の公式への関心が高まり，かなり後ではあるが，ルネッサンス期のイタリアミラノのジェローム・カルダノ(1501—1576)は数学書『大技法』で三次方程式の解の公式と四次方程式の解法を発表した．しかし，実はこれは剽窃だったのである．三次の公式はニコラ・フォンタナという人のものであり，四次の解法は，弟子のロドヴィーコ・フェラーリによるとされている．

　しかし，当然のことながら五次以上もそのような公式や解法が見つかるのでは？と色めきだったのは想像に難くない．だが，数学は時々我々の期待を裏切る.

　五次以上の方程式においては，一般的には「係数に四則演算と根号(ルート)を含む演算を有限回やって解を表すことはできない」ことが証明されてしまったのである．もちろん，特殊な方程式は別である.

　そのことはノルウエーの青年数学者のニールス・アーベル(1802—1829)によって証明された．さらに，代数的に解けるための条件を研究したようであるが若くして亡くなった．それを完全に解決したのはフランスのエヴァリスト・ガロワ(1811—1832)である．彼も 20 歳で決闘により亡くなっている．美人薄命という言葉があるが，天才たちの人生も短かった.

　そこで，一般の n 次代数方程式(ここでは実数係数で考えておく)

$$a_0 x^n + a_1 x^{n-1} + a_2 x^{n-2} + \cdots + a_n = 0 \qquad (a_0 \neq 0)$$

は，常に解を持つのだろうか？というきわめて素朴な疑問が湧くが…．実はどんな方程式も複素数(後で述べる)の範囲で，重複を許して n 個の解を持つのである.

数学では，解の存在に関する問題と具体的な解き方に関わる解法とは別の問題である．代数方程式の解の存在定理は，**代数学の基本定理**と呼ばれている．

1.3●因数定理と因数分解

　実数係数の n 次代数方程式は，複素数の範囲で必ず解を持つ（代数学の基本定理）．この代数学の基本定理を認めれば，n 次の代数方程式は必ず n 個の解を持つことは容易にわかる．そのことを説明しよう．

　さて，n 次の代数方程式は次のような式である．

$$a_0 x^n + a_1 x^{n-1} + a_2 x^{n-2} + \cdots + a_n = 0 \qquad （係数は実数とする）$$

上の方程式の解は，この式の両辺を a_0 で割った

$$x^n + \frac{a_1}{a_0} x^{n-1} + \frac{a_2}{a_0} x^{n-2} + \cdots + \frac{a_n}{a_0} = 0$$

の解である．その逆も成り立つ．したがって，解の議論をするときには x^n の係数を 1 とした

$$x^n + b_1 x^{n-1} + b_2 x^{n-2} + \cdots + b_n = 0$$

の形の方程式を考えておけばよい．

　次の方程式

$$x^n + b_1 x^{n-1} + b_2 x^{n-2} + \cdots + b_n = 0$$

を解くことを考える．上式の左辺を $f(x)$ とおく，

$$f(x) = x^n + b_1 x^{n-1} + b_2 x^{n-2} + \cdots + b_n$$

このとき，代数方程式の解法に関する次のような定理がある．

●**因数定理**

$f(x) = x^n + b_1 x^{n-1} + b_2 x^{n-2} + \cdots + b_n$ とせよ．このとき，$x = \alpha$ が $f(x) = 0$ の解ならば（すなわち x に α を代入して $f(\alpha) = 0$ となるならば），$f(x)$ は $(x - \alpha)$ で割り切れる．逆に，$f(x)$ が $(x - \alpha)$ で割り切れるならば，$x = \alpha$ が $f(x) = 0$ の解である（すなわち $f(\alpha) = 0$）．

　このような α のことを因数という．この因数定理を使うと，$f(x)$ は一次式の積に分解されてしまう．そのことを次の例で説明しよう．

　4 次方程式 $x^4 - 2x^3 - 7x^2 + 8x + 12 = 0$ を考える．

$$f(x) = x^4 - 2x^3 - 7x^2 + 8x + 12$$

とおく．この式を因数定理を逐次適用して，一次式の積に分解したいわけである．

（1）この式の定数 12 は，一次式に分解されたとしたときのそれぞれの一次式の定数部分の掛け算になっているはずであるから，その約数の中から $f(\alpha) = 0$ となる α の候補を探す．12 の約数は，正負を入れて $\pm 1, \pm 2, \pm 3, \pm 4, \pm 6, \pm 12$ である．この中から因数を探す．

（2）$f(2) = 0$ となるので，因数定理より $f(x)$ は $(x-2)$ で割り切れる．

$$
\begin{array}{r}
x^3 \quad\quad -7x\ -6 \\
x-2 \overline{)\ x^4 - 2x^3 - 7x^2 + 8x + 12} \\
\underline{x^4 - 2x^3} \quad\quad\quad\quad\quad\quad \\
-7x^2 + 8x \quad\quad \\
\underline{-7x^2 + 14x} \quad\quad \\
-6x + 12 \\
\underline{-6x + 12} \\
0
\end{array}
$$

よって，$f(x) = (x-2)(x^3 - 7x - 6)$

（3）$g(x) = x^3 - 7x - 6$ とおく．定数 6 の約数の中から $g(\alpha) = 0$ となる α の候補を探す．$g(-2) = 0$ となるので，$g(x)$ は $(x+2)$ で割り切れる．それを計算すると

$$g(x) = (x+2)(x^2 - 2x - 3)$$

（4）$h(x) = x^2 - 2x - 3$ とおく．（3）と同様に考えて，$h(-1) = 0$ なので，$(x+1)$ で割り切れる．

$$h(x) = (x+1)(x-3)$$

以上をまとめると

$$f(x) = (x-2)(x+2)(x+1)(x-3)$$

つまり，

$$x^4 - 2x^3 - 7x^2 + 8x + 12 = (x-2)(x+2)(x+1)(x-3)$$

このように，4 つの一次式に分解をされてしまう．

一般の n 次方程式の場合には，n 個の一次式に因数分解されてしまう．

$$f(x) = x^n + b_1 x^{n-1} + b_2 x^{n-2} + \cdots + b_n$$
$$= (x-\alpha)(x-\beta) \cdots \cdot (x-\omega)$$

こうして，n 次の代数方程式は n 個の解を持つことがわかる（もちろん，すべてが異なっているとは限らないし，すべてが実数だとも限らない）．

中学校や高校で因数分解の練習をやるが，それは代数方程式を解くための方法である．この因数定理はそのための一つの宝刀である．しかし，二次の代数方程式といえども因数分解は容易ではないことがある．そのときに解の公式は重要なのである．五次以上の高次になれば解の公式がないので，この因数定理を使いながら因数分解をすることを通して解決をはかることになる．

別の例を考えてみよう．六次方程式 $x^6 - x^5 - 6x^4 - x^2 + x + 6 = 0$ を考え，
$$f(x) = x^6 - x^5 - 6x^4 - x^2 + x + 6$$
とおく．まずは定数項の 6 から考える．因数分解されるわけだから一次式に分解されたそれぞれの式の定数項の部分が掛け合わされていることが想定できるであろう．したがって，6 の約数が一次式の定数部分の候補になる．それは，$\pm 1, \pm 2, \pm 3, \pm 6$ である．

$f(1) = 0$, $f(-1) = 0$ はすぐにわかる．因数定理より，$(x-1)$ と $(x+1)$ で割り切れるので，$(x-1)(x+1) = x^2 - 1$ で割り切れる．よって
$$f(x) = (x^2-1)(x^4 - x^3 - 5x^2 - x - 6)$$
次に，
$$g(x) = x^4 - x^3 - 5x^2 - x - 6$$
とおく．$g(-2) = 0$ となるので，$(x+2)$ で割り切れる．
$$g(x) = x^4 - x^3 - 5x^2 - x - 6 = (x+2)(x^3 - 3x^2 + x - 3)$$
$h(x) = x^3 - 3x^2 + x - 3$, $h(3) = 0$ となるので，
$$h(x) = x^2(x-3) + x - 3 = (x-3)(x^2+1)$$
となる．よって
$$f(x) = x^6 - x^5 - 6x^4 - x^2 + x + 6$$
$$= (x^2-1)(x+2)(x-3)(x^2+1)$$
$$= (x-1)(x+1)(x+2)(x-3)(x^2+1)$$

中学校までの学習であればここで終了である．したがって，この方程式の解は，$-1, 1, -2, 3$ ということになる．というのは，この因数分解にでてくる最後の式は $x^2 + 1 > 0$ なので，$x^2 + 1 = 0$ となる数は学習した数の範囲では存在しないからである．六次の方程式なので六個の解を持つはずなのに四個しかないのはそのためである．そこで虚数という新しい数を導入することで，

$x^2+1=0$ も因数分解できて二個の解を持ち合計六個になる．虚数について
は 1.5 で考えてみよう．

1.4●組み立て除法について

さて，先ほどの中で式の割り算が出てきた．代数式の場合は，因数がわか
っていれば簡単な**組み立て除法**という方法がある．$f(x) = x^6-x^5-6x^4-x^2$
$+x+6$ の場合で考えてみよう．

$x=-2$ を因数としてもっていた（$f(-2)=0$）ので，一次式 $(x+2)$ で割
り切れる．この代数式の係数と並べる．

$$
\begin{array}{cccccccl}
1 & -1 & -6 & 0 & -1 & 1 & 6 & | \\
 & -2 & 6 & 0 & 0 & 2 & -6 & \\
\hline
1 & -3 & 0 & 0 & -1 & 3 & 0 &
\end{array}
$$

因数 $\boxed{-2}\leftarrow\begin{array}{l} x+2=0 \text{ の} \\ x=-2 \end{array}$

$\nearrow$ は掛ける (-2) 　$\Longrightarrow x^5-3x^4-x+3$

したがって，$f(x) = x^6-x^5-6x^4-x^2+x+6 = (x+2)(x^5-3x^4-x+3)$．
x^5-3x^4-x+3 は $x=1$ を因数としてもっているので，上と同様にして，

$$
\begin{array}{cccccccl}
1 & -3 & 0 & 0 & -1 & 3 & | & 1 \\
 & 1 & -2 & -2 & -2 & -3 & & \\
\hline
1 & -2 & -2 & -2 & -3 & 0 & &
\end{array}
$$

$\nearrow$ は掛ける 1 　$\Longrightarrow x^4-2x^3-2x^2-2x-3$

よって，$f(x) = (x+2)(x-1)(x^4-2x^3-2x^2-2x-3)$．
$x^4-2x^3-2x^2-2x-3$ は $x=-1$ を因数としてもっているので，

$$
\begin{array}{ccccccl}
1 & -2 & -2 & -2 & -3 & | & -1 \\
 & -1 & 3 & -1 & 3 & & \\
\hline
1 & -3 & 1 & -3 & 0 & &
\end{array}
$$

$\nearrow$ は掛ける (-1) 　$\Longrightarrow x^3-3x^2+x-3$

x^3-3x^2+x-3 は $x=3$ を因数としてもっているので同様にして
$$f(x) = (x+2)(x-1)(x+1)(x-3)(x^2+1)$$
このように，組み立て除法を用いれば簡単にできる．

もちろん，この方法は（整式）÷（一次式）の場合にも使える便利な方法である．

$$(x^3-3x^2+x-3)\div(x-5)$$

$$
\begin{array}{cccc|c}
1 & -3 & 1 & -3 & 5 \\
+ & 5 & 10 & 55 \\
\hline
1 & 2 & 11 & 52
\end{array}
$$

は掛ける 5

$\Longrightarrow (x^2+2x+11)$ あまり 52

$(x^3-3x^2+x-3)\div(x-5)$ の商は $(x^2+2x+11)$ あまり 52. $h(x)=x^3-3x^2+x-3$ としたとき，そのあまりは $h(5)=52$ となる．

つまり，$x^3-3x^2+x-3=(x^2+2x+11)(x-5)+52$ ということになる．

1.5●虚数と複素数について

そこで複素数のことに少し触れておこう．

次の二次方程式を解くことを考えてみよう．

$$x^2-2x+5=0$$

2.2 で述べた判別式 D を計算すると $D=(-2)^2-4\times5=-16<0$ となり，この方程式は実数の解を持たない．そこで，ともかく解の公式で解を求めると

$$x=\frac{-(-2)\pm\sqrt{(-2)^2-4\times5}}{2}=\frac{2\pm\sqrt{-16}}{2}=1\pm\frac{\sqrt{-16}}{2}$$

となる．この二次方程式は，$1+\dfrac{\sqrt{-16}}{2}$ と $1-\dfrac{\sqrt{-16}}{2}$ という二つの解を持つことになる．

しかし，この二つはどんな数なのかという疑問があろう．そもそも $\sqrt{-16}$ というのは何なのか．二乗すると -16，つまり負の数となる．実数は二乗すれば正なので，$\sqrt{-16}$ は実数ではないことは確かである．

したがって，二乗すると負の数になる数のことを**虚数**(imaginary number)と呼ぶことにする．数かどうかわからないのに数と呼ぶのは将来的に数の仲間にしたいからである．つまり，実数のお友達を増やそうという魂胆である（それを数の拡張と言っている）．

そこで，お友達になるからには，虚数にも実数と同じような運用法則が適

用できると考えていいだろう．つまり，$\sqrt{a}\times\sqrt{b}=\sqrt{ab}$ が成り立つとするわけである．そうすると $\sqrt{-16}=\sqrt{16\times(-1)}=\sqrt{16}\times\sqrt{-1}=4\times\sqrt{-1}$ のように考えられる．したがって，このような運用を認めれば，虚数は

$$\sqrt{-3}=\sqrt{3}\times\sqrt{-1},\qquad \sqrt{-4}=\sqrt{4}\times\sqrt{-1}=2\times\sqrt{-1},$$
$$\sqrt{-5}=\sqrt{5}\times\sqrt{-1},\qquad \cdots$$

のように，すべてが $\sqrt{-1}$ の何倍かという形になる．

普通の数は $5=5\times1$ のように書ける．この 1 のことを数の単位というが，同じ意味で，この $\sqrt{-1}$ を**虚数単位**ということにする．これを記号 i で表す．つまり，$i=\sqrt{-1}$，$i^2=-1$ となる．

この記号は 18 世紀のスイスの数学者オイラー（1707—1783）が導入したものである．

$\sqrt{-3}=\sqrt{3}\times\sqrt{-1}=\sqrt{3}\times i$ となるが，これを $\sqrt{3}i$ と表すことにする．そうすると方程式の解は次のように表記される．

$$1+\frac{\sqrt{-16}}{2}=1+\frac{4i}{2}=1+2i,\qquad 1-\frac{\sqrt{-16}}{2}=1-2i$$

このように表記されるものを数の仲間に入れて**複素数**というのである．

解の公式からわかるように，一つの解が複素数ならばもう一つの解も必ず複素数になる．

一般には $a+bi$（a,b：実数）の形で表記されるものを複素数という．$a+bi=0$ のときは $a=b=0$ であり，$0+bi=bi$ である．また，$a+0i=a$ なので，これは実数を表しており，実数は複素数の一部であることがわかる．その意味で，複素数は実数の拡張であり，実数の運用法則は複素数でも適用されることになる．

したがって，複素数の加減乗除は次のようになる．

$$(a+bi)\pm(c+di)=(a\pm c)+(b\pm d)i,$$
$$(a+bi)\times(c+di)=(ac-bd)+(ad+bc)i,$$
$$\frac{a+bi}{c+di}=\frac{a+bi}{c+di}\times\frac{c-di}{c-di}=\frac{(ac+bd)-(ad-bc)i}{c^2+d^2}$$

虚数単位 i や複素数は方程式を解くことのために考えられたアイデアであった．存在もしない数なのに「無駄な考え休むに似たり」となりがちであるが，「無駄の効用」という言葉もある．一見無駄にみえることでも無駄でないようにしてみせるのも数学の持つ隠れた裏技なのである．複素数を見える形にした人がいる．それはスイスの数学者アルガン（1786—1822）で，x 軸を実

数の軸とし y 軸を虚数の軸とした直交平面上に複素数を描いて見せたのである．例えば，複素数 $1+2i$ の幾何学的表示（ベクトル的表示）は図6のようにである．また，$(1+2i)+(2-i)=3+i$ も図6のようになる．

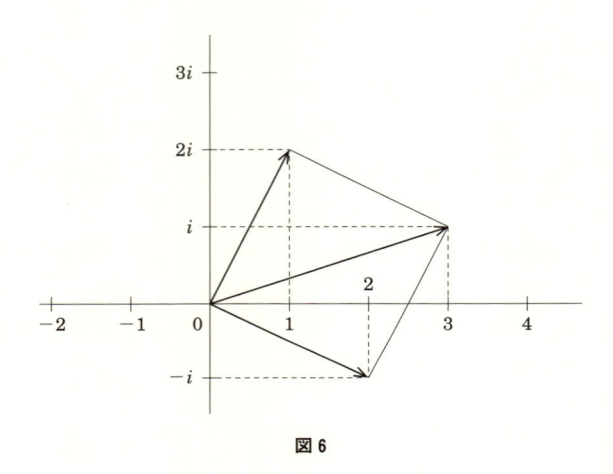

図6

　このことは，後に複素数の活用を物理学や電気工学などの分野に広げることになった．x 軸を実数，y 軸を虚数とする平面を**複素平面**という．この平面を提唱したのはデンマークの数学者のヴェッセル（1745—1818）である．また，虚数単位 i は，原点 O を支点として x 軸を y 軸に 90° 回転させる作用だとみることができる．$i^2=-1$ は $i{\times}i=-1$ なので，y 軸をさらに 90° 回転

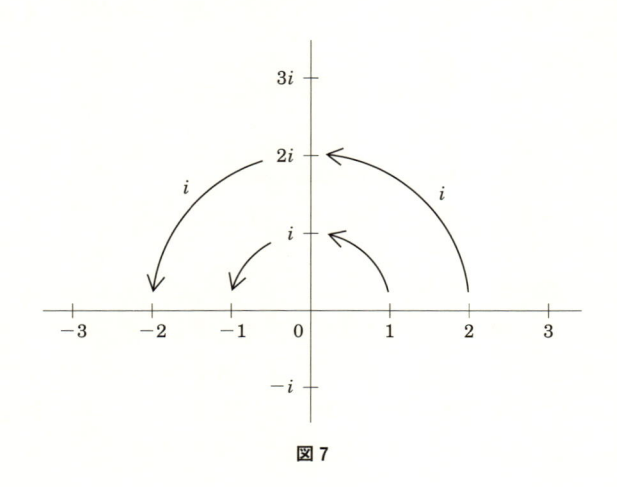

図7

させることを意味している（図7）.

　このような複素数の幾何学的解釈は，複素数の効用と価値を高め，数学の無駄が科学の発展に大いに貢献することになった．これぞ「嘘からでた真」というわけである.

2 定木とコンパスで何ができない

ギリシャの三大問題と方程式

2.1●数学は国つくりの基本

　数学は文明の発達に寄り添ってきた.

　古代エジプトの時代には，ナイル川の氾濫により測量や幾何学が発達したことはよく知られている．測量の道具としては定木，コンパス，縄，水準器などであった．古代エジプトに限らず，隣の中国では夏の時代に黄河が氾濫し，『史記』(夏本)には夏の皇帝大禹が左手に水準器と縄，右手にコンパスと定木を持って治水を行ったとある．もともと，古代中国では洪水に随分と悩まされたようで，山東省嘉祥県武梁祠内に男の神様の伏羲(フクギ)が定木を持ち，女の神様の女媧(ジョカ)がコンパスをもった交合の壁画が描かれており，これらが国造りの神であったようだ．つまり，コンパスと定木は治水を意味しており，国造りに治水が非常に重要であったことが推測される．わが国の神話では，矛(ほこ)でかき混ぜて国造りをしたとか，三種の神器は鏡と剣と勾玉であり，中国の神のように数学的な話はない．

　歴史の古い多くの国ではその当初から現実的な課題解決に数学的な考えを必要として，数学を学ぶことはあたり前のことであった．学習時間を確保するのが難しいとか，一生で一回も使わなかったので削除などという粗野な議論はそこにはないようである．

　思い起こしてみると，私の中学時代には数学の中に「測量」というのがあった．数回程度校庭で測量をした記憶がある．当時は，測量の真似事をするだけだったので遊びの時間でしかなかったが，文化史家のヨハン・ホイジンガーは『ホモ・ルーデンス(遊ぶ人)』(中公文庫)の中で「文化は遊びの形をもって生まれた．つまり，はじめ文化は遊ばれた」と述べている．

　話がずれてしまったが，定木とコンパスは古くから登場し，これらの道具の使用は日常的に行われていた可能性が高い．当時の建築物であるピラミッドなどは非常に精巧にできているだけでなく，太陽などの天体の動きとも密

接な関係を持って造られており，単に経験的なこと以上の緻密な考えが必要だったと考えられる.

2.2●三大作図問題とは

古代ギリシャの時代に議論された三大作図問題とは，次の三つの問題であった.

（1）与えられた角を三等分すること（角の三等分問題）
（2）一辺が1の立方体の2倍の体積を持つ立方体を作ること（倍積問題，デロスの問題ともいわれる）
　　エーゲ海に浮かぶデロス島で疫病が大流行をし，アポロンの神に神託を仰いだところ，祭壇の容積を2倍にせよというお告げあった．すべてを2倍にした祭壇を造ったら容積は8倍になってしまったという言い伝えのある問題である.
（3）半径が1の円と同じ面積を持つ正方形を作ること（円積問題）

一般に作図問題とは，ただ直線を引くだけの定木と円をかくコンパスだけを有限回用いて，与えられた問題に解答を与えるというものである.

なぜ，定木とコンパスだけに限定したのかについては確たる証拠があるわけではないが，幾何学が簡素で調和の取れたものであるためには直線と円に制限すべきだと考え，それを実現する道具がこの二つであるということのようである．古代の人々にとって，直線と円は最も基本的な幾何学の要素と見なされていた．あの有名なユークリッドの『原論』は5つの公準からなっているが，この二つ以外には直角のことと平行線のことが付け加わっているだけである．「幾何学を知らざる者はこの門に入るべからず」として，アカデミアを主宰した古代ギリシャの偉大な哲学者**プラトン**（BC. 427—BC. 347）は，定木とコンパス以外の道具を用いることを

　「たとえそれが神の手によって使用されるとしても，是認さるべきではない．神は常にその推論においてのみ神の資格がある」
　　　　　　（モリス・クライン著『数学文化史』上巻（河出書房新社）より）

と述べている.

つまり，定木とコンパスだけで実際に図形を描くことが目的だったわけではなく，直線と円を基本として，幾何学的課題の解を理論的に構成できるかどうかということが求められていたと言えそうである.

例えば，長さが与えられたとき，この長さを一辺とする正方形を作れという課題は，定木とコンパスだけを使って何回かの手続きで可能だが，大切なのは各ステップで出てくる作図が正しいかどうかの保証である．それにはユークリッドの幾何学の知識がなければならない．古代ギリシャの人がこれらの問題に取り憑かれたのも，『原論』がすでに出来上がっていたかどうかは別にして，理論的証明という機運が背景にあってのことだったと考えられる.

お手元に定木とコンパスを用意していただくことをおすすめする.

> **問**
> 点 O で交差している二本の直線道路 OX と OY がある（交差の角度は 90 度よりは小さいとする）．このとき，角 XOY の外の町 P からこの二つの道路に交差する直線道路を作りたい．OX との交点を A とし，OY との交点を B とする．P から A までと A から B までが等しい距離になるようにするには，A と B をどのように決めればよいだろうか.

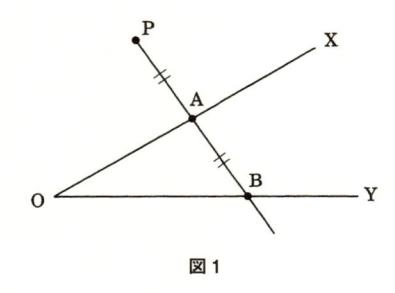

図1

さて，先ほど述べた三大作図問題が注目されるのは，どれもやさしく見えて，実はどれも定木とコンパスのみでは作図ができないからである．実際のところ，2000 年の後まで，そのことが可能であるか不可能であるかの判断ができなかったのである.

作図問題の大変さがどこにあるか，それは無数にあるに違いない手法をいかに見つけるかというところであろう．そのためにはユークリッドの幾何学の結果に精通しておくことも必要になる．しかも，懸案の問題の作図法がわからない段階では，その問題が解決できないとはいえない．だから，試行錯誤の連続で，ひょっとすると見つかるかもしれないという一縷の望みを胸に日夜頑張り続けるのである．いまだに，角の三等分ができたという人が後を絶たないのは，定木とコンパスに限るとしても，問題の単純さと幾何学の持つ魅力なのかもしれないのだが…．

　したがって，デカルトによる解析幾何学の手法が出てくるまでは，この問題の作図法の可否に関する統一的な取り扱いを発見できないでいた．

　しかし，デカルト以降は，これらの問題を方程式に翻訳して，その代数式から得られる答えを作図できるかどうかを検討すればいいということになり，その方針が明確になったのである．

　三つの問題を代数方程式に翻訳すれば次のようになる．

（1）任意に与えられた角を θ としたとき，$\dfrac{\theta}{3}$ を作図する問題である．

　　これが作図できたとすれば，次のような図形を座標平面上に書くことができるであろう．つまり，点 O を原点として，x 軸と θ をなす角を作ったとき，原点を通る $\dfrac{\theta}{3}$ の直線を引くことができるはずである．いま原点を中心とする半径 1 の円を考えて(それはコンパスで書ける)，$\dfrac{\theta}{3}$ を切り取る直線が円と交わる点を P として，P より半径に下ろした垂線の足を A とするとき，OA の長さが作図できるはずである．つまり，$OA = x = \cos\dfrac{\theta}{3}$ を作図する問題にな

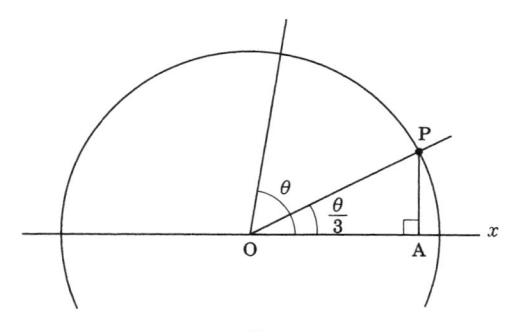

図 2

る．（三角関数については 2.6 を参照のこと．）

三倍角の公式を用いれば $(\cos 3\alpha = 4\cos^3\alpha - 3\cos\alpha)$，$\alpha = \dfrac{\theta}{3}$ とおくと

$$\cos\theta = 4\cos^3\frac{\theta}{3} - 3\cos\frac{\theta}{3}$$

なので $\cos\theta = a$ とおけば，θ は最初に与えられているので a は定数である．

$$4x^3 - 3x - a = 0 \qquad\qquad\qquad (\text{☆})$$

したがって，この方程式の解 x が作図できるかどうかという問題に帰着される．

（2）一辺が 1 の立方体の 2 倍の体積を持つ立方体を作ることだから，求める立方体の一辺の長さを作図できればよいので，それを x とすればやはり次の三次方程式を得る．

$$x^3 = 2$$

やはり，この方程式の解 x が作図できるかどうかという問題である．

（3）半径が 1 の円と同じ面積を持つ正方形を作ることだから，求める正方形の一辺の長さを作図できればよいので，それを x とすれば次の二次方程式を得る．

$$x^2 = \pi$$

したがって，やはりこの方程式の解 x が作図できるかどうかという問題である．

　このように代数方程式に翻訳することで，問題が簡単で明確になった．これであれこれと作図法を探す必要はなくなったのである．しかも，その代数式は二次方程式か三次方程式である．

　さて，ここからどう考えるかということを次に述べよう．

2.3●定木とコンパスでできること

　まず，多項式の解として得られる数と定木とコンパスでの作図の関係を考える必要がある．つまり，1 という長さが与えられているときに解である数を長さとして作図できるかどうかということである．

（1）多項式の解として得られる数はどのような数なのか？

（2）その数は定木とコンパスで作図できるのか？

そこで，次のような作図問題を考えてみよう．

いま面積が $50\,\mathrm{cm}^2$ である長方形を作る．図3のようにいま短い辺で長い辺を切り取ると $4\,\mathrm{cm}$ であるようにしたい．この長方形を作図せよ．

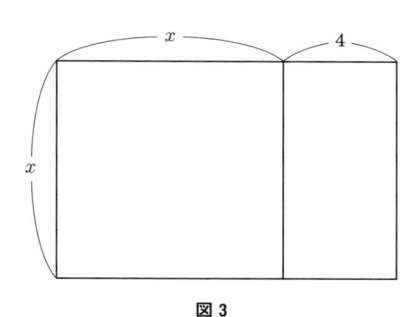

図 3

　いま短い辺を x とすると長い辺は $x+4$ である．長方形の面積は 50 なので，$x(x+4)=50$ という二次方程式を解くことになる．

$$x^2+4x=50,$$

$$(x+2)^2-4=50, \qquad (x+2)^2=54$$

よって，

$$x+2=\pm\sqrt{54}=\pm3\sqrt{6}, \qquad x=-2\pm3\sqrt{6}$$

いま辺の長さなので正の解だけでよい．

$$x=-2+3\sqrt{6}$$

短い辺は $-2+3\sqrt{6}$ 長い辺は $2+3\sqrt{6}$ である．

　さて $\sqrt{6}$ の作図をどうするか．一般には，ルートの作図は以下に述べる方法で解決できる．整数 $n\,(>0)$ に対して $\sqrt{n}$ を作図する方法をここで示しておこう．長さ 1 が決まっているとしよう．

（1）一直線をとり，その上に長さ $1\,(=\mathrm{AB})$ を取る．

（2）B に垂線を立て，長さ 1 を取り P_1 とする．

（3）長さ AP をコンパスで直線上に写し取り，q_1 とする．

次に q_1 で垂線を立て同じことを繰り返す(図4).

$\triangle ABP_1$ は直角三角形なので,ピタゴラスの定理(後述)より

$$q_1 = \sqrt{2}$$

$\triangle ABP_2$ は直角三角形なので,ピタゴラスの定理より

$$q_2 = \sqrt{q_1^2 + 1^2} = \sqrt{3}$$

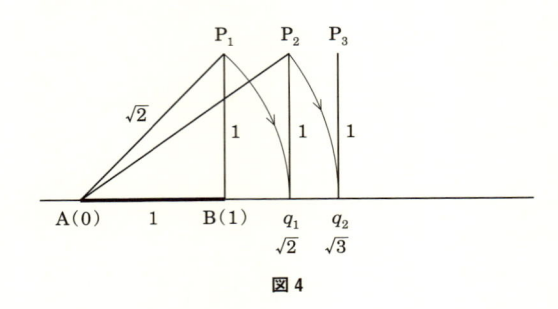

図4

順次,このプロセスを繰り返して $\sqrt{n}$ が作図できる.

学校の現場では,このようにして作られた物差しをルート物差しと呼んでいるようだ.$\sqrt{6}$ が作図できたので,$-2+3\sqrt{6}$ と $2+3\sqrt{6}$ が作図できる.こうして題意の長方形は作図できる.

上で使ったピタゴラスの定理はしょっちゅうでてくるので,繰り返しになるが,述べておこう.三角形 ABC で $\angle A = 90°$ ならば三つの辺の間に次の関係が成り立つというものである(図5).

$$a^2 = b^2 + c^2$$

振り返ってみると,与えられた長さを足したり引いたりするのは簡単にできる.半分にすることも簡単である.

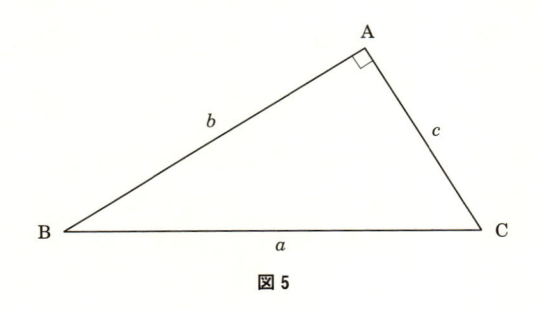

図5

実は，それ以外に掛け算して得られた長さや割り算して得られる長さも定木とコンパスでできる．つまり，与えられた長さの四則（加減乗除）ができる．

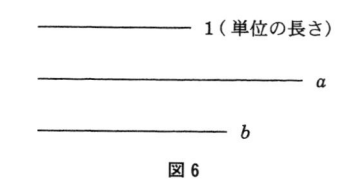

1（単位の長さ）

a

b

図6

（1）$a+b$

いま，線分aをいくらでも延ばすことができるので，その上にコンパスでbの長さを作ることができて，$a+b$の長さができる．

（2）$a-b$

$a>b$として，$a-b$を作るのは長さaからコンパスでbの長さを切り取ればいいので，$a-b$の長さを作ることができる．

（3）$a\times b$

1という長さは与えられている．そのとき，定木とコンパスで図7のようにできる．

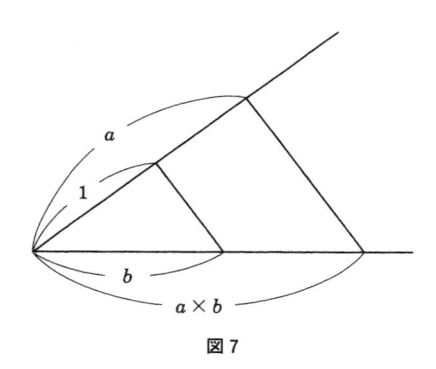

図7

平行線が引けるので，比例の関係より$a:x=1:b$より，$x=a\times b$となる．

（4）$a\div b$

定木とコンパスで図8のようにできる（次ページ）．

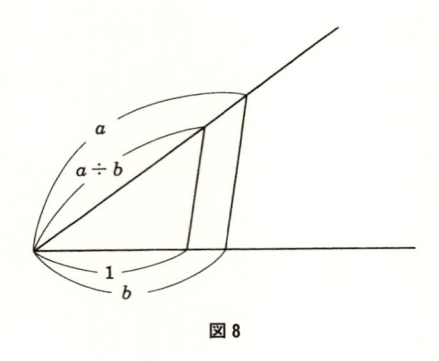

図8

これも比例の関係より $a:b=x:1$ より，$x=\dfrac{a}{b}$ となる．

　このように，既知の長さが与えられれば，その長さから四則演算をした結果の長さを求めることができる．

　さらに，先ほどの問題では $\sqrt{6}$ の作図にピタゴラスの定理を使ったが，そのためには直角三角形の二辺の長さが必要であった．しかし，円を用いれば次のようにいつでも与えられた長さのルートを作ることができる．

（5）長さ a が与えられていれば，$\sqrt{a}$ が作れる．それには，円の性質を使う．定木とコンパスで $a+1$ を直径とする円をかき，図9のような垂線を引くことができる．

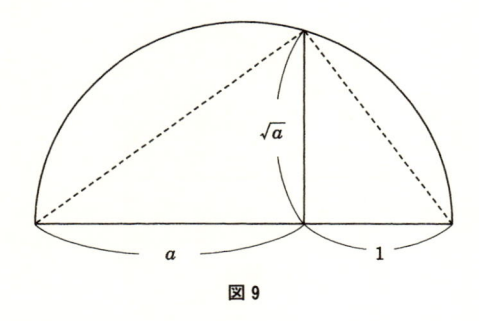

図9

　直径上に立つ内接三角形は直角三角形なので，三角形の相似を用いれば，$1:x=x:a$ より $x=\sqrt{a}$．

以上のことからわかることは，単位の長さ1が与えられていれば，有理数

の作図は常にできるということである．そのことだけでなく，作図したい長さが，有理数を係数とする二次方程式 $ax^2+bx+c=0$ の解であれば（したがって，正の数），

$$x = \frac{-b+\sqrt{b^2-4ac}}{2a} \quad \text{または} \quad \frac{-b-\sqrt{b^2-4ac}}{2a}$$

であるから，常に作図できるということである．

　二次方程式はそれを解くだけではなく，このような作図を通してそのような数の実在と方程式を解くことの興味につながるのではないだろうか．

　$\sqrt{}$ の入った数の計算がまったくの形式的なものではないと知る上でも重要なことだと考える．

　例えば，$\dfrac{2}{1+\sqrt{3}}$ というのは，そもそも $1+\sqrt{3}$ が無限小数なので，$2 \div (1+\sqrt{3})$ ってなに？ と言われかねないのだが，長さで表せば(4)よりその長さをつくることはできる．つまり，長さとしては確定する．これぞ，数を長さで処理しようとした古代ギリシャの知恵である．

2.4●角の三等分はなぜできないか

　それを述べる前に，一言述べておこう．

　ある角度 α について三等分できたとしても，別の角度 β は三等分することが不可能だということが示されれば，角度 α を三等分した手法は決して角度 β には通用しないことになる．

　角の三等分が「できた」と言われる方が後を絶たないのは，90度のような特別の角については三等分できるからである．ギリシャ以来の「角の三等分問題」は実際に角度を三等分してみせることではなく，定木とコンパスの使用という制限の下で，それが理論的に可能かどうかを問うているのである．決して個別の特殊な角について三等分の方法を求めることではない．その違いをわかっていただきたい．

　「任意に与えられた角を三等分できるか」と問うているので，特別の角でそれができないことを示せば，一般的には角の三等分はできないということになる．

　そこで，$\theta = 60°$ の場合に作図できないということを示そう．

　2.2 の(☆)で，$\cos 60° = \dfrac{1}{2}$ なので $a = \dfrac{1}{2}$ となり $8x^3-6x-1=0$ が得られ

る．x が作図できれば，$2x$ も作図できる．その逆もいえるので，x の代わりに $2x$ を考えることで，

$$x^3 - 3x - 1 = 0 \qquad\qquad (*)$$

の解が作図できるか否かということである．

2.3 でみたように，定木とコンパスでは次のようなことができた．

(1) 二つの長さ a, b が与えられていれば，$a+b$，$a-b$，$a \times b$，$a \div b$ の長さを作れる．

(2) 長さ a が与えられていれば，$\sqrt{a}$ の長さを作れる．

したがって，$(*)$ の解をカルダノの公式(三次方程式の解の公式)で求めて検討できそうだが，そうはいかない．

実は，定木とコンパスの作図からできる数は次の形に限定されるということで決着するのである．

(A) 定木とコンパスで作図できるのは，有理数に加減乗除を行って得られる数とその平方根とから得られる $a + b\sqrt{w}$ の形の数，またはそれらを有限回行って得られる $a + b\sqrt{w}$ の形に数に限る．

ところが $(*)$ の解はそのような形の数ではないことを示すことができる．その概略を説明しよう．

もし，$(*)$ の解の一つが $x_1 = a + b\sqrt{w}$ と書けたとする(ただし，a, b, w は有理数とし，w は二乗数でないとする)．このとき，$a - b\sqrt{w}$ がもう一つの解になることを示そう．

なぜならば，$x_1 = a + b\sqrt{w}$ を $(*)$ に代入すると

$$(a^3 + 3ab^2 w - 3a - 1) + (3a^2 b + b^3 w - 3b)\sqrt{w} = 0$$

ところが，第一項の $(a^3 + 3ab^2 w - 3a - 1)$ も第二項の $(3a^2 b + b^3 w - 3b)$ も有理数であり，w は二乗数でないから，

$$a^3 + 3ab^2 w - 3a - 1 = 0, \qquad 3a^2 b + b^3 w - 3b = 0 \qquad\qquad (**)$$

となる．

いま，ここで $a - b\sqrt{w}$ を $(*)$ の左辺に代入すると，次のようになる．

$$(a^3 + 3ab^2 w - 3a - 1) - (3a^2 b + b^3 w - 3b)\sqrt{w}$$

$(**)$ より，この式は 0 となる．したがって，$a - b\sqrt{w}$ はもう一つの解となる．

そこで，$a-b\sqrt{w}=x_2$ として，もう一つの解を x_3 とすると，
$$x_1+x_2+x_3 = a+b\sqrt{w}+a-b\sqrt{w}+x_3 = 2a+x_3$$
このとき，解と係数の関係より $x_1+x_2+x_3 = 0$ である．（x_1, x_2, x_3 が（*）の三つの解なので，$x^3-3x-1 = (x-x_1)(x-x_2)(x-x_3)$ となるはずである．この右辺を展開して両辺の係数を比べる．）　よって，
$$x_3 = -2a \qquad\qquad\qquad (***)$$
すなわち，（*）は有理数の解を持つことになる．

しかし，（B）で述べるように（*）は有理数の解を持たないので矛盾が起きる．

こうして，（*）は $a+b\sqrt{w}$ の形の解を持つことはない．つまり，定木とコンパスだけでは $\theta = 60°$ の角度を三等分できないということになる．

●**注意**

ここでは，簡単のために，a, b, w を有理数として，$a+b\sqrt{w}$ の形の解を持たないこと示したが，厳密には a, b, w が $p+q\sqrt{u}$ の形の数である場合の証明が必要である．つまり，a, b, w はある作図の結果として到達した数かもしれないからである．

しかし，そうであるとしたら，（***）から再び x_3 が $p+q\sqrt{u}$ の形の数であるから，同様の議論で $p-q\sqrt{u}$ の解をもち，残りの解が $-2p$ となるはずである．しかし，p も作図で得られた数なので同じ形をしているはずである．したがって，再び同じ議論を続けていけば，最初に考えた $a, b,$ w を有理数として，$a+b\sqrt{w}$ の形であるということになる．しかし，すでに述べたようにそれはあり得ない．

（B）（*）は有理数の解を持たない．

一般に，最高次の係数が 1 である整数係数の三次方程式では次のことが言える．

有理数の解があれば，それは整数解である．

さて，$(*)$ が整数解を持つかということであるが，x が整数であるとすると $x(x^2-3)=1$ であるから，$x=\pm 1$ であるか $x^2-3=\pm 1$．これから，$x=\pm 1$ または ± 2 となるが，いずれも $(*)$ の解とはならない．

したがって，$(*)$ は有理数解を持たない．

立方体の2倍の体積を持つ立方体を作図する問題（デロスの問題）についても作図ができないことがわかる．

デロスの問題の三次方程式は $x^3-2=0$ であった．

角の三等分やデロスの問題は幾何学の問題として提起されたにもかかわらず，結局は三次方程式の解の作図に置き換えることで解決した．文字を用いた方程式を使って代数の問題に翻訳をすることで解決することは学校数学の中でも多々ある．文字の導入と文字式の扱いは問題を単純化してくれる．算数では文字式が使えないので，かえって難しいということもある．算数から数学になったとたんに，楽しくなったという経験はないだろうか．

ところで，学校数学は常に解ける問題である．ナポレオンならずとも「余の辞書に不可能という言葉はない」と宣言できる．

だが，数学には今回のように不可能だということを証明できる問題もある．数学の問題は常に解があるとは限らないのである．

2.5●定木とコンパスからできる長さは なぜ限定されるのか

2.4 に登場した（A）を振り返ってみよう.

（A）定木とコンパスで作図できるのは，有理数に加減乗除を行って得られる数とその平方根とから得られる $a+b\sqrt{w}$ の形の数，またはそれらを有限回行って得られる $a+b\sqrt{w}$ の形に数に限る.

で述べようとしたことは，

（1）a, b, u を有理数としたときの $a+b\sqrt{u}$ の形の数とそれらの四則演算の結果得られる数
（2）p, q, w が(1)で得られた数であるとして，$p+q\sqrt{w}$ の形の数とその四則演算の結果得られる数
（3）(2)の有限回の繰り返しで得られる数

に限るということである.

定木とコンパス，この二つの道具の用途は，

線を引くこと，円を描くこと

であるから結局，やっていることは次のようなことの有限回の組み合わせである.

（a）二点を結ぶ直線を引くこと
（b）二つの直線の交点を求めること
（c）与えられた半径の円を描くこと
（d）円と直線の交点を求めること
（e）二つの円の交点を求めること

これらの操作は，座標平面上で直線や円の交点の座標を求めることに対応していると考えることができる. これはデカルトのお陰である.

（a）は，二点が決まれば直線が引ける．つまり，直線の方程式が求まる．

（b）は，二本の直線 $y = ax + b$ と $y = cx + d$ を連立させて解くことで交点を求める．

$$x = \frac{d-b}{a-c}, \qquad y = \frac{a(d-b)+b(a-c)}{a-c}$$

となる．

こうして，係数の四則演算の結果得られる数，もし係数が有理数であればその結果も有理数である．

（c）は，円の方程式が求まる．点 (p, q) を中心として半径 r の円の方程式は $(x-p)^2 + (y-q)^2 = r^2$ である．

（d）は，直線：$y = ax + b$ と円：$(x-p)^2 + (y-q)^2 = r^2$ を連立させるので，その点の座標は二次方程式の解として得られる．

（e）は，二つの円 $(x-a)^2 + (y-b)^2 = c^2$ と $(x-p)^2 + (y-q)^2 = r^2$ を連立させるわけである．まず二つの式を引き算すれば一次式を得る．それをどちらかの円の方程式に代入すれば，点の座標がやはり二次方程式の解として得られる．

したがって，（a）〜（e）までを有限回操作して求まる数は，次のような数である．

（ⅰ）二つの直線の方程式を連立して得られる解（係数の四則演算で求まる数）

（ⅱ）二次方程式の解（$s + t\sqrt{u}$ の形の数，s, t, u は係数の四則演算で求まる数）

（ⅲ）（ⅰ），（ⅱ）の有限回の組み合わせで得られる解

こうして，（ⅰ）からは係数の四則演算した結果の数が得られ，（ⅱ）からはその係数を用いた $s + t\sqrt{u}$ の形の数が得られるだけである．

これらのことが，定木とコンパスで作図することが可能なことはすでに述べた．このことは，基本的には $a + b\sqrt{u}$ の形の数であり，さらにそれらを四則演算した結果の数も定木とコンパスで作図可能である．したがって，作図できるのは（1），（2），（3）に限るということになる．

このように作図問題は，デカルトの座標の導入による代数と幾何の融合により，代数学の問題に帰着させることで解決されたのである．

2.6●三角比と三角関数

　sin（サイン，sine），cos（コサイン，cosine），tan（タンゼント，tangent）などの記号をどこかで見かけたことはないだろうか．これは三角関数と呼ばれるもので，以前は三角比と呼ばれた．三角関数と呼ばれるのは 18 世紀のオイラー以降である．三角法は古代においては重要な技法で，暦をつくるための天体観測，土地や建築のための測量，航海などの必要性から生み出された技法であった．

　よく図 10 のようなのを見かけたことがあるのではなかろうか？

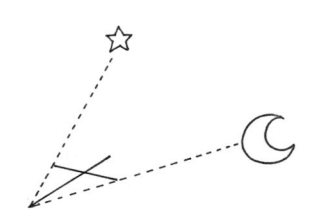

図 10

　三角形をもとに相似を使って長さや距離を測定する方法である．したがって，所詮は三角形の辺の比と角度の関係であり，三角比ともいわれる．

　二本の直線 OX, OY のなす角度を α としよう．OY 上に一点 A をとり OX に垂線 AB を下す．同じく図のように別の点 A′ と B′ をとる．このとき，△OAB と △OA′B′ は相似である（相似については第四章を参照）．つまり，△OAB は △OA′B′ の縮小した三角形になっているということである．した

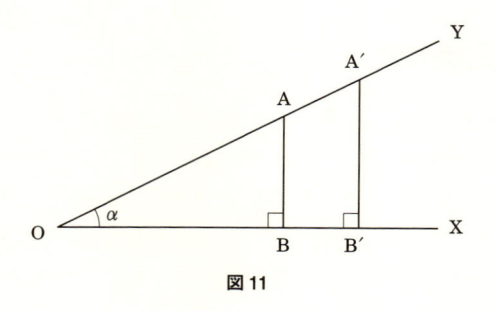

図 11

がって，対応する角度や辺の比は等しくなる．つまり，

$$OA : AB = OA' : A'B', \quad OA : OB = OA' : OB',$$
$$OB : AB = OB' : A'B'$$

となる．つまり，角度 α に対して，それを見込む直角三角形を考える限りにおいては，形の大きさに関係なく，三つの辺の比の値は一定している．

そこで，これらを

$$\sin \alpha = \frac{\text{AB}}{\text{OA}} \left(= \frac{\text{O}'\text{B}'}{\text{OA}'} = \cdots \right),$$

$$\cos \alpha = \frac{\text{OB}}{\text{OA}} \left(= \frac{\text{OB}'}{\text{OA}'} = \cdots \right),$$

$$\tan \alpha = \frac{\text{AB}}{\text{OB}} \left(= \frac{\text{A}'\text{B}'}{\text{OB}'} = \cdots \right)$$

とするのである．したがって，角度 α を見込む直角三角形を勝手に書いて考えればよいのである（図 12）．

$$\sin \alpha = \frac{b}{c}, \quad \cos \alpha = \frac{a}{c}, \quad \tan \alpha = \frac{b}{a} \tag{1}$$

図の三角形で，α が $90°$ に近くしていくと a と b は等しくなっていきそうだから，$\sin 90° = 1$ とし，$\sin 0° = 0$ とするのは，α を $0°$ に近くしていけば b は 0 になっていくからである．

三角比のポイントは直角三角形をもとにして考えているので，ピタゴラスの定理や円と相性がよいということである．そのことも頭に入れておくとよい．

ピタゴラスの定理は次のようであった．

図 12 のような直角三角形に対して，次のような辺の間の関係が成り立つ．

$$a^2 + b^2 = c^2$$

112

そこで，三角比の式(1)から

$$a = c \cos \alpha, \qquad b = c \sin \alpha$$

として，上式の左辺に代入すると

$$a^2 + b^2 = (c \cos \alpha)^2 + (c \sin \alpha)^2 = c^2 (\cos \alpha)^2 + c^2 (\sin \alpha)^2$$
$$= c^2 ((\cos \alpha)^2 + (\sin \alpha)^2)$$

$a^2 + b^2 = c^2$ なので，$(\cos \alpha)^2 + (\sin \alpha)^2 = 1$ となる．

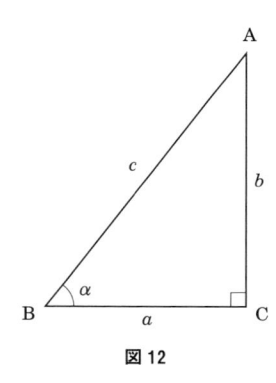

図 12

つまり，関係式 $(\cos \alpha)^2 + (\sin \alpha)^2 = 1$ はピタゴラスの定理を言い換えた式なのだ．

三角関数では，$(\sin \alpha)^2$ のことを $\sin^2 \alpha$ と書くので次のように表す．

$$\cos^2 \alpha + \sin^2 \alpha = 1$$

ところで，三角比の式から

$$\tan \alpha = \frac{b}{a} = \frac{c \sin \alpha}{c \cos \alpha} = \frac{\sin \alpha}{\cos \alpha}$$

このように，(1)の三つの式にはお互い関係があり，いろいろな関係式が知られているが，与えられた角度 α に対して $\sin \alpha$ の値がわかっていればその他の値も計算できる．

古代の賢者たちはこの $\sin \alpha$ の値の表を作って実用に供したのである．二世紀の天文学者プトレマイオスの作った表が残っている．$\alpha = 30°, 60°, 45°$ などは，正三角形，直角二等辺三角形などから，$\sin 30° = \dfrac{1}{2}$，$\sin 60° = \dfrac{\sqrt{3}}{2}$，$\sin 45° = \dfrac{1}{\sqrt{2}} = \dfrac{\sqrt{2}}{2}$ となる．

例えば，建物の高さを測定しようとすれば，次のように考えればよい(図

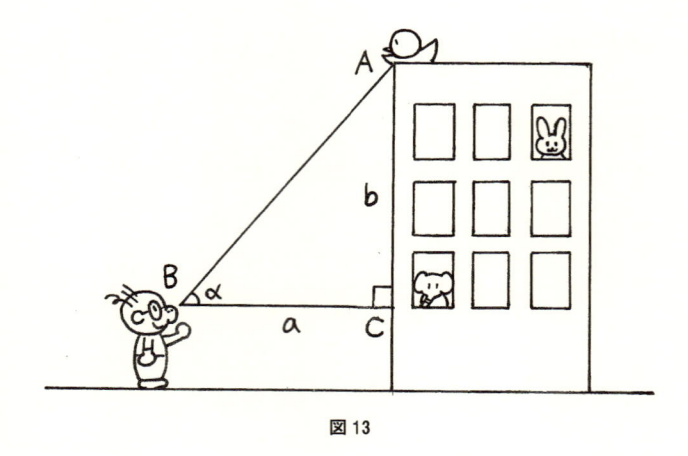

図 13

13).

　BC $= a$ の長さと角度 α を測れば，$b = a \tan \alpha$ となって高さが求まる．そのためには $\tan \alpha$ が必要となるが，$\sin \alpha$ の表から $\cos \alpha$ を計算し，$\tan \alpha$ の値を計算して使ったと考えられる．古代ギリシャの賢者たちの知恵に乾杯！

　後世になって，$\alpha > 90°$ や $\alpha < 0°$ の場合でも意味のあるようにして，当初の三角法から離れて関数として独り立ちするのである．度数の代わりに弧度（ラジアン，$180° = \pi$（ラジアン））が使われることが多い．三角法が成人したのちの活躍は目を見張るものがある．いまでは物理学や工学はもとより音楽などの芸術に至るまで三角関数は欠かせないのだ．

　第 1 節で複素数，そして今述べた三角関数，双方とも分野を問わず現代ではなくてはならないものなのであるが，この二つを結び付けるきわめつけの公式を紹介しておこう．オイラーの公式と呼ばれるものである．

$$e^{i\theta} = \cos\theta + i\sin\theta \tag{2}$$

ここで $e = 2.718281\cdots$ はネイピア数という定数，i は虚数単位（$i = \sqrt{-1}$）．

　$e^{i\theta}$ は指数関数なので指数法則の計算に従う．つまり，$(e^{i\theta})^n = e^{in\theta}$ となる．これは魔法の公式で，$\theta = 2\alpha$ とすれば α の二倍角の公式が，$\theta = 3\alpha$ すれば同じく三倍角の公式が得られるという優れものであり，現代科学の象徴的な公式である．

　ところで，99〜100 ページの(1)の式は次のようにして導かれる（三倍角の公式）．

(2)式で $\theta = 3\alpha$ とすると,

$$e^{i(3\alpha)} = \cos 3\alpha + i \sin 3\alpha.$$

ところが,

$$e^{i(3\alpha)} = e^{3i\alpha} = (e^{i\alpha})^3 = (\cos \alpha + i \sin \alpha)^3.$$

この最後の式を展開して最初の式の右辺と比べると,

$$\cos 3\alpha = 4 \cos^3 \alpha - 3 \cos \alpha,$$

$$\sin 3\alpha = 3 \sin \alpha - 4 \sin^3 \alpha$$

を得る.

定木とコンパスで
　　できるのは？

第四章

美
の章

1 レンブラントさん ごくろうさま

　十数年前に外国に行ったときのことである．ある空港のトイレの壁画がレンブラントの"夜警"だったのには驚いた，もうどの国かは想像できよう．まさか警備員の代わり？　この絵の印象は強烈であり，ここにレンブラントありと認識させるには十分である．ゴッホの国でもある．さすが，かつて中世の北方ルネサンスの中心地であり，絵画美術や工芸の伝統を誇る国らしい．このたびは，フェルメールファンの一人として同国を訪問したが，もちろん空港は"夜警"が警備していた．

　さて，本物のレンブラントの絵は，アムステルダム国立美術館の4階のホールの突き当りで，警備にあたっている．もともとは夜の絵ではなく，全体が黒くなってしまって"夜警"というタイトルになったとか？　レンブラントは，"光と影の画家"と称される17世紀を代表する画家であるが，晩年は幸せではなかったようだ．

図1

さて，絵画といえば何と言ってもルネッサンスを忘れては語れないであろう．

ルネッサンスいわゆる文芸復興は，古代ギリシャやローマの文化にその根源を求め，新しい文化を生み出そうとする大文化運動であった．この時期は1000年近い宗教的な窮屈さから解放され，人間中心の市民文化が開花した．芸術関係では，イタリアのフィレンツを中心に活躍したミケランジェロ（1475—1564）やレオナルド・ダ・ヴィンチ（1452—1519）などの誰でもが知る巨匠たちを生み出した．

彼らは，美の起源を古代ギリシャやローマの文化に求め，幾何学（ユークリド『原論』）に学び，それをもとに美を作り出そうとした．なんといっても，それまでの宗教を題材とした平面的な画法から，目にみえるままに描写する三次元的な画法である透視法（遠近法）への追求であった．

透視法を数学的に確立した数学者であり画家の一人でもあるドイツのデューラ（1471—1528）はもとより，フィレンツェのレオナルド・ダ・ヴィンチやミケランジェロなど当時の芸術家たちは，画家でもあり建築家でもあり，美をきわめんとして古代ギリシャの数学を学び，それを研究する数学者とでも言える人々だった．ミケランジェロは，『絵画論』という著書の中で「数学者にあらざる者，この書を読むべからず」とすら述べているとのこと．

「数学は難しいから高校の必修から外したらどうか」という主張まである我が国の文化的状況ではあるが…．現代に生きる私たちは，数学が諸文化を支える基本的な原理として学ばれてきたことを知っていて損はない．

1.1●理想的体型の処方箋「カノン」

古代ギリシャにおいては，人体は神々や宇宙と繋がっており，理想的な比率を持っているべきだと考えられていたようだ．

紀元前5世紀頃の古代ギリシャの彫刻家のポリュウクレイトス（生没不祥）は，理想的なプロポーションを算出して，その基準を定めた「カノン」という書物を作った．それは前膊（腕の肘から手首まで）を基準として，各部の比率を定めたものである．

そのときの彫刻の身体の理想は7等身だったとのことであるが，その1世紀の後に彫刻家のリュシッポス（生没不祥）が最も美しいのは8頭身であると修正したらしい．

また，古代ローマ時代の建築家**ウイトルウイウス**（B.C. 80—B.C. 15）は世界最古の建築理論書を書いた人のようであるが，「建築は人体と同様に調和したものであるべき」という理念で，カノンをラテン語に訳して人体の理想的比率を建築に応用したという．ユークリッドよりは数百年も後の生まれなので，古代ギリシャの影響も大きいと考えられる．

そのウイトルウイウスによると8等身であるが，その他の部分を紹介すると次のようになっている（ダン・ベトゥ『図形と文化』（法政大学出版局）より）．

- 顎から頭部の髪の生え際まで　　全身長の $\dfrac{1}{10}$

- 手首から開いた手の中指まで　　全身長の $\dfrac{1}{10}$

- 胸部の中央から頭頂　　全身長の $\dfrac{1}{6}$

顔について

- 顎の下から鼻孔の下まで　　顔面の $\dfrac{1}{3}$

- 鼻孔の下から眉の線まで　　顔面の $\dfrac{1}{3}$

- 眉の線から髪の生え際まで　　顔面の $\dfrac{1}{3}$

また，レオナルド・ダ・ヴィンチの有名な円と正方形に内接する人体比例図は，もとはこのウイトルウイルスにあるようだ（模擬図3を参照）．両手を広げた長さが身長とほぼ同じであるというのは覚えていて損はない．

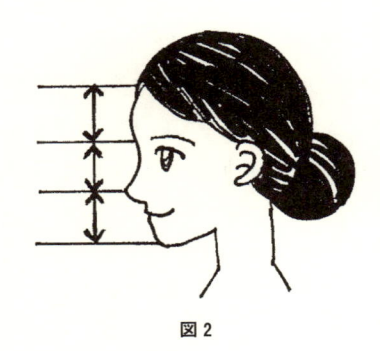

図2

『図形と文化』にある二つの人体比例の写真をもとに実測をすると，ウイトルウイルスの場合は 10 等身に近く，ダ・ヴィンチの場合は約 7.6 頭身で 8 頭身的である．また，この円は，両者ともちょうどお臍の位置に中心がある．前者の場合は，身長に対するお臍から足元までの比率は約 5.4 位であるから，黄金分割の影響は見てとれない．一方，後者の同様の比率は約 0.62 である．これは黄金比が 1.618… であることを考えると，お臍が身長を黄金分割していることになる．

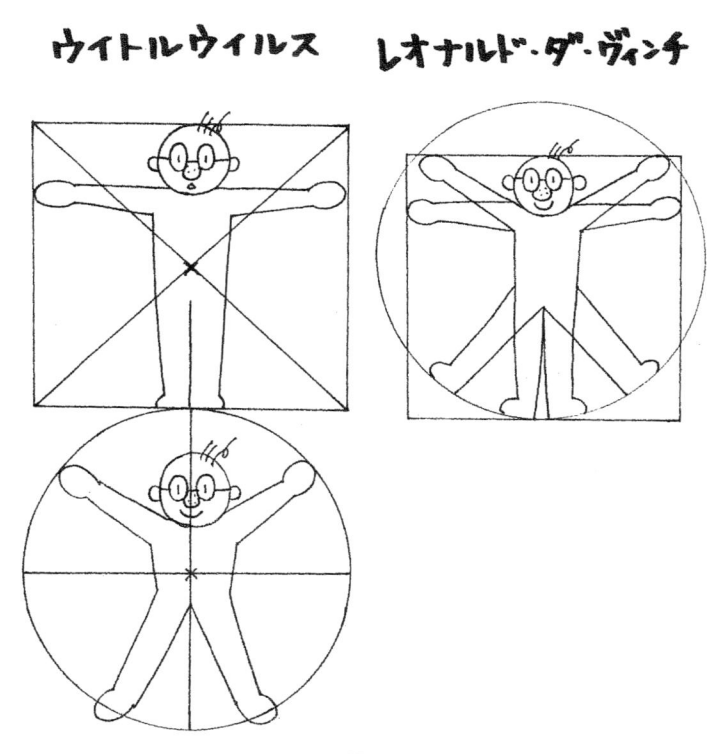

図 3

実際のところどのようにして臍の位置(つまり円の中心)を決めたかはわからないが，一つの方法としては次のようなことが考えられる．この正方形からわかるように，正方形の一辺を 1 としたとき，この斜線は $\dfrac{\sqrt{5}}{2}$ である．

そこでコンパスで $\dfrac{1}{2}$ を取り，残りの長さを足元からのお臍の位置，つまり

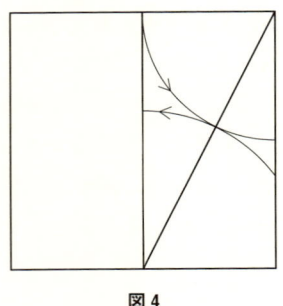

図4

円の中心を決めたのではないだろうか.

実際,

$$\frac{\sqrt{5}}{2} - \frac{1}{2} = \frac{-1+\sqrt{5}}{2} = 0.618\cdots$$

であるので,お臍が身長の黄金分割点になる.もっともこれは写真からの推測でしかないが…,ダ・ヴィンチさん.

古代ギリシャ時代には,「万物は数である」を唱えたピタゴラスをはじめ,タレス,ソクラテス,プラトン,さらには三段論法を考えたアリストテレスなどの哲学者たちが活躍していた時代であり,「カノン」もそのような哲学に連なると考えても不思議はないだろう.

この古代ギリシャ時代を通して編纂されたユークリッド『原論』は,まさにその時代的な象徴であり,中世になってフィレンツェを中心にルネッサンス(文芸復興)が興り,多くの素晴らしい建造物や絵画が作られていく端緒となったのである.

16 世紀の画家ラファエロ(1483—1520)が描いた「アテネの学堂」には,古代ギリシャの哲学者たちが勢揃いしている(同時代ではないので,あくまで想像図).遠く古代ギリシャへの敬愛を込めたルネッサンスを象徴する壁画である(ヴァチカン宮殿).

中央の天をさしているのがプラトン,地をさいているのがアリストテレスと言われている.また,向かって左の手前で本を広げて何か書いているのがピタゴラスで,その対面の床の上の小黒板に何か書いているのがユークリッドだと言われている.ヴァチカン宮殿を訪れた際にはとくとごらんあれ.

2 美を作り出す比
黄金分割と黄金比

2.1●相似比とは

　私たちの生活では，比というのがいろんなところで出てくる．比例なしに何も語れない，カノンは身体の部位の比率の表であった．古代エジプトの建造物であるピラミッドは誰でも知っているであろう．もちろん，この建造物はいろんな意味で当時の数学的知識と技術の総結集でもある．このピラミッドの高さを簡単に測ってみせた人がいる．それはタレスという古代ギリシャの人である．いわれて見れば，「なーんだ」ということになるのだが…．タレスは地面に棒を立てて，影の長さを測ることで，ピラミッドの高さを出したという．

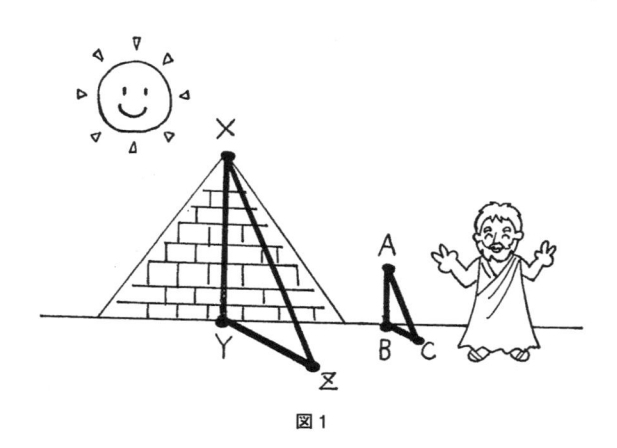

図1

　二つの三角形は相似となる．いまは，一方が他方を縮小した形だと考えておこう．その時に対応する辺の比が等しい．（相似の定義については後で詳しく述べる）．

相似な三角形は対応する辺の長さの比が等しいので,

　　　AB : BC = XY : YZ

AB = 棒の長さ, BC = 影の長さ, YZ = 影の長さ, これらは測定値がわかるので, 残りの XY (= ピラミッドの高さ) を計算できる.

　このようにして, 相似を使うことで解決できる.

　タレスは, 紀元前約 624 頃—紀元前 547 頃に活躍した七賢人の一人で, 哲学の父と呼ばれる人である. 紀元前の古代ギリシャでは, すでにそのような論理的思考のできる人たちがたくさん活躍をしていた.

　そこで, あらためて相似ということを数学的に見ておこう. 直観的には一方の図形が他方を縮小した形のことであると考えておけばよい.

　したがって, 本来は辺の比で定義をするのがわかりやすいのだが, いろんな性質を導く上では角で定義する方が便利であるので, そうしよう.

　二つの三角形 S と三角形 T が相似であるというのは, $S(\triangle ABC)$, $T(\triangle XYZ)$ とするときに, 対応する角が等しい時に相似という. つまり,

　　　$\angle A = \angle X,$　　$\angle B = \angle Y,$　　$\angle C = \angle Z$

三角形の内角の和は $180°$ なので, 対応する二つの角の相等でも十分である.

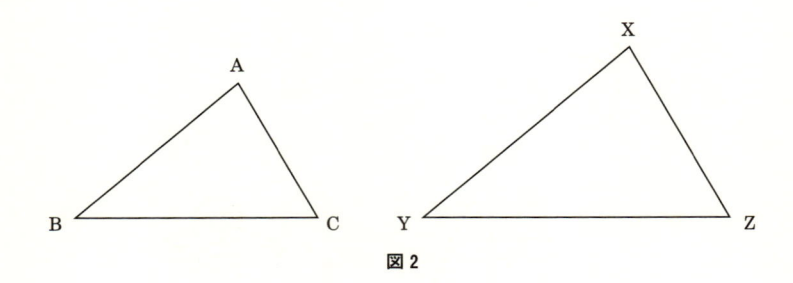

図2

　この定義から対応する三つの辺の比が等しくなる. つまり,

　　　AB : XY = AC : XZ = BC : YZ

または

　　　XY : AB = XZ : AC = YZ : BC

　同じことだが,

$$\frac{AB}{XY} = \frac{AC}{XZ} = \frac{BC}{YZ} \quad または \quad \frac{XY}{AB} = \frac{XZ}{AC} = \frac{YZ}{BC}$$

従って，この $\dfrac{\mathrm{XY}}{\mathrm{AB}}$ を $r\,(>0)$ とすれば，XY は AB の r 倍ということであり，S のどの辺の長さも T の対応する辺の長さの r 倍ということである．この r を相似の比率（相似比）と呼んでいる．

　相似の定義から辺の比が等しくなる理由を説明しよう．二つの三角形 $S\,(\triangle\mathrm{ABC})$ と $T\,(\triangle\mathrm{XYZ})$ が相似だとし，S より T が大きい形だとしてみよう．このとき，頂点 A が頂点 X に重なるようにして三角形 $S\,(\triangle\mathrm{ABC})$ を $T\,(\triangle\mathrm{XYZ})$ に重ねるとき，$\angle\mathrm{A}=\angle\mathrm{X}$ なので辺 AB は辺 XY 上に，辺 AC は辺 XZ 上にくる（図 3）．このとき，△ABC の底辺 BC は △XYZ の底辺 YZ と平行になる．理由は，$\angle\mathrm{B}=\angle\mathrm{Y}$，$\angle\mathrm{C}=\angle\mathrm{Z}$ だから，同位角が等しくなるからである．したがって，$\mathrm{AB}:\mathrm{XY}=\mathrm{AC}:\mathrm{XZ}$ となる．同様にして，頂点 B が頂点 Y に重なるように重ねれば，$\mathrm{AB}:\mathrm{XY}=\mathrm{BC}:\mathrm{YZ}$ がいえる．

　次に，頂点 C が頂点 Z に重なるように重ねれば，$\mathrm{AC}:\mathrm{XZ}=\mathrm{BC}:\mathrm{YZ}$ がいえる．こうして，$\mathrm{AB}:\mathrm{XY}=\mathrm{AC}:\mathrm{XZ}=\mathrm{BC}:\mathrm{YZ}$ となる．

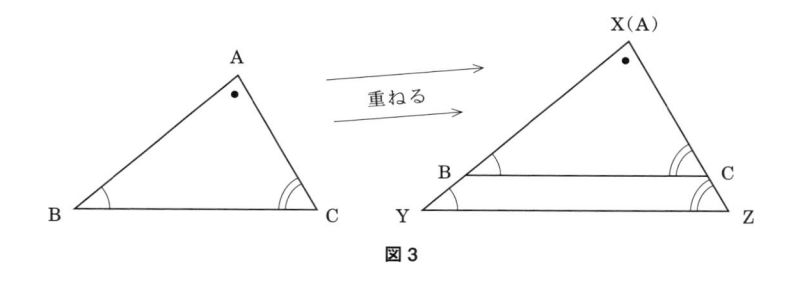

図 3

　三角形は三つの辺の長さが指定されれば合同なので本質的には一個しかない．

　一方，ある三角形の三つの辺の長さを同じ割合で縮小（または拡大）すれば，それに対応する三角形も割合毎に一個確定するが，それらはすべてもとの三角形と相似であるから相似な三角形は無数に存在する．

　相似な二つの三角形はそれぞれ対応する辺の比が等しいことがわかった．

　逆に，二つの三角形はそれぞれ対応する辺の比が等しければ対応する角が等しいことがわかる．したがって，相似の定義としては角か辺の比のどちらを用いてもよいのである．

実は，それ以外にも相似三角形になる条件がある．それは次のようなものである.

    （1）二つの三角形で，対応する二つの角がそれぞれ等しいならばお互いに相似である.

    （2）二つの三角形で，一つの角がそれぞれ等しくその角を挟む二辺の長さの比が等しいならばお互いに相似である.

ところで，四角形になれば辺の比だけでは形が決まらない．なぜなら，次のような例がいくつでも作れるからである.

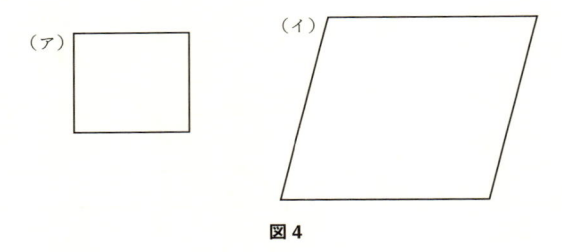

図 4

図4の二つの四角形では，（イ）の辺の長さは(ア)の二倍になっているが形は違っている.

    辺の比だけまたは角だけで相似が決まるのは三角形だけであり，三角形の特有の性質である．三角形は図形を考えるときの基本となるものであり，このような性質ゆえに古代ギリシャの人は地球上から天空の星までの距離を測定できたのである．比は美に絡んでいるだけではない．天体の動きを観測するにも欠かせない数学的な概念である（第三章の 2.3 でも触れた）.

    ここで，四角形の相似に関わる次のような注文を解決することを考えみよう．四角形の相似には，角と辺の比の両方が必要である．つまり，二つの四角形は，対応する角が等しくて，対応する辺の比が等しいときに相似という．（実は，二つの多角形の相似の定義も同じである.）

問

ある家の窓の設計を頼まれて，半分の大きさの窓は大きい窓と相似な形にしたいと頼まれたとしよう．さてこのどのような窓の設計をすればよいか？

正方形の窓にしたのではこの注文は達成できない．正方形を半分にしても正方形にはならないからである．最初の長方形はどのような寸法（縦横の比）であればいいのか．求めたい長方形を図5の図アとする．

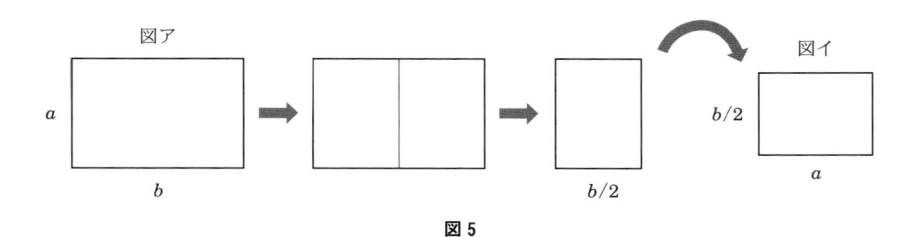

図 5

長方形（図ア）を2等分したものが長方形（図イ）である．この二つ図形を相似にするには，長方形という形は変わらなので，辺の長さの比だけで十分である．つまり，長方形（図ア）の辺の長さを同じ割合で拡大するか縮小した長方形が長方形（図イ）であればよいから，

$$a : b = \frac{b}{2} : a$$

比は外項の積と内項の積が等しいので，次の式を得る．

$$a^2 = \frac{b^2}{2} \tag{1}$$

長方形（図ア）の形は a と b の割合がわかれば決まるので，$\frac{b}{a}$ が求まればよい．(1)式より，$\left(\frac{b}{a}\right)^2 = 2$ となり，$\frac{b}{a} = \sqrt{2}$ を得る．

こうして，長い方の辺の長さは短い方の辺の長さの $\sqrt{2}$ 倍であればよいことになる．したがって，この家の窓はこのような長方形の形にすればよい．

では，そのような長方形をつくるにはどうすればよいか考えよう．

一辺の長さ a を与えて，その $\sqrt{2}$ 倍の長さを作りたいわけである．$\sqrt{2}$ は無理数であり，無限小数である．$a = 1\,(\mathrm{m})$ としても，$1.414213\cdots\,(\mathrm{m})$ となる．

もちろん，実際上は近似値で処理すればよいので適当なところで切って考えればよい．しかし，数学上の話となるとそのようなわけにもいかないので….

無理数が発見された経緯を考えてみれば済むことである．正方形の一辺の長さと対角線の長さの比は $1 : \sqrt{2}$ である．したがって，与えられた長さ a を一辺とする正方形を作り，その対角線の長さを写し取れば済む（図 6）．ピタゴラスさまさまである．

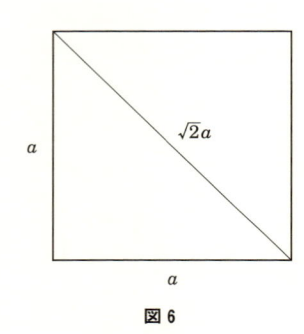

図 6

私たちが普段使っている規格紙の A3, A4, A5, … や B3, B4, B5, … は，次々と半分にすることでもとの大きさと相似な小さい規格の用紙ができる．つまり，A3 を半分にすると A4 ができる．B4 を半分にすると B5 ができるといった具合になっている．ちなみに文庫本は A6 サイズである．これは問で考えた窓の話である．

どんな長方形でも二回折ればもとの大きさと相似な形を作り出すことができるが，ここでは一回の手間で相似形ができるというアイデアを使っている．

実際，このような考え方は，建築設計のために昔からあったようである．ダン・ペドウの『図形と文化』には次のような例が載っている．

長方形をどちらかの辺に平行な線分で二つの長方形に分割する．もとの長方形と新しい長方形二個で合計三個の長方形ができる．このうちの二つが相似であるようにするにはどうすればよいか．その解答が図 7 である．

問

自分でこれを解いてみよう．また，図 7 のように対角線が直交することを示せ（これは分割したときの検証ともなる）．

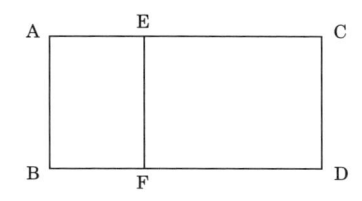

長方形 ABCD を EF で分割して
相似な四角形を作ってみよう.
（下図は対角線の関係に着目して
動的な説明をしている.）

（a）辺を二分割
　　（2 つの相似な長方形）

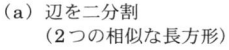

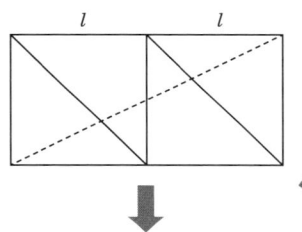

（b）（a）の横幅を縮めると…
　　（3 つの相似な長方形）

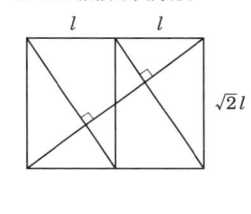

（c）（a）の一方の長方形を大きくして
　　いくと…（2 つの相似な長方形）

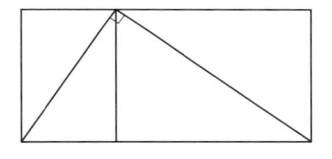

（d）（a）の一方の長方形を小さくして
　　いくと…（2 つの相似な長方形）

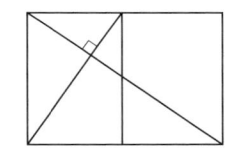

（c）と（d）の違いは，相似の組合せにある.

図 7

　また三つとも相似であるようにするにはどうすればよいかという問題の解答が上述した規格用紙そのものである.

　また，長方形を縦横の辺に平行な直交する二本の線で分割したときに最大 9 つの長方形ができる．これを相似な 3 種類に限定する課題に対する一つの解答は，図 8 のようになる（次ページ参照）．全体の長方形と A, B の長方形の三つが相似になる．この長方形は，辺の比が黄金比（2.2 を参照）と呼ばれる $1 : \dfrac{1+\sqrt{5}}{2}$ になっているので，黄金長方形と呼ばれる．黄金長方形については 2.3 でも出てくる.

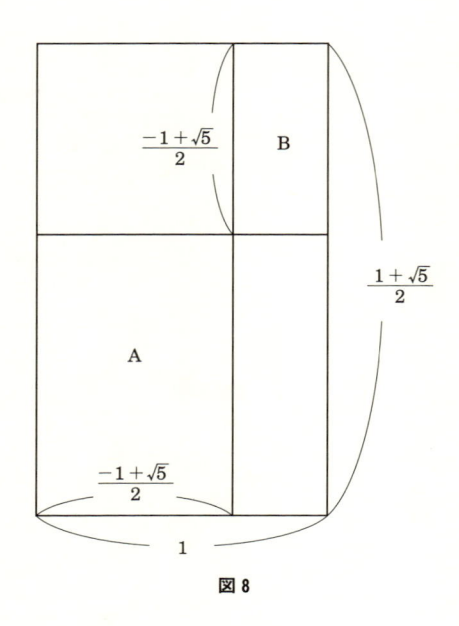

図 8

2.2●ピタゴラス学派のシンボル
正五角形(ペンタゴン)と星形

　一般的に正多角形は美しく見える矩形である．その中でも正五角形(ペンタゴン)が特別なのはこの図形の中に**星形**が含まれていることにある．この星形は古代ギリシャにあっても美の象徴的な図形だったに違いないのだ．ピタゴラス学派は，これを自分たちのシンボルに使ったと言われている，健康という意味だったとのことである．ちなみに，アメリカの国防総省の建物は正五角形であり，ペンタゴンと呼ばれている．

　この星形を作るにはどうしたらよいか．

　星形は三つの二等辺三角形からできている．この二等辺三角形は黄金二等辺三角形とよばれる．それはこれから見るように底辺と他の辺の比が黄金比(後述)になっていることによる．それは正五角形に内包されているので，正五角形が描ければよい．そこで正五角形の作図について考えてみよう．これから述べるのはユークリッド『原論』にあるものより簡単な方法である．

　図 9 の正五角形の一辺 AB と対角線 BC の比を調べてみよう．

　三角形 ABC と三角形 DCA は相似形である．なぜなら，△ABC は二等辺三角形なので，

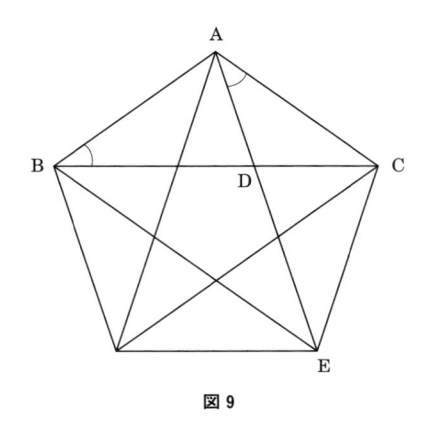

図 9

$$\angle ABC = \angle ACB$$

また，△ABC と △CAE は合同である（二辺と夾角が等しい）．よって，∠CAD = ∠ABC である．このことより，△ABC と △DCA は対応する角が等しくなる．よって，相似になる（図 10）．

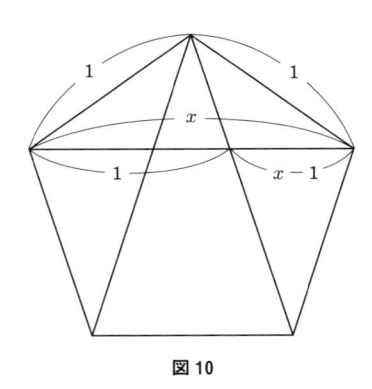

図 10

よって，辺の長さの比は等しくなるので，

AB : BC = DC : CA

$1 : x = x-1 : 1$ となり，

$$x(x-1) = 1 \qquad\qquad (2)$$

(2)は次のような二次方程式である．

$$x^2 - x - 1 = 0$$

これを解いて正の解だけを求めると次の数値を得る．

131

$$\frac{1+\sqrt{5}}{2} \quad (= 1.61803\cdots)$$

これは**黄金数**とか**黄金比**とか呼ばれている.

　正五角形の一辺を 1 として計算して対角線の長さとして上記の数値を得た. これが正五角形の一辺と対角線の比である.

　古代においてもルネッサンスにおいてもこの値を求めること以上に重要だったのは, この作図だったと思われる.

　この比をもとに, コンパスと定規だけで正五角形を書いてみよう.

（1）書きたい正五角形の一辺をとる. AB としよう.

（2）AB の垂直二等分線を立てる. その足を D とする.

（3）この二等分線上に DC = AB となる点 C をとる.

（4）直線 AC を書き, その上の A と反対方向に $CP = \frac{1}{2}AB$ となる点 P をとる.

（5）点 A を中心とした半径 AP の円が, 先ほどの垂直二等分線と交わった点を Q とする.

（6）このとき, △AQB は黄金二等辺三角形である.

（7）点 Q を中心とした半径 AB の円と A または B を中心とした半径 AB の円の交わりが求める正五角形の頂点となる(図 11).

この方法で黄金二等辺三角形も作図できていることについて説明しよう.

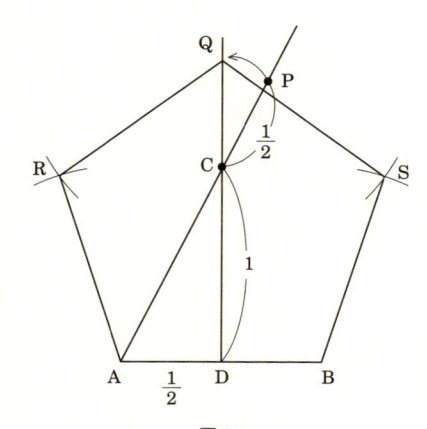

図 11

いま，簡単のために AB $= 1$ とする．$\triangle$ACD で，AD $= \dfrac{1}{2}$AB $= \dfrac{1}{2}$，CD $=$ AB $= 1$ なので，ピタゴラスの定理より

$$AC^2 = AD^2 + CD^2$$

なので，

$$AC^2 = \dfrac{5}{4}$$

よって，AC $= \dfrac{\sqrt{5}}{2}$．

一方，CP $= \dfrac{1}{2}$AB $= \dfrac{1}{2}$ なので，

$$AP = AC + CP = \dfrac{\sqrt{5}}{2} + \dfrac{1}{2} = \dfrac{1+\sqrt{5}}{2}$$

作図法(5)より AP $=$ AQ なので，AQ $= \dfrac{1+\sqrt{5}}{2}$．

こうして，$\triangle$QAB は黄金二等辺三角形となる．したがって，出来上がった五角形は辺と対角線の比が $1 : \dfrac{1+\sqrt{5}}{2}$ の黄金比になっている．

　古代ギリシャの造形家たちにとってもルネッサンス期の造形家たちにとってもユーリッド『原論』をひも解きながら作図するしかなかった．そのために『原論』は数学の書というよりは造形の書としてのバイブルでもあったのだ．

　ちなみに，『原論』は 13 巻からなり，その内容は次のようになる（『ユークリッド原論［縮刷版］』（共立出版）に従った）．

第一巻：三角形，平行線，平行四辺形，正方形

第二巻：面積の変形

第三巻：円

第四巻：円の内接，外接

第五巻：比例論

第六巻：比例論の幾何学への応用

第七巻：数論

第八巻：数論（続き）

第九巻：数論（続き）

第十巻：無理量論

第十一巻：線と面，面と面，立体角，平行六面体，立方体，角柱

第十二巻：円と面積，角錐，角柱，円錐，円柱，球と体積
第十三巻：線分の分割，正多角形の辺，五つの多面体

　第一巻の構成は 23 個の定義と 5 つの公準と 5 つの公理から成り立っていて，平面図形に関する 48 個の命題が証明されている（公準，公理については第六章を参照）．その 47 番目の命題がピタゴラスの定理であり，48 番目はその逆である．

　中学校の図形指導の到達点はこの命題 47 のピタゴラスの定理に置かれている．そのほかに円や円周角の定理を扱う．それは第一巻の内容ではないが，小・中・高等学校における幾何学はこの『原論』の内容である．

2.3●黄金比について

　4500 年の昔から現代にいたるまで，芸術家，建築家などの美を作りだす人々の求める共通の美意識に黄金比があるようだ（当時からこの比は知られていたが，黄金比という名称は 19 世紀のドイツの数学者マルティン・オームが初めて使ったとのこと．）　美について語るときには絶対に外せないものである．

　しかし，なぜこれが美の基本として活用された理由についての確かな言説は残ってはいないようだ．

　上述した『原論』の第二巻の命題 11（後述）に次のような線分の分割の作図が出てくる．

　与えられた線分 AB を点 P で内分して，AP：PB ＝ AB：AP になるようにせよというものである．

　実はこの分割のことを**黄金分割**という．それは黄金比はこの分割から生じるからである．

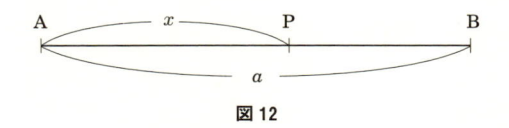

図 12

実際に計算すると
$$x : (a-x) = a : x$$

$$x^2 = a(a-x)$$
$$x^2 + ax - a^2 = 0$$

$x > 0$ なので $x = \dfrac{-1+\sqrt{5}}{2}a$. したがって

$$\mathrm{AB} : \mathrm{AP} = a : \dfrac{-1+\sqrt{5}}{2}a$$
$$= 1 : \dfrac{-1+\sqrt{5}}{2}$$

よって

$$\frac{\mathrm{AB}}{\mathrm{AP}} = \frac{1}{\dfrac{-1+\sqrt{5}}{2}} = \frac{2}{-1+\sqrt{5}} = \frac{2}{\sqrt{5}-1}$$
$$= \frac{2}{\sqrt{5}-1} \times \frac{\sqrt{5}+1}{\sqrt{5}+1} = \frac{2(\sqrt{5}+1)}{5-1}$$
$$= \frac{1+\sqrt{5}}{2}$$

これが 2.2 の(2)から出てくる黄金比であった.『原論』に出てくる正五角形の取り扱いはかなり後半の巻であることをみると, 正五角形の一辺と対角線の比(つまり黄金比)はこのような線分の分割によって生み出されることをユークリッドは見抜いていたのかも知れない.

その上でこの分割の作図の重要性を意識して, 前半の第二巻で取扱ったと考えられなくもない. あくまで勝手な推測なのだが…. それではその命題 11 とその作図を紹介しておこう.

●命題 11（第二巻）

与えられた線分を 2 分し, 全体と一つの部分で囲まれた矩形を残りの部分の上に立つ正方形に等しくすること.

（与えられた線分 AB 上に点 P をとって, AP を一辺とする正方形の面積が AB と PB を二辺とする長方形の面積に等しくなるようにせよ.）

●作図方法

（1）AB を一辺とする正方形をつくる. 正方形 ABCD.

（2）AD の中点を E とする. AE = ED.

（3）B と E を結ぶ.

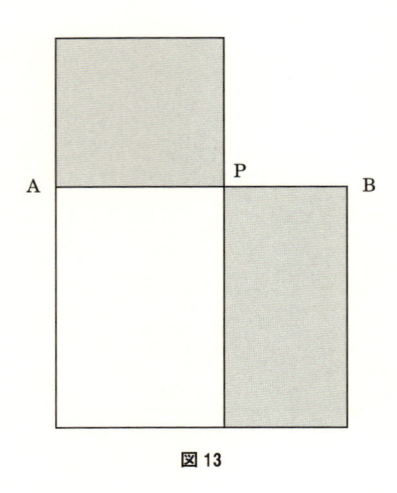

図 13

（4）EF ＝ EB となるように DA の延長上に点 F をとる．

（5）このとき，AF ＝ AP となるように AB 上に点 P をとる．

問

上の方法で命題 11 の作図（黄金分割の作図）ができていることを示そう．

そのほかにも図 14 のように，黄金比をつくる方法はいろいろ知られている．

AB を黄金比に分割する点を求める（図 14 上）．

（1）A に垂線立て，その上に AC ＝ $\frac{1}{2}$AB となる点 C を取る．

（2）点 C を中心として半径 CB の円を描き，CA の延長上との点を D とする．

（3）点 A を中心とした半径 AD の円を描き，AB との交点を求めれば，それが求める点である．

AB を黄金比に分割する点を求める（図 14 下）．

（4）B に垂線を立て，その上に BC ＝ $\frac{1}{2}$AB となる点 C を取る．

（5）点 C を中心として半径 CB の円を描き，線分 CA との交点を D とする．

（6）点 A を中心とした半径 AD の円を描き，AB との交点を求めれば，それが求める点である．

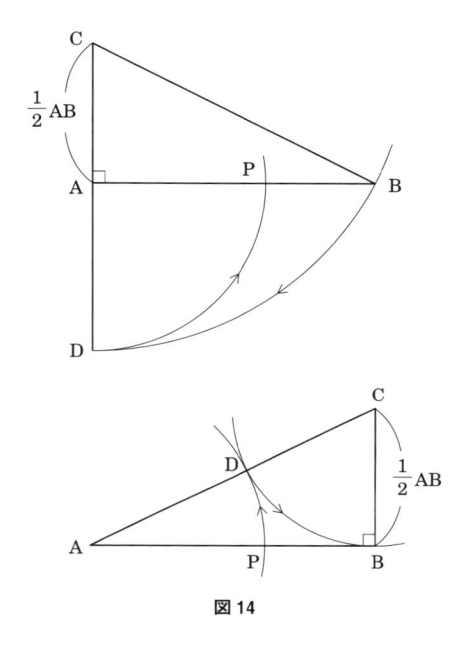

図 14

問

この方法で点 P が AB を黄金分割していることを示せ.

　ルネッサンス期に古代ギリシャ・ローマの文化が見直されていく中で，黄金数や黄金比も大きな美の要因として活用されるようになる．すでに，紀元前 447—紀元前 432 年に建築されたというギリシャのパルテノン宮殿も縦と横の比が黄金比になっているという（図 15）.

　エジプトのピラミッドに黄金比が使用されているという説があるが確かな

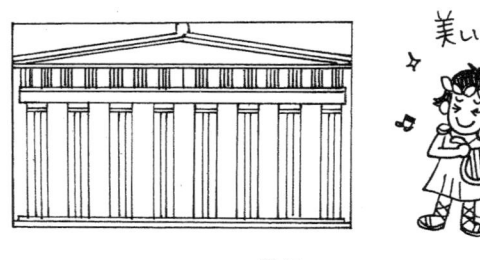

図 15

ことはわからないようである.

しかし，次のような寓話もある．クフ王のピラミッドも神官の神託によって作られたと言われており，エジプトの神宮から次のような宣託があったとのことである．信びょう性はいまいちのようである．これはギリシャの歴史家のヘロドトス（生没年未詳）が書いている.

宣託「クフ王のピラミッドの形は，高さの2乗が側面の面積と等しくなるようにせよ」

> **問**
> もしこの神託通りにできているとすれば，どうなるか？ 図16で，
> $a:b=\dfrac{a}{b}$ が黄金比になっていることを示してみよう.

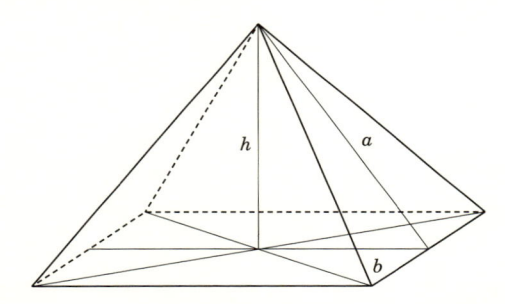

図16 $h=$ ピラミッドの高さ，$a=$ 側面の高さ，$b=$ 底辺の半分の長さ

2.4●黄金数とフィボナッチ数列

実は，この数が黄金数として注目されるもう一つの事実がある．この黄金数の連分数展開を考えてみる．これは方程式

$$x^2-x-1 = 0 \tag{3}$$

の正の解である．(3)の両辺に $\dfrac{1}{x}$ をかけると

$$x-1-\frac{1}{x} = 0$$

なので，

$$x = 1+\frac{1}{x} \tag{*}$$

$$= 1 + \cfrac{1}{1 + \cfrac{1}{x}} \qquad (x \text{ のところに}(*)\text{を代入する})$$

$$= 1 + \cfrac{1}{1 + \cfrac{1}{1 + \cfrac{1}{x}}} \qquad (\text{以上を繰り返す})$$

$$= \cdots$$

この連分数が, すべて1でできていることがわかる. 黄金数の連分数展開が1だけできていることは, この数の神秘性を掻き立てると同時に数学的美とでもいえよう. まさに, この数が特別なものであるとこを証拠立てるのに十分である. この連分数を用いて近似分数をつくってみるとさらにおもしろいことがわかる. その近似分数は次のようである.

$$1, \quad \frac{2}{1}, \quad \frac{3}{2}, \quad \frac{5}{3}, \quad \frac{8}{5}, \quad \frac{13}{8}, \quad \cdots$$

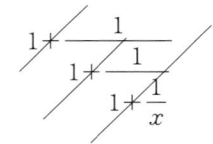

この近似分数は(1)の解の近似なので当然ことだが,

$$1, \quad \frac{2}{1} = 2, \quad \frac{3}{2} = 1.5, \quad \frac{5}{3} = 1.666, \quad \frac{8}{5} = 1.6, \quad \frac{13}{8} = 1.625, \quad \cdots$$

という具合に, 次第に $\dfrac{1+\sqrt{5}}{2}$ の小数値 1.61803… に近づいていく.

さらに, この分数をよく見ると次のような数列からなっていることがわかる.

$$1, \quad 1, \quad 2, \quad 3, \quad 5, \quad 8, \quad 13, \quad \cdots$$

この数列は, 最初の二項を加えれば第三目の項が得られる仕組みになっている.

$$1+1 = 2, \quad 1+2 = 3, \quad 2+3 = 5, \quad 5+8 = 13, \quad \cdots$$

この数列を**フィボナッチ数列**という. (フィボナッチはボナッチの息子という意味らしい. 本当の名前はピサのレオナルドというイタリア人で1170年から1180年の間の生まれらしい. いろんなところを旅して, アラビアの記数法などをヨーロッパに伝えたとのこと).

一般の数列を $\{a_n \mid n = 1, 2, 3, \cdots\}$ とするとき,

$$a_{n+2} = a_{n+1} + a_n$$

という性質を持った数列のことを**リュカ数列**と呼んでいる．黄金数の連分数から得られた数列であるフィボナッチ数列は

　　　1, 1, 2, 3, 5, 8, 13, …

は，$a_1 = 1$，$a_2 = 1$ という初項を持つリュカ数列のことである．

　フィボナッチはウサギの繁殖からこの数列を発見したと言われているが，どこにも記録は残っていないとのことである．そのほかにも雄ミツバチの家系や植物などにも多く見られるようだ．ひまわりの花の芯には種がいっぱいだが，時計回りと反時計回りの二つのらせんがあり，これらがフィボナッチなっている場合がある，よく観察してみてはいかがかな．フィボナッチ数列は黄金数からも出てくるとなると…，花が美しいのは…．

　図 17 はウサギの繁殖の図である．

　（1）　ウサギのつがいは生まれて 2 か月目に子どもを産めるようになる．
　（2）　各つがいは，毎月一つがいずつの子どもを産む．

このことがいつまでも続くと仮定するならば，ウサギの数はどのように増えていくかという問題である．図 17 からも読み取れるように

　　　1, 1, 2, 3, 5, 8, …

という具合に増えており，これは先ほど述べたフィボナッチ数列である．

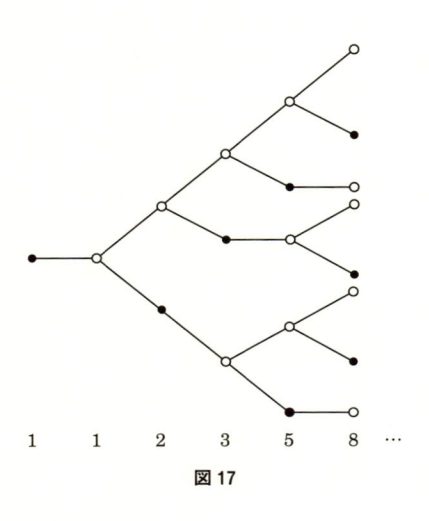

　　　1　　1　　2　　3　　5　　8　…

図 17

実は，この数列の一般項は次の形で書かれる．

$$a_n = \frac{1}{\sqrt{5}}\left[\left(\frac{1+\sqrt{5}}{2}\right)^n - \left(\frac{1-\sqrt{5}}{2}\right)^n\right] \qquad (n = 1, 2, 3, \cdots)$$

これは黄金数が絡んでいることの証拠ともいえる．

$\dfrac{1+\sqrt{5}}{2}$ と $\dfrac{1-\sqrt{5}}{2}$ は，黄金数が出てくる二次方程式 $x^2 - x - 1 = 0$ の二つの解なのだ（2.3 の(3)を参照）．フィボナッチ数列と黄金数を結び付けたこの公式は数学のもつ深さと美の表れといえよう．これを**ビネの公式**という．

ビネの公式を導いてみよう．黄金数を τ としよう．

$$\frac{1+\sqrt{5}}{2} = \tau$$

このとき，1, τ, τ^2, τ^3, … なる数列を考える．実際, τ はもともと

$$x^2 - x - 1 = 0 \qquad\qquad\qquad (**)$$

の正の解なので

$$\begin{cases} \tau \\ \tau^2 = \tau + 1 \\ \tau^3 = \tau \cdot \tau^2 = \tau^2 + \tau = 2\tau + 1 \\ \tau^4 = \tau \cdot \tau^3 = \tau^3 + \tau^2 = 3\tau + 2 \\ \tau^5 = \tau \cdot \tau^4 = \tau^4 + \tau^3 = 5\tau + 3 \\ \quad \vdots \end{cases} \qquad (A)$$

このとき，その τ の係数は $1, 1, 2, 3, 5, \cdots$ となり，先ほどのフィボナッチ数列になっている．このことから，

$$\tau^n = a_n \tau + a_{n-1} \qquad n = 2, 3, 4, \cdots \qquad (4)$$

ところで，$x^2 - x - 1 = 0$ にはもともと二つの解がある．その正の解が τ であった．

もう一つの解を τ' としよう．このとき τ' は下記のようになる．

$$\frac{1-\sqrt{5}}{2} = \tau'$$

しかし，（A）の変形で具体的な値は使っていないので，これ方程式(**)の解である τ' ついても同様のことが成り立つ．つまり，

$$\tau'^n = a_n \tau' + a_{n-1} \qquad n = 2, 3, 4, \cdots \qquad (5)$$

(4)と(5)より，

$$\tau^n - \tau'^n = a_n(\tau - \tau') \qquad n = 2, 3, 4, \cdots$$

$$\tau - \tau' = \frac{1+\sqrt{5}}{2} - \frac{1-\sqrt{5}}{2} = \sqrt{5}$$

よって,

$$a_n = \frac{1}{\sqrt{5}}(\tau^n - \tau'^n) = \frac{1}{\sqrt{5}}\left[\left(\frac{1+\sqrt{5}}{2}\right)^n - \left(\frac{1-\sqrt{5}}{2}\right)^n\right] \qquad n = 2, 3, 4, \cdots$$

$n = 1$ のとき, $a_1 = 1$, 右辺 $= \dfrac{1}{\sqrt{5}}\left[\left(\dfrac{1+\sqrt{5}}{2}\right)^1 - \left(\dfrac{1-\sqrt{5}}{2}\right)^1\right] = 1$ となり, この式は, $n = 1$ でも成り立つ.

$$a_n = \frac{1}{\sqrt{5}}\left[\left(\frac{1+\sqrt{5}}{2}\right)^n - \left(\frac{1-\sqrt{5}}{2}\right)^n\right] \qquad n = 1, 2, 3, 4, \cdots$$

これでビネの公式が得られた.

問

ビネの公式を数学的帰納法で証明せよ.

この数列を矩形を使って, 図18のように並べて長方形を作る. このときできた長方形は辺の比が黄金数に近づく長方形になる(ヴァルサー『黄金分割』(日本評論社)より).

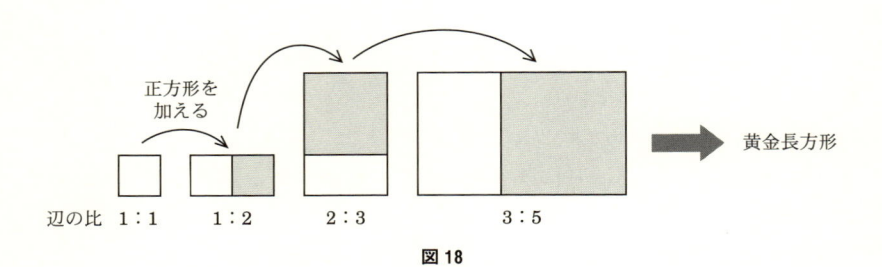

図 18

正方形からスタートして次々にできる長方形の辺の比は, 1:1, 1:2, 2:3, 3:5, 5:8, … となっている. つまり, 長方形の二辺の比は, ちょうどフィボナッチ数列の隣り合う数の比になっている. したがって, この長方形の二辺の比が次第に黄金比に近づいていき, 二辺の比が黄金比である黄金長方形に近くなっていくのである.

黄金長方形とは, 二辺の比が黄金比になっている長方形のことである.

黄金長方形についてはすでに2.1でも触れたが, それは次のようにして得

られる．長方形の長い辺を短い辺で切ると二つの矩形ができる．一方は正方形であるが，残りの矩形がもとの長方形と相似になるような長方形として得られる（図19）.

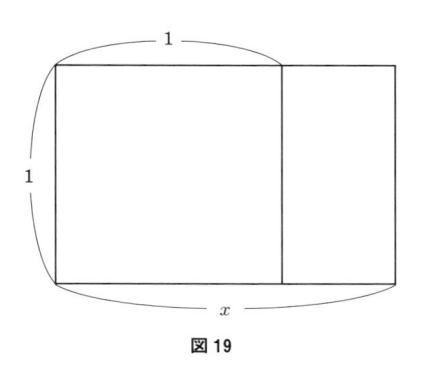

図19

　実際，短い辺を1とし，長い辺をxとして計算する．

　　$1 : x = x-1 : 1$

なので，$x^2-x-1 = 0$となり，この方程式の正の解は黄金数である．いまや，黄金長方形は巷に溢れている．クレジットカード，名刺，iPod などはその例である．

2.5●黄金数から身体モデュロールへ

　いま述べたことは，古い時代から美しさの指標として黄金数が重要であり，今日まで継承されていることのいい例である．古い時代の身体の計測については冒頭で紹介したが，そのことも継承されている．

　近代フランスの建築家のル・コルビュジエ（1887—1965）は生涯にわたって好ましい比率を求め続けた人といわれている．建築家や造形家にとって美を生み出す比は重要で，とりわけ身体モデュロールは建築のために欠かせないもののようだ．

　ル・コルビュジエは，図20のように人が手を挙げた姿勢で，その身長をもとにフィボナッチ数列をなす指標を作ったと言われている．赤と青の二系列あるが，公比は黄金数である．

　　赤：4, 6, 10, 16, 27, 43, 70, 113, 183, 296

青：8, 3, 20, 33, 52, 86, <u>140</u>, 226, 366, 592

　実際，赤を見ると，70+113 = 183，113+183 = 226 となっている．しかし，これはリュカ数列といわれるもので，フィボナッチ数列そのものではない．ただ，その比は 1.61 で推移しており，黄金数が公比として作られているようだ．

　このようなことから，183 を基準にして(上記の下線部．青の基準は 140)，$183÷\tau$，$183×\tau$ とやれば，公比は τ となる．実際，$\tau = 1.61803\cdots$ なので，それを使って計算すると，$69.83\cdots, 113.1\cdots, 296.0\cdots$ となる．それらを丸めれば，70, 113, 183, 296 という数値が得られるので，このように計算していると考えられる．

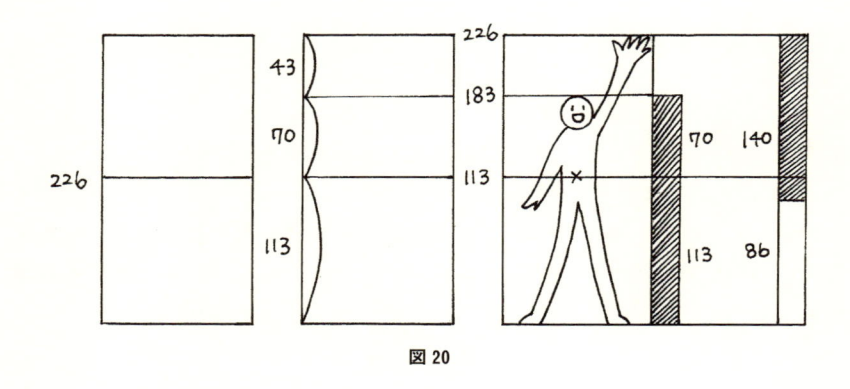

図 20

　一般にある数値 p をもとにして，$p×\tau, p×\tau^2, p×\tau^3, p×\tau^4, \cdots$ という数列を作ると 2.4 の(A)でみたように，

$$\tau^3 = \tau^2+\tau$$
$$\tau^4 = \tau^3+\tau^2$$
$$\tau^5 = \tau^4+\tau^3$$
$$\vdots$$

が成り立つので，リュカ数列が出てくる．したがって，70+113 = 183，113+183 = 226, $\cdots$ が成り立つことになるが，小数点以下をうまく丸める工夫が必要となる．

　次の図 21 もコルビュジエのものであり，それ以外の数列に出てくる数値は図 21 のように考えられており，確かに家具や室内の設計に必要なものだということがわかる．

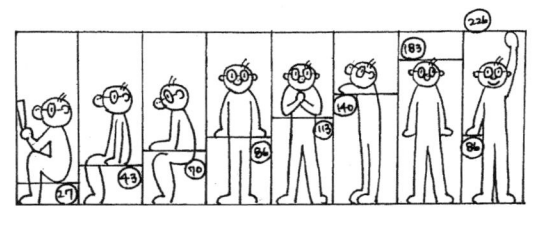

図 21

　古代ギリシャに始まったこうした人間のプロポーションを巡る考え方やそれを絵画に取り入れていかに美を創造するかといった試みが延々と続いてきたわけである．その基本には比例があり，ユークリッド『原論』を始めたとしたギリシャ数学がある．長い人間の歴史の中で，数学的な考え方が人間の文化的活動を支えてきたと言っても過言ではあるまい．

3 エッシャーになれますか
タイル装飾に挑戦

3.1●蜂の巣はなぜ正六角形

　この節では，もう一つの美についてみてみよう．

　オランダの生まれの版画家でエッシャーという人がいる．詳しくは後の節で紹介するが，だまし絵などの作品をどこかでお目にかかったことがあろう．彼は好きな絵で食べていこうと画家になり，スペイン南部へ旅をしたようだ．スペインのグラナダのアルハンブラ宮殿で観たモザイク模様に魅せられ，モザイク模様や，さまざまな反復したパターンの絵を描くことになったという．

　外国に出かけると教会の壁や古い通りなどのペーブメントに綺麗なタイル貼りが見られる．コンクリート作りが多いので，その壁を覆って綺麗に見せるということがあるかもしれないが，かなり古い時代からあるもののようである．

　ここでは簡単なタイリング（平面の敷き詰め）について考えてみよう．何と言っても正多角形が美しく見えことに異議を唱える人はそう多くはいないだろう．平凡すぎて面白くないという意見もあろうが，まずはここからはじめよう．

　さて，三角形であれば正三角形，四角形であれば正方形，五角形であれば正五角形，六角形であれば正六角形…といった具合である．ただし，簡単のために各タイルの頂点は頂点でしか会しないということにしておく．

　まずは，同じ形のタイルを敷き詰めることを考える．同じ形のタイルを平面上に隙間なく敷き詰めることができるかということである．

　一つの頂点にほかの頂点が集まり平面を埋めるのであるから，同じ角度の頂点角がいくつか集まったものが平面を埋める，つまり，$360°$ になるということである．そこで，正 n 多角形の内角の総和は，一つの頂点から両隣の辺を除いて $(n-2)$ 個の三角形に分割できるので $(n-2)×180°$ である．したがって，一つの角は

$$\{(n-2)\times180°\}\div n = \frac{n-2}{n}\times180°$$

一つの頂点に集まる正 n 角形の個数を k とすれば,

$$k\times\frac{n-2}{n}\times180° = 360°$$

$$\frac{1}{n}+\frac{1}{k} = \frac{1}{2}$$

$nk = 2n+2k$ なので, $(n-2)(k-2) = 4$ と変形できる.

最後の式の左辺は,整数同士の掛け算なので,次の三つの場合のみである.

（1） $n-2 = 1,$ $k-2 = 4,$ $n = 3,$ $k = 6$
（2） $n-2 = 2,$ $k-2 = 2,$ $n = 4,$ $k = 4$
（3） $n-2 = 4,$ $k-2 = 1,$ $n = 6,$ $k = 3$

こうして,正多角形による頂点で会する敷詰めが可能なのは,正三角形,正方形,正六角形の三種類に限ることがわかった. 実際に,これは実行できるので実現可能である. 図 1 の通りである.

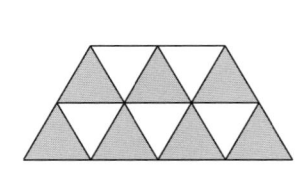 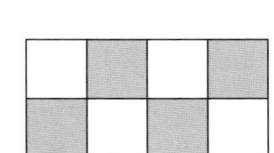 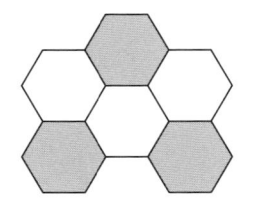

図 1

正五角形は不可能である. 実際,その一つの内角は $108°$ であり,これが頂点に三個集まりと $324°$ である. これでは足りないのでもう一個持ってくると今度は $432°$ となり,$360°$ より大きくなる.

正五角形のみではないが,次の綺麗な敷き詰め（図 2）はこの章の 4.1 節にでてくるルネッサンス期のドイツの画家であり数学者であるデューラが作ったものである. 一種類の正多角形の敷き詰めでは正六角形がもっと辺の数が多いものになる. 正六角形の敷き詰めで馴染のあるのは図 3 のような蜂の巣であろう. 蜂は平面に敷き詰められる最も広い正六角形を使っているのであ

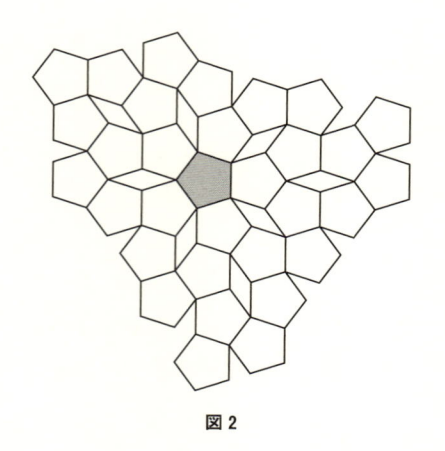

図 2

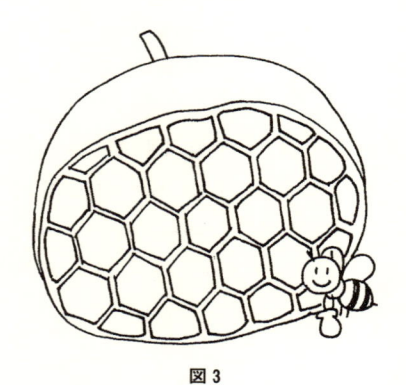

図 3

る．なぜ，蜂はこのような巣を作るのか．蜂の哲学を聞いてみたいものだ．関連のある話は第五章までお預けとしよう．

3.2●二種類以上の正多角形の敷き詰め

さて，そこで一種類ではなく，二種類以上の正多角形での敷き詰めはどうかを考えみよう．条件は，各頂点で会する状態がすべての頂点で同じであること，形は違っても辺の長さはどの多角形も同じであることとする．

いま，k 個の正多角形で敷き詰めができているとする．それらを $n_1, n_2, n_3, \cdots, n_k$ の多角形とする．それぞれの一つの内角は

$$\frac{n_i-2}{n_i}\times 180° \qquad (i = 1, 2, 3, \cdots, k)$$

これらの和が $360°$ なので,

$$\left(\sum_{i=1}^{k}\frac{n_i-2}{n_i}\right)\times 180° = 360°$$

$$\left(\sum_{i=1}^{k}\frac{n_i-2}{n_i}\right) = 2$$

$$k-\left(\frac{2}{n_1}+\frac{2}{n_2}+\frac{2}{n_3}+\cdots+\frac{2}{n_k}\right) = 2$$

$$\frac{1}{n_1}+\frac{1}{n_2}+\frac{1}{n_3}+\cdots+\frac{1}{n_k} = \frac{k-2}{2} \qquad (k \geq 3,\ \ n_i \geq 3) \qquad\qquad (*)$$

この課題は分数式 $(*)$ の解を見つけことである.$(*)$ を満たす整数 n_i と k を見つければよい.

　ところで,角度の関係から一頂点にそんなにたくさんの多角形は持ってこれないから,k には上限があることは明らかである.そこで,まず k の上限を求めてみよう.

　一番小さな図形は正三角形である.その一つの内角は $60°$ である.そうすると一つの頂点のまわりには三角形は六個しか置けない.正三角形より大きい多角形が混じっていれば,当然その数は少なくなる.したがって,k は 6 以上にはなれないことがわかる.

　また,二個はあり得ないので,$k = 3, 4, 5$ の場合を試せばよい.ただし,$(*)$ は敷き詰めのできる必要条件でしかない.したがって,$(*)$ の解が得られても,それが実現可能かどうかを別に吟味しなければならないということである.

　$k = 3$ の場合から考えてみよう.

（A）三角形を含む場合
　　（1）少なくとも一個の三角形が含まれている場合

$$\frac{1}{n_1}+\frac{1}{n_2}+\frac{1}{n_3} = \frac{1}{2} \qquad\qquad (1)$$

　　　において,$n_3 = 3$ としよう.

$$\frac{1}{n_1}+\frac{1}{n_2}+\frac{1}{3} = \frac{1}{2}, \qquad \frac{1}{n_1}+\frac{1}{n_2} = \frac{1}{6}$$

$$(n_1-6)(n_2-6) = 36$$

左辺は整数同士の掛け算である．36 は $6\times6, 3\times12, 1\times36$ なので，

$$n_1 = n_2 = 12,$$
$$n_1 = 9, \ \ n_2 = 18,$$
$$n_1 = 7, \ \ n_2 = 42$$

したがって，n_1, n_2, n_3 の組み合わせは，$12, 12, 3$ と $9, 18, 3$ と $7, 42, 3$ の三通りである．

ところが，三角形の周りに残りの二個の図形を配置することになる．辺が三個なので残りの二個が違う図形であればどちらかの多角形が多くなり，同じ多角形が隣り合ってしまうのでどの頂点でも同じような配置にすることができない．したがって，$12, 12, 3$ のみが可能な配置である．

（２）三角形が２個の含まれている場合

$$\frac{1}{n_1}+\frac{1}{3}+\frac{1}{3} = \frac{1}{2}, \qquad \frac{1}{n_1} = \frac{-1}{6}$$

なので不可能．

（３）三角形が三個の場合頂点に集まる角が $3\times60° = 180°$ なので，不可能である．

次に四角形以上が含まれている場合を考える．

（B）四角形を含む場合

（１）少なくとも一個の四角形が含まれている場合

(1)式において，$n_3 = 4$ としよう．

$$\frac{1}{n_1}+\frac{1}{n_2}+\frac{1}{4} = \frac{1}{2}, \qquad \frac{1}{n_1}+\frac{1}{n_2} = \frac{1}{4}$$
$$n_1 n_2 = 4(n_1+n_2), \qquad (n_1-4)(n_2-4) = 16$$

左辺は整数同士の掛け算である．16 は $4\times4, 2\times8, 1\times16$ なので，

$$n_1 = n_2 = 8,$$
$$n_1 = 6, \ \ n_2 = 12,$$
$$n_1 = 5, \ \ n_2 = 20$$

したがって，n_1, n_2, n_3 の組み合わせは，$8, 8, 4$ と $12, 6, 4$ と $5,$

20, 4 の三通りである.

　ところが，5, 20, 4 は実現不可能である．それは五角形は五個の辺があり，（A）の(1)と同じ理由で不可能となる．したがって，8, 8, 4 と 6, 12, 4 となる.

（2）四角形が二個以上含まれている場合

　二つの四角形で $180°$ となり，残りの多角形の一つの内角が $180°$ となり不可能である．三つの四角形では $270°$ なので不可能.

（C）五角形を含む場合

　辺が 5 つしかないので，各頂点を同じように残りの異なる多角形を並べることはできない．また，五角形を三つ並べると $360°$ にならないので不可能である.

（D）六角形を含む場合

（1）少なくとも一個の六角形が含まれている場合

　(1)式において，$n_3 = 6$ としよう.

$$\frac{1}{n_1} + \frac{1}{n_2} + \frac{1}{6} = \frac{1}{2}, \qquad \frac{1}{n_1} + \frac{1}{n_2} = \frac{1}{3}$$

$$n_1 n_2 = 3(n_1 + n_2), \qquad (n_1 - 3)(n_2 - 3) = 9$$

左辺は整数同士の掛け算である．9 は 3×3 または 1×9.

$$n_1 = n_2 = 6,$$
$$n_1 = 4, \quad n_2 = 12$$

したがって，6, 6, 6 と 4, 12, 6 となる．求めているのは異なった多角形の組み合わせなので 4, 12, 6 のみである.

（2）少なくとも二個の六角形が含まれている場合

　二つの六角形で $240°$ になり，残りは $120°$ でこれに適した多角形は六角形しかないので，6, 6, 6 の組み合わせになるが，二種類以上なのでこれはない.

（E）七角形以上を含む場合は，（A）〜（D）にでてきた組み合わせ以外は不可能であることがわかる．これは読者にお任せしよう.

以上のことより，三組の組み合わせは下記の通りとなる.

　　$\{12, 12, 3\}$, 　　$\{8, 8, 4\}$, 　　$\{6, 12, 4\}$

これに対応する敷き詰めの具体は図 4 のようになる.

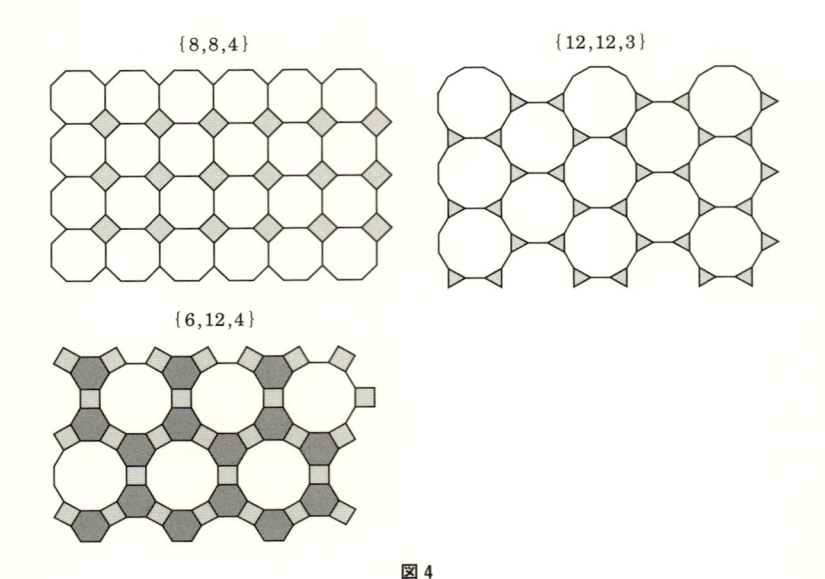

図 4

　また，$k = 4, 5$ の場合は図 5 のようになるので，読者自身で挑戦してみて欲しい．

　四つの場合は，計算上は $\{3, 3, 4, 12\}$ という組み合わせが出てくる．これは敷き詰めできるが各頂点の状態が同じという条件を満たさない．それは，三個の組み合わせの $\{6, 12, 4\}$ という敷き詰めを見てもらうと，六角形は三角形六個に分割でき，この四つの組み合わせになる．しかし，頂点の状態がこの一か所だけがほかと違うのを見て取れる．こうして，$\{3, 3, 4, 12\}$ は排除される．

　二種類以上の正多角形による各頂点の状態が同じもはこの 8 種類しかない．

　以上に見たように，二種類以上の正多角形による敷詰めはこれですべてである．もちろん，正多角形でない多角形の敷き詰めについてもその可能性は知られている．一個の凸多角形を使った場合には，

- 三角形，四角形ではどのような形でも敷き詰め可能である．
  それは内角の和が $180°, 360°$ ということから直ちにできるので，試して見られるとよい．

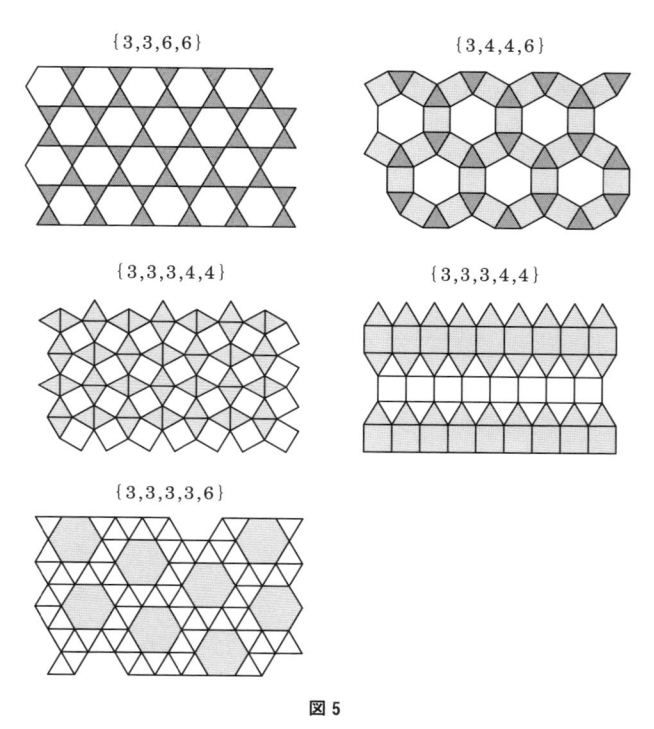

{3,3,6,6} {3,4,4,6}

{3,3,3,4,4} {3,3,3,4,4}

{3,3,3,3,6}

図 5

- 五角形になると厳しくなる.

　図 6 のような五角形が敷き詰め可能なことはすぐわかるであろう. こ

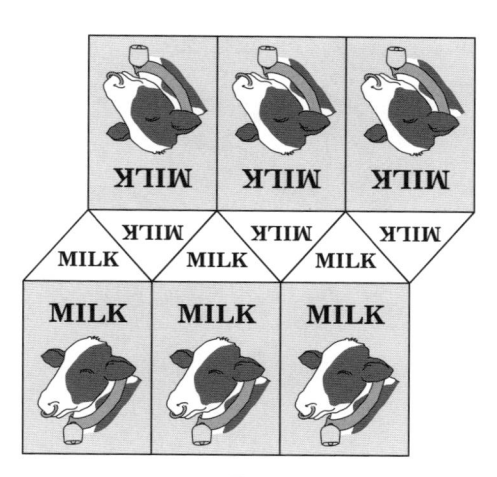

図 6

れは，ちょうど牛乳パックを横から見た形をしている．したがって，平面的に敷き詰めて運搬できるので非常に便利がよいのである．

　また，正六角形を使った敷き詰めで，正六角形を図7のように二等分すると五角形ができるので，この形の五角形も敷き詰めができる．

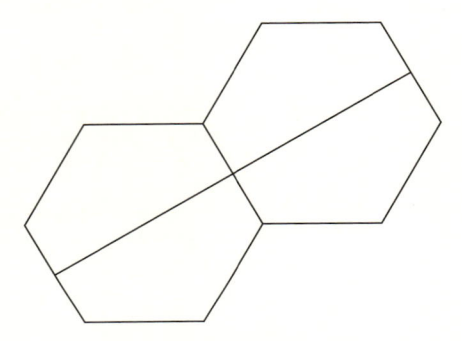

図7　五角形の敷き詰めになる

　上記のようなものも含めて，五角形では可能な敷き詰めは全部で17個の種類がある．最新のものとしては2015年に発見された（図8）．これ以上は存在しないことがすでに証明されている．

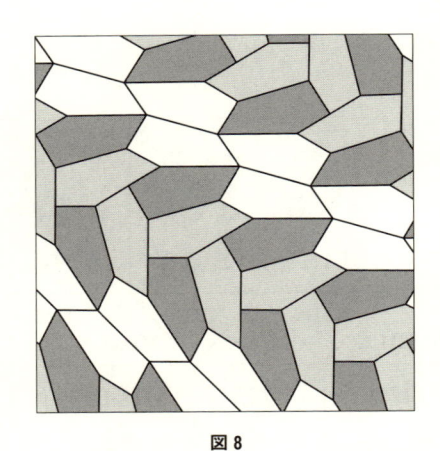

図8

● 六角形については，図9の三種類しかないことが証明されている．
　　① 　$\angle A + \angle B + \angle C = 360°$,　　　$a = d$

① 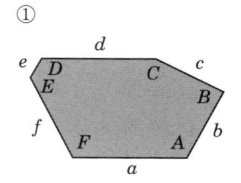 $\angle A + \angle B + \angle C = 360°$
$a = d$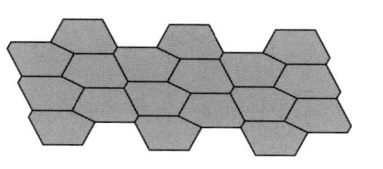

② 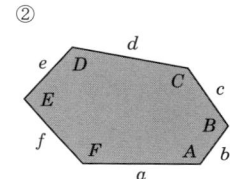 $\angle A + \angle B + \angle C = 360°$
$a = d, \ c = e$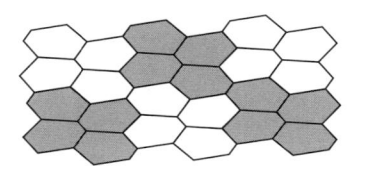

③ 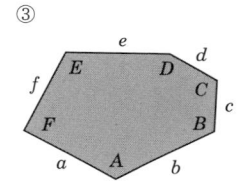 $\angle A = \angle B = \angle C = 120°$
$a = b, \ c = d, \ e = f$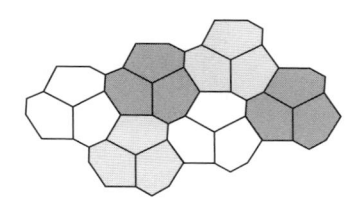

図 9

② $\quad \angle A + \angle B + \angle C = 360°, \qquad a = d, \qquad c = e$

③ $\quad \angle A = \angle B = \angle C = 120°, \qquad a = b, \qquad c = d, \qquad e = f$

● 七角形以上は不可能である.

さて，そこで少し風変わりな敷き詰めを考えてみよう.

3.3● エッシャーさんの芸術

　図 10（次ページ）はエッシャー（1898―1972）という人の絵である.

　エッシャーはオランダ生まれの画家であり，幾何学的な模様や，目の錯覚を利用した緻密な絵をたくさん残している．父親は土木技術者で，大正時代に来日し福井県の三国や長野県の松本で小学校の校舎を設計している．冒頭に触れたように，スペイン南部への旅で，モザイク模様に魅せられ，さまざまな反復したパターンの絵を描くことになったようだ.

　一方で，兄は結晶学者で，兄からもらった結晶学の本には平面を埋める理論の論文が書かれていた．エッシャーは数学的に分割して平面を埋めるという方法に衝撃を受け，「平面の正則分割」という論文を発表している．また，数学者のコクセター(1907―2003)とも親交もあったようだ．

　エッシャーが，美術学校を卒業する頃作ったとされる木版画「八つの顔」がある(図 11)．これは，当時「花びんと横顔」で反転図形の実験を行ったデンマークの心理学者エドガー・ルビンの影響を強く受けており，彼は最後まで多義性への拘りを捨てなかったことが奇抜な絵をたくさん生みだすことにもなったのであろう．

　ここではエッシャーの多義性ではなく，平面敷き詰めの天馬の絵(図 10)に注目しよう．この絵はどのように作られているのだろうか？　そのからくりは，もともと平面に敷き詰められる正方形に凹凸をつけたり，平行四辺形に模様を描き，それらに絵を描いているのである(図 12 の著者作成の(A)(B)(C)を参照，158 ページ)．この原理は簡単であるが出来上がった絵は結構インパクトがある．

図 11　八つの顔を見つけてみよう．
M. C. Escher's "Eight Heads" ©2019 The M. C. Escher Company-The Netherlands. All right reserved. www.mcescher.com

　図 10 の馬の絵もどうすればできるか，もうお分かりであろう．

　上記の(A)は正方形による単純な凹凸を付けたものであり，(B)は正方形と正五角形を組み合わせたもので，(C)はひし形に模様を描いたものである．

　知人がやっている小学生のための「チャレンジ算数教室」という講座での作品は，バラエティに富んでいた．このようなことは子どもたちの方が発想が豊かなのかも知れない．図形の勉強の中に絵を作成するということが組み込まれており，子どもたちは大変喜んでいたということである．さらに言えば，二枚以上の正多角形の敷詰めについても同じような原理を適用することで，一つの多角形でない面白い模様の敷詰めが可能になる．これは比ではなくて，別の数学的な手法で美を作るという一つの例である．数学的には平行移動や回転移動なども含まれている．

　このように，美と数学はいろんなところで結びついている．

　あなたもエッシャーに負けない自分のオリジナルを作成してはいかがですか？

（A）

 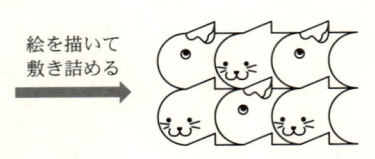

絵を描いて
敷き詰める

正方形から半円と三角形
を削って，それを外側に
ふくらませる

（B）

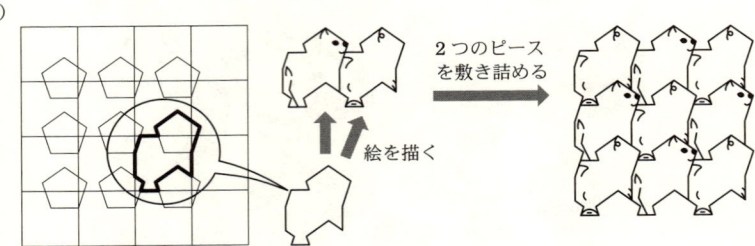

2つのピース
を敷き詰める

絵を描く

正方形の枡目に正五角形を描く

（C）

絵を描く

1つのピース（ひし形）
を回転しながら敷き
詰める

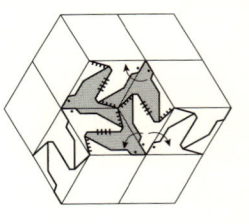

もう少し滑らかに
すると…

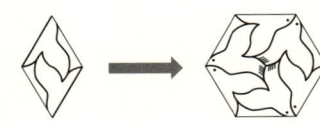

図12

158

4 美が生んだ幾何学とは

4.1●幾何学的透視法

いまでこそ立体的に絵を描くことはなんでもないが，中世までの絵画はほとんどが宗教画であり平面的であり，そのような技法はほとんど追求されなかった．しかし，ルネッサンス期を迎えて，現実世界を忠実に描く方法の模索がはじまった．その技術が透視図法といわれるもので，幾何学を応用した遠近法であった．いわゆる幾何学的透視法といわれている．

ダン・ベトウの『図形と文化』によれば，目から見えるものを円錐または角錐として捉え，それを途中に立てたキャンバス（平面）との交わりとして絵画を捉えた最初の人は，フィレンツェの建築家フィッリポ・ブルネレスキ（1377—1446）という人であるようだ．

それは一点透視図法と呼ばれるものである．

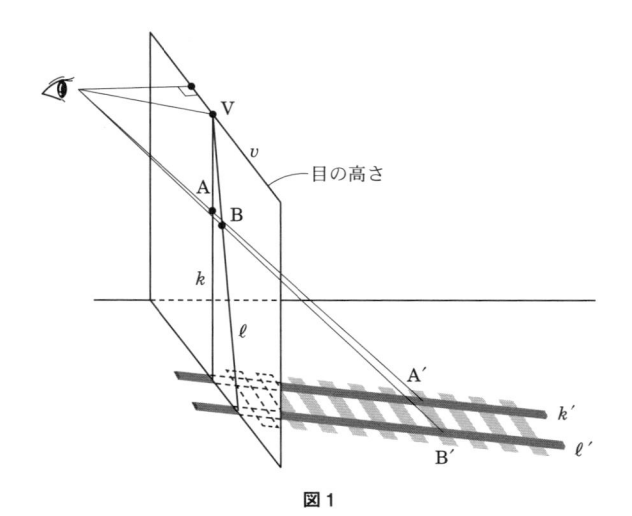

図1

図1は，直線 ℓ' がキャンバス上では ℓ として書かれ，ℓ' に平行な k' は遠くで ℓ と交わるように見えるのでキャンバス上では k として点 V で交わるように書かれている．このとき，V のことを消点という．また，V が載っている直線 v は消線という．

　実は，ユークリッドの時代に目から見えるものを円錐または角錐として捉え，それを平面で切断するという考えはあったが，それが絵画とは結びつかなかったのである．

　古代に知られている有名な円錐曲線（円，楕円，放物線，双曲線）は，円錐と平面との切断によって生じる曲線だからである（図2）．

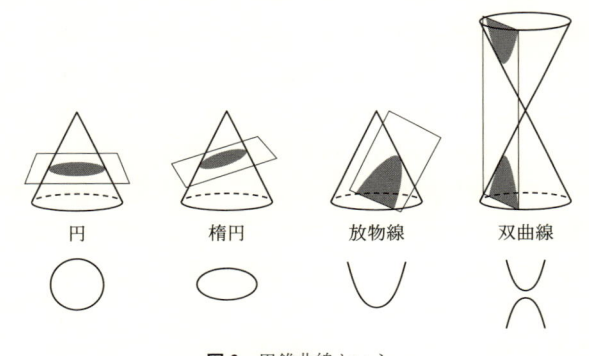

図2　円錐曲線という

　先ほどの考え方から発展して，例えば床のタイル張りを写し取るときに，画面に垂直な線，平行な線をどのように処理するのかということの処理方法が開発された．それは先ほどの消点と消線という考えである．

　図3の A は立体の底面と上面の稜線が遠くで交わるように書かれている．そうすると平面上のキャンバスに描かれた図形は立体的に見える．大雑把に言うと一点透視図法では次のようにして描かれる．

　図3の B では横にあるタイル床面を遠近感があるようにキャンバスに描く方法を示している．タイルでできる垂直方向の線は平行なので実際には交わらないが，キャンバス上では点 V 交わるように描かれる．この V をやはり消点という．さらにタイルの水平線はキャンバス上でも水平だが，斜めの平行線（対角線）はすべて点 V を通る点 W_i $(i = 1, 2)$ で交わるように描かれる．この点も消点と呼ばれ，V, W_i を通る直線は消線といわれる．この消線は，画家の目の高さの位置でキャンバスの水平線に平行である．V と W_i が

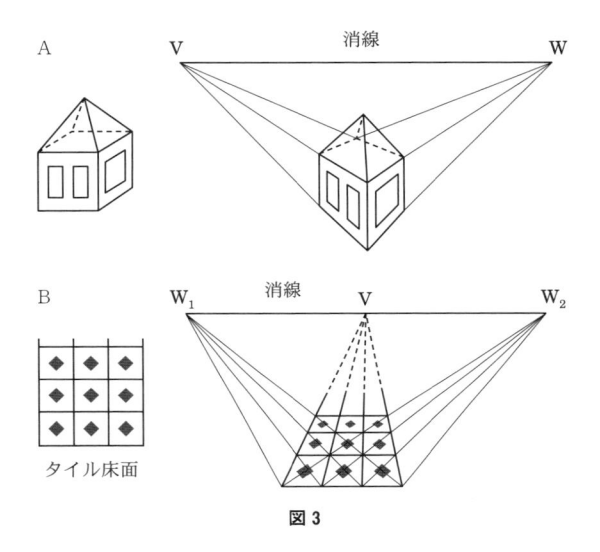

図 3

決まった後にタイルの水平線が描かれる．V は画家の真正面で目の高さにある．

　ブルネレスキの登場以降，透視法を用いた絵が描かれるようになった．アテネの学堂はラファエロによって 1500 年の初めに描かれた絵だが，遠近法が取り入れられている．

　図 4 はどこかで見られた方も多いだろう．これは，この章の最初に述べたルネッサンス期のドイツのアルブレヒト・デューラのものである．透視図法の確立に力を尽くした人である．先ほど触れたように，イタリアではブルネレスキによる透視図法が広まっていたので，デューラの独創というわけでは

図 4

ないようで，レオナルド・ダ・ヴィンチなども知っていたと言われている．しかし，当時の北ヨーロッパではまだこれらの方法が発達していなかったので先駆的だったようだ．デューラはそのための2冊の本を書いている．ダン・ペドウの書から引用するとデューラは「透視図法が絵画や建築における副次的なものとしてきめつけられる技術的な理論ではなく，発展の可能性を秘めた，数学の重要な一分野であるということを強調している」と述べている．デューラは学術的観点から新しい数学の予感を示唆していたようである．しかし，それが実現するのは200年以上の後になってからのことである．この透視図法から射影幾何学という新しい幾何学が誕生するのである．次の節は第六章の第1節とあわせて読まれることをおすすめする．

4.2●新しい幾何学の誕生──射影幾何学

モーリス・クラインは，『数学文化史（上）』の中で，人間による触覚の世界と目でみる世界は違っているから，触覚的幾何学と視覚的幾何学の二種類の幾何学があるべきであり，ユークリッド幾何学は触覚的であると述べている．それを借りれば，視覚的幾何学の誕生とでもいえよう．ユークリッド幾何学

図5 平行線は交わる？

では，平行線の公理を巡って論争が続いてきたわけである（第六章を参照）．まさにルネッサンスというエポック・メーキング的な時代が，古典に戻りユークリッド幾何学を再度学び直しながらも，現実世界を描写するという絵画の立場はあっさりと平行線を消してしまったのである．

　平行線は交わるという，つまり平行線は存在しない，という新しい世界を考えたのである．必要から生まれた措置ではあったが，新たな数学を触発したのである．

　ユークリッド幾何学は５つの公準と５つの公理かなっていた．新しい幾何学は次の公理（証明なしに認める前提）からできる幾何学のことで，**射影幾何学**と呼ばれている．ここでいう公理はユークリッド幾何学公準にあたると考えればよい．

●射影幾何学の公理 ....

（１）異なる２点を通る直線がただ一つ存在する

（２）異なる２本の直線は必ず交わる

（３）一直線上にない３点が存在する

（４）直線は少なくとも３点以上を含む

　これらの公理を満たす点と直線の集合を射影平面と呼んでいる．この平面上の幾何学のことを射影幾何学という．

　(2)は，この幾何学には平行線がないことを示している．つまり，ユークリッド幾何学での平行線は交わる．その交点を無限遠点という．これが透視図法のときの消点に対応した概念である．そして，無限遠点は一本の直線上に

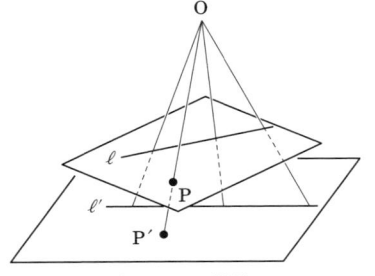
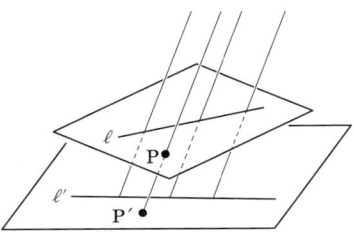

１点Ｏからの射影　　　　　　　　　　　　並行射影

図6　直線 ℓ → 直線 ℓ'，点 P → 点 P' に写される

ある．これも透視図法のときの消線に対応する概念である．

　この新しい幾何学では，射影と切断に関して不変な性質を調べようということである．その前に数学的には射影ということが定義されねばならないが，ここでは一点透視図法でも考えた普通の意味での射影を考えておけばよい（図6を参照）．

　例えば，射影することで不変な性質とは点や直線である．点や直線はそれぞれ点や直線に射影されるので不変である．この幾何学では線分の長さや面積は重要ではない．ただ，複比という直線上の四点に関する比を考えたときにそれは射影で不変に保たれる．ここでは，これ以上は深入りしないが，射影幾何学ならではのとっておきの定理を紹介しておこう．フランスの建築家であり，数学者であるデザルグ（1591—1661）の定理である．パスカルに大きな影響を与えたとされるが，評価されるのは200年もたってのことである．

●デザルグの定理

平面上で二つの三角形を考える．それを △ABC と △A′B′C′ としよう．いま，直線 AA′ と直線 BB′ と直線 CC′ が一点で交わると仮定する．このとき，直線 AB と直線 A′B′ との交点，直線 AC と直線 A′C′ との交点，直線 BC と直線 B′C′ との交点は同一直線上にある．この逆も正しい．

　実は，平面上では分かりにくいが，射影的ということを考えると簡単であ

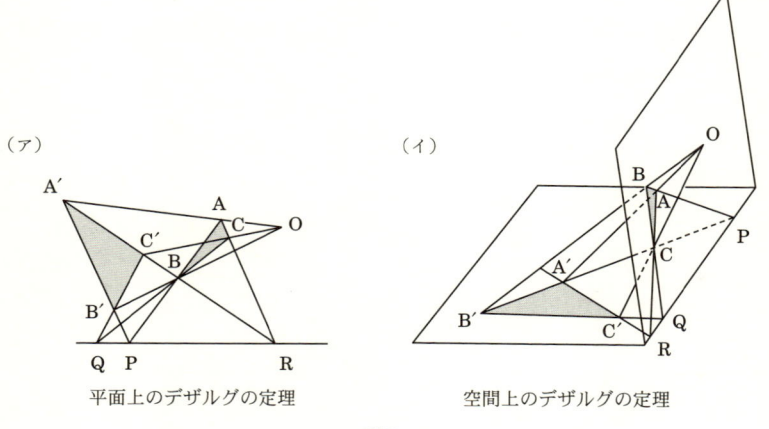

（ア）　　　　　　　　　　　　　　　（イ）

平面上のデザルグの定理　　　　　　空間上のデザルグの定理

図7

る．定理の主張そのものは明確だが，図7（ア）だと平面上にあるので分かり難いが，点Oから射影されていると見ることができれば，それはイのような関係になる．（イ）の方であれば証明するまでもなく定理の主張が成り立つことがわかる．まさに，透視図法に引き写してみればあたり前の性質である．その意味でこれは射影幾何学の象徴的な定理だといえよう．

もっとも，平面上の（ア）はユークリッド幾何学では証明できるが，先ほど述べた射影平面の公理（1）〜（4）の下での射影平面上では証明ができない．つまり，（1）〜（4）までの公理だけを仮定した射影平面上にデザルグの定理が成り立たない例をつくることができるからである．

このデザルグ影響を受けたといわれるフランスのパスカル（1623—1662）が16歳のときに発見した次の定理も射影幾何学の定理である．

●**パスカルの定理**

円に内接する六角形がある．

この時，向かい合う辺を通る直線でできる三つの交点は同一直線上にある．

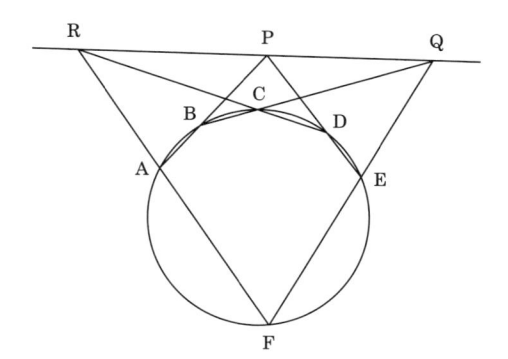

図8 パスカルの定理

もちろん，この定理は正六角形の時は向か合う辺は平行になる．これは普通の平面（つまり，ユークリッド平面）では無理だが，射影平面で考えるときには平行線は交点を持ち，その交点は一直線上にあるとしているので成立するのである．しかも，この節の冒頭に述べた円錐の頂点が目の位置で，それを平面で切断することを考えると，このパスカルの定理はこの六角形が楕円の上にあっても成立するのである．

最後に，射影幾何学に興味を持たれた方のために現代的応用も含めたおもしろい本があるので紹介しておこう．

　　佐藤　肇・一楽重雄：『幾何の魔術』(日本評論社)

第五章

面積
の章

1 角がとれれば丸くなる
多角形の面積

1.1●πをめぐる問題

　ギリシャの三大問題(第三章を参照)の一つである円積問題とは「与えられた円の面積に等しい正方形を作図せよ」というものであった．この問題に似たものとして，ユークリッド『原論』の第二巻には次のような命題が証明されている．

　●命題14 ....
　与えられた直線図形に等しい正方形をつくること．

　直線図形とは多角形を意味している．等しいとは面積が等しいという意味である．

　これができるのなら，直線図形を円に置き換えればいけるのではないかと考えても不思議はない．しかし，ここで証明されていることは，与えられた多角形の面積を持つ長方形を正方形に直すということである．つまり，そのような長方形がすでに作図されているということが出発点である．すでに

『原論』第一巻の命題 44 で与えられた三角形の作図と命題 45 では多角形と同じ面積を持つ長方形や平行四辺形の作図をしている.

いかなる多角形も面積の等しい長方形にできることを示しているが，このような操作を等積変形という. この等積変形は古代にあっても区画整理などで必要な手法だったはずで，実用的価値は大きかったと考えられる.

一方で，この時代は面積というのを二次元の量と捉えており，多角形の面積もある長方形の（辺の長さ）×（辺の長さ）として表現されていいはずと考えられていて，その主張のためにもそれを保証するこの命題 14 はきわめて重要であったと考えられる.

この観点から，円の面積も二次元の量として，それと同じ面積を持つ正方形を作れるはずだと考えたとしても不思議ではない. 作図問題ということを超えて，円積問題はどうしても解決しなければならない重要な問題の一つであったと考えられる.

与えられた円の半径を 1 とすれば，その面積は π なので，一辺が $\sqrt{\pi}$ の正方形を作図せよということである. つまり，長さ $\sqrt{\pi}$ を作図する問題である. $\sqrt{\pi}$ が作図できれば，$\sqrt{\pi} \times \sqrt{\pi}$ は作図できるので，π が作図できるということにもなる.

逆に π が作図できれば，以下のように $\sqrt{\pi}$ を作図することは可能である.

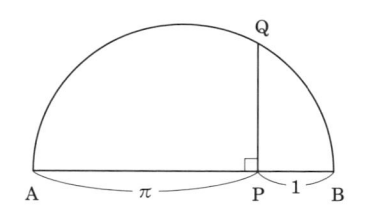

（1） 直径が $1 + \pi$ の円を描く.
（2） P で垂線を立て，円との交わりを Q とする.
このとき，$PQ = \sqrt{\pi}$ となる.

図1

問
この作図で $\sqrt{\pi}$ が得られることを示せ.

しかし第三章で述べたように，残念ながら，π は直線の方程式と円の方程式から導く出すことはできない. つまり，定木とコンパスでは作図ができな

いのである．それだけではなく，いかなる代数方程式の解にもならない．

いかなる整数係数の代数方程式の解にもならない数のことを**超越数**といちょうえっすう
う．π が超越数であることがわかったのは現代に入ってからである．そのことは 1882 年にリンデマン（1852—1939）によって証明された．その前に e の超越性がエルミート（1822—1905）により証明されており，e の場合よりさらに技巧的な方法で証明される．（e はネイピア数と呼ばれる無限小数である．$e = 2.71828\cdots$）　そこでは $e^{i\pi}+1 = 0\,(i = \sqrt{-1})$ というオイラーの公式が用いられるが，ここでその証明に触れることはやめる（第三章の 2.6 を参照）．

いずれにしても，π は作図不可能であり，円と同じ面積を持つ正方形を定木とコンパスのみで作図するのは不可能である．

ただ，命題 14 でどんな多角形も同じ面積を持つ正方形に変形できることを証明し，その一方で，円との関連でいくつかの内接多角形の作図の可能性を追求しており，内接多角形の極限として円があると考えれば，ユークリッドもこの延長上で円積問題の解決への道筋を考えていたのではないだろうか．

実際，『原論』より半世紀後のアルキメデスは，円に内接する多角形と外接する多角形で円を近似する方法で π の近似値をかなり高い精度で得ており，ユークリッドの延長上で，円積問題への解決の追求から，この近似値が得られたと考えられなくもない．もっとも，これは確たる根拠のある話ではないが…．

アルキメデスの得た π の近似値は

$$3+\frac{10}{71} = 3.140845\cdots < \pi < 3+\frac{1}{7} = 3.142857\cdots$$

である．

アルキメデスは，円に内接する正六角形と外接する正六角形から始めて，それらをさらに二等分して正十二角形，正二十四角形，正四十八角形，正九

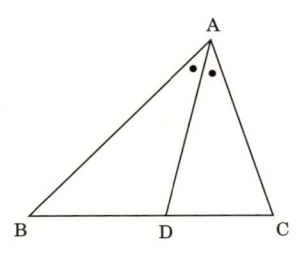

図 2　AB：AC = BD：CD

十六角形までを使って計算した.

　正六角形の1辺の長さと正十二角形の1辺の長さとの関係式を求めるのに使われるのは,『原論』の第一巻の命題 47（ピタゴラスの定理）と第六巻の命題 3（三角形の二等分線は底辺を二辺の比に分ける）である.

問
この命題 3 を証明してみよう.

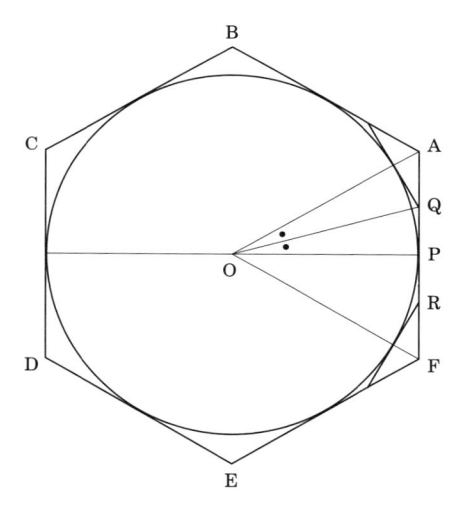

OP ＝ 半径 ＝ 1
AF ＝ 外接正六角形の一辺
QR ＝ 外接正十二角形の一辺

図 3

問
上の図 3 を手がかりとして,
（1）外接正 n 角形の1辺を a とし, 外接正 $2n$ 角形の1辺を b とするとき,

$$b = \frac{a}{\sqrt{\dfrac{a^2}{4}+1}+1}$$

となることを示してみよう.
（2）また, 内接正 n 角形の1辺を a とし, 内接正 $2n$ 角形の1辺

をりとするとき，

$$b = \frac{a}{\sqrt{\sqrt{4-a^2}+2}}$$

となることを示してみよう．

　アルキメデスのこの方法は π の計算にとって大きなインパクトを与え，この方法による π の計算が後世に受け継がれ，より精密な π の計算がなされることになった．中国の劉徽（『九章算術』）はやはり内接正六角形から始めて $\pi \sim 3.141024$ を求め，後世の祖沖之（429—500）は，$3.1415926 < \pi < 3.1415927$ を求めている．その後さらに日本の建部賢弘（1664—1739）が別の方法で π の計算に貢献していることはよく知られている通りである．

　すでに述べたように円積問題の解決は微積分が確立する後世まで持ち越されたのであるが，その解決への努力が π の計算のさまざまな方法と公式を生み出し，今日では π の計算に関してはアルキメデスとは違った方向でのさまざまな公式が得られている．

　円周率 π は無理数であることがわかっている現在，アルキメデス的方法を続けることにはもはやそれほどの価値はないかも知れないが，最も素朴ではある．いずれにしても，π を巡るいろいろな公式は π の値の求め方の合理的方法という観点から生まれたのであり，その精神が数学の発展を促したともいえる．

1.2●多角形の面積

　円積問題の解決には到達しなかったが，命題 14 にあるようにどのような多角形も面積の等しい正方形に変形できるので，面積の基本は正方形だと考えることができる．

　実際には，長方形に変形した後で正方形にするので，長方形の面積をどう表すかということが重要になろう．長方形の面積が二辺の長さの積 "縦の長さと横の長さの積" として表現できることは，面積が二次元の量としての面目である．

　もっとも『原論』には，量としての表現が出てくるわけではないので，このような表現があるわけではないが，小学校からの面積指導上では重要なこ

とだと考える.

　例えば，縦が 2 cm で横が 3 cm の長方形の面積が 2 cm×3 cm ＝ 6 cm² というのは，正方形を基本としている．それは，1 辺が 1 cm の正方形の面積を 1 cm² と定めて(これを単位の正方形と呼ぶ)，この単位の正方形の個数が 2×3 個ということである(図 4).

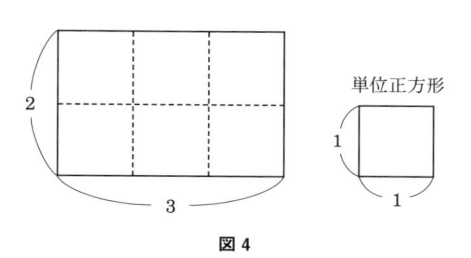

図 4

　もし，縦が $\frac{1}{4}$ cm で横が $\frac{2}{3}$ cm の長方形であれば，もともとの長方形を縦を 4 倍して横を 3 倍した長方形を考える．この長方形は縦が 1 cm で横が 2 cm であるからその面積は 1×2 cm² である．一方，その拡大された長方形はもとの長方形の 4×3 ＝ 12 倍であるから，もとの長方形の面積は拡大された長方形の $\frac{1}{4×3}$ 倍である．こうして，この長方形の面積は，$\frac{1}{4}×\frac{2}{3}$ cm² だということになり，「縦の長さ×横の長さ」で求まることになる（図 5).

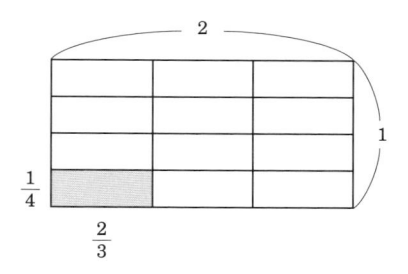

図 5

　縦と横の長さがこのような有理数ではなく，無理数であるときはどうなるか？

　それは，すでに連分数の話のところでも述べたように，無理数は有理数列の極限として求められるという性質を使わざるを得ない．

　もし，二辺が p, q という無理数であるとしても，縦が p cm で横が q cm 長

方形の面積は $p \times q$ になる．そのことは大雑把だが次のように説明される．

p, q をそれぞれ近似する有理数列 r_n, s_n を考える．第二章の連分数のところで述べたように，すべての実数は連分数で書けるのである．つまり，原理的には，このような近似分数 r_n, s_n が存在する．こうして，

$$r_n \to p, \ s_n \to q \quad (n \to \infty)$$

である．

そこで，有理数 r_n, s_n をそれぞれ縦と横とする長方形を考えたときの面積は $r_n \times s_n$ であるから，

$$r_n \times s_n \to p \times q \quad (n \to \infty)$$

というわけである．このように，一般的には極限という考え方が必要になる．

こうして，長方形の面積が「縦の長さ×横の長さ」として求まることが確立されたことになる．

これは小学校における面積授業の基本的な内容である．小学校の算数といえどもそこにはこのような極限の概念が隠されているのである．

多角形の面積の計算の式を得るには，三角形に分割して，それぞれの面積を計算して加えればいいということになるのだが，三角形の面積を求めるには命題 14 の精神に戻って，長方形なり，正方形に変形する方法を考えるわけである．

実際，小学校の教科書には，三角形の面積が $\frac{1}{2} \times$縦×横ということを図 6 の（イ）や（ロ）に変形して導いている．

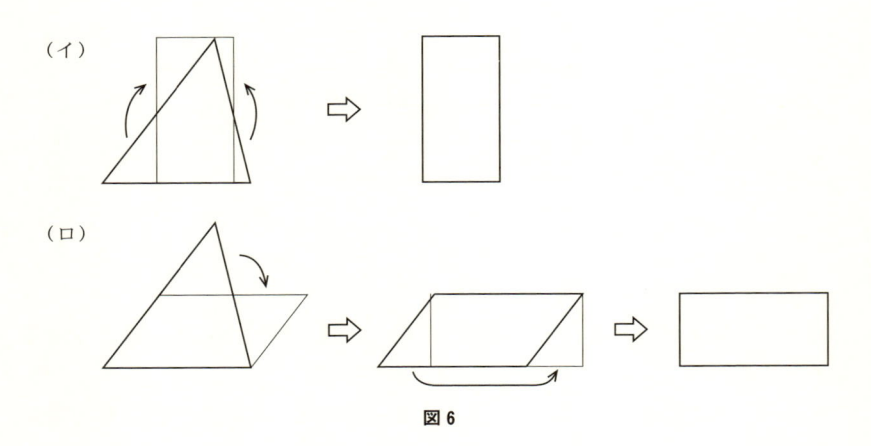

図 6

一時小学校から消えた台形の面積を求めることも長方形に変形して考えればよい（図7）.

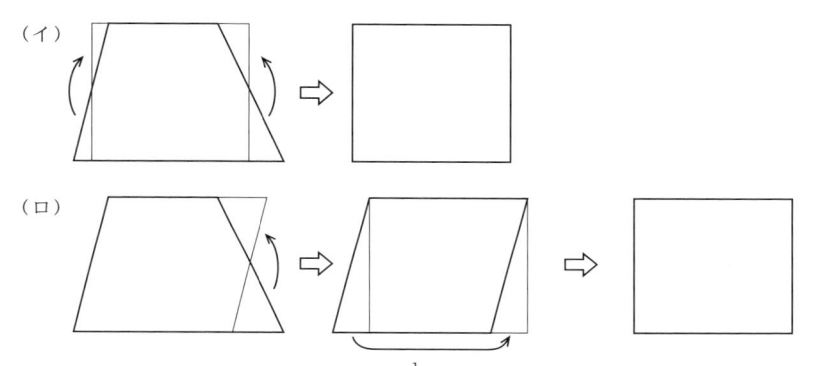

（イ）

（ロ）

図7 （イ）と（ロ）のどちらも長方形の横の長さが $\frac{1}{2}\times$（上底＋下底）であることに気づくのは難しいかもしれないが，上底，下底に具体的な数値を与えることで考えやすくはなる.

問
台形で $\frac{1}{2}$（上底＋下底）が直接出てくる変形を考えてみよう.

このような操作を考えることは，単に図形の面積を計算するだけではなく，図形的な感覚を養うためには大切である．長方形や平行四辺形への変形を考えてみるのはそれほど難しいことではないので，その操作から自分で面積の求め方を考えてみることが重要な図形認識になる.

命題14をもう少し押し進めたものに**分解合同**というのがある.

つまり，上に述べた三角形や台形の面積を求めるのに同じ面積の長方形に変形したのだが，それはもとの三角形や台形をいくつかの有限個の部分に分解して，それらを再びつなぎ合わせて面積がもとと同じである長方形を作った．このような作業のように一方の図形を分解して面積が同じ他の図形が得られたときに，この二つの図形は分解合同であると呼ばれる.

命題14は「多角形はある正方形と分解合同である」ことを示している．そこで，面積が同じ二つの多角形があるとき，この二つの多角形は分解合同かということが考えられるが，それは可能である．このことは19世紀にハンガリーの数学者ボリヤイ（第六章の非ユークリッド幾何学を考えたボリヤイ

の父親）とドイツの士官ゲルヴィンによってほとんど同時に示された．「面積が同じ多角形は，常に分解合同である」というのがボリヤイ–ケルヴィンの定理である．

命題 14 やそのもととなった命題 44 や命題 45 を逆に辿ればよさそうであるが，実は，A と B という二つの多角形があったとき，A を分解してそれをつなぎ合わせて作った長方形 C と B を分解してそれをつなぎ合わせて作った長方形 D とでは，分解の仕方が異なっている．しかし，この二つの多角形は面積が等しいので C と D は同じものであるはずだから，それぞれのつなぎあわせで得られたものを重ね合わせることでさらに細かく分解される．その細かい分解によって，お互いが移り合えるのではないかという予測はできるであろう．

> **問**
> 図 8 の面積は 5 である．図 8 と分解合同となる正方形を作ってみよう．

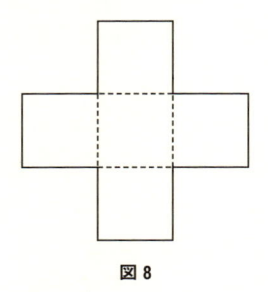

図 8

これ以外にも **補充 合同**（ほじゅうごうどう）という考え方がある．それは二つの図形が適当に同じ形の図形を有限個双方にくっつけて面積が同じであれば，もともとの二つの図形の面積は等しいというものである．これを補充合同という．ここではこれ以上は触れないでおこう．

分解合同や補充合同はパズル的な要素があり，ゲームとしてもおもしろい．第六章ではピタゴラスの定理の結果を前提とした図形の操作活動を紹介しよう．

2 塵も積もれば山となる
外見だけで中身を知る方法

2.1●外見だけで中身を知る方法とは

　小学校で面積の学習をするが，それ以降，実際に面積を測地することはほとんどない．面積に限らず，学習したことを実際に使うことが少ないためにいろいろある公式のよさがなかなかわかりにくいということがあるようだ．

　三角形の面積の公式は，底辺×高さ×$\frac{1}{2}$である．これを計算するには底辺と高さを測定する必要がある．紙の上では底辺でも高さでも求まるが，たとえば三角形の土地の真ん中に水溜りがあったらどうするかと考えてみると高さの測定は簡単ではないことがわかる．そうなるとどうするかということが問われる．高さを求める工夫もさることながら，この公式を覚えているだけでは限界があることがわかる．いろいろな面積の公式が出てくることの意味合いを実際に照らして経験することではじめて実感できることかも知れない．

　ところで周囲の長さがわかれば面積が出せる

$$S = \sqrt{s(s-a)(s-b)(s-c)}, \qquad s = \frac{a+b+c}{2}$$

ヘロンの公式というのがある．これは高さを求める必要がない．また，二辺とその間の角がわかれば，

$$S = \frac{1}{2}ab\sin\theta$$

外側だけで
中身を知る
方法がある？

177

なども有用である（三角関数については第三章を参照）.

　後ほど使うのでこの式の説明をしておこう.

　三角関数の定義より $\sin \theta = \dfrac{h}{b}$ なので $h = b \sin \theta$. 三角形の面積 S は

$$S = \frac{1}{2} \cdot ah = \frac{1}{2} a \cdot b \sin \theta = \frac{1}{2} ab \sin \theta$$

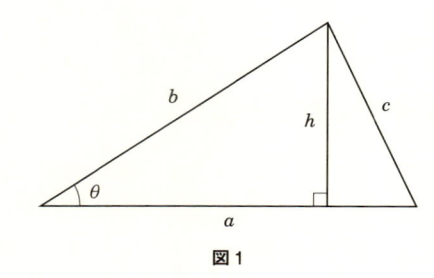

図1

　このように，同じ三角形の面積にしてもいくつも公式があり，それをただ単に覚えるだけでなく，実際に即して使い分けることを通して，その有用さを認識できるということである．加えて，公式の活用ということの意味づけをどのようにするのかが大切なことである．

　さて，そのヘロンの公式をどのようにして得るかということになると少々計算をしなければならない.

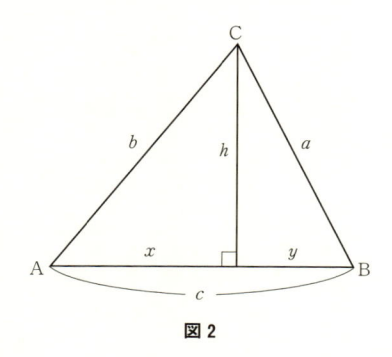

図2

　図2より

$$S = \frac{1}{2} ch$$

$$h^2 = b^2 - x^2 = a^2 - y^2 \qquad （ピタゴラスの定理）$$

$$c = x+y$$

$b^2-x^2 = a^2-y^2$ から

$$x-y = \frac{b^2-a^2}{x+y} = \frac{b^2-a^2}{c}$$

この式と $c = x+y$ より

$$x = \frac{b^2+c^2-a^2}{2c}$$

よって，

$$h^2 = \frac{4b^2c^2-(b^2+c^2-a^2)^2}{4c^2}$$

$$S = \frac{1}{2}ch = \frac{1}{2}c\sqrt{\frac{4b^2c^2-(b^2+c^2-a^2)^2}{4c^2}}$$

$$= \sqrt{\frac{1}{4}c^2 \times \frac{4b^2c^2-(b^2+c^2-a^2)^2}{4c^2}}$$

$$= \sqrt{\frac{4b^2c^2-(b^2+c^2-a^2)^2}{16}}$$

$$= \sqrt{\frac{\{2bc+(b^2+c^2-a^2)\}\{2bc-(b^2+c^2-a^2)\}}{16}}$$

$$= \sqrt{\frac{\{(b+c)^2-a^2\}\{a^2-(b-c)^2\}}{16}}$$

$$= \sqrt{\frac{(a+b+c)(-a+b+c)(a+b-c)(a-b+c)}{16}}$$

$$= \sqrt{s(s-a)(s-b)(s-c)}$$

ただし，$s = \dfrac{a+b+c}{2}$．

　この公式は，辺の長さから面積が求まるという点でお手軽である．したがって，周の長さが一定のときの面積最大の三角形の形状はこの式を使って以下のように求めることができる．

　もし，相加・相乗平均の不等式『$x \geqq 0,\ y \geqq 0,\ z \geqq 0$ のとき，

$$\frac{x+y+z}{3} \geqq \sqrt[3]{xyz}$$

（等号が成り立つのは $x = y = z$ のときに限る）』を知っていれば簡単にできる．

$$\left(\frac{x+y+z}{3}\right)^3 \geqq xyz \text{ なので,}$$

$$\left\{\frac{(s-a)+(s-b)+(s-c)}{3}\right\}^3 \geqq (s-a)(s-b)(s-c)$$

$$\left(s-\frac{a+b+c}{3}\right)^3 = \left(\frac{s}{3}\right)^3 \geqq (s-a)(s-b)(s-c) \tag{1}$$

等号が成立するのは $s-a = s-b = s-c$ のとき, すなわち

$$a = b = c$$

のときである.

　以上のことから次のように考えればよい. いま周の長さは一定なので s は一定である. そこで面積 $S = \sqrt{s(s-a)(s-b)(s-c)}$ を最大にするには $(s-a)(s-b)(s-c)$ を最大にすればよい. それは(1)の等号が成立するときであり, それは $a = b = c$ のときであり, 正三角形になる. そのときの面積は $\frac{\sqrt{3}}{4}a^2$ である (a は 1 辺の長さ).

　このように不等式を使えば簡単に導けるが, そうでないときは次のようにしてなされる.

　周が一定の三角形を考えたときに, どこかの辺を固定して, この固定辺を底辺として考えれば, その高さが最も高くなるのは二等辺三角形である. このように考えれば, どの辺から見ても二等辺三角形であることが必要である. したがって, 直感的には正三角形が一番大きくなるだろうという予想ができる.

　実際には, 周の長さ $2s \, (= a+b+c)$ を一定とすると, 上に述べたことから面積が最大となる三角形は二等辺三角形の中から探せばよく, その等辺を x とすれば, 残りの辺は $2(s-x)$ である.

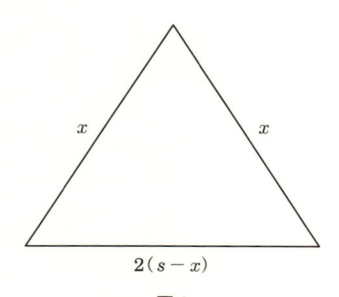

図 3

面積 $S\,(\geqq 0)$ を最大にするには S^2 を最大にすればよいから，$0 \leqq x \leqq s$ の範囲で

$$S^2 = s(s-x)(s-x)\{s-2(s-x)\}$$
$$= s(s-x)^2(2x-s)$$

を最大にする問題となる．

S^2 のグラフは次のようになる．

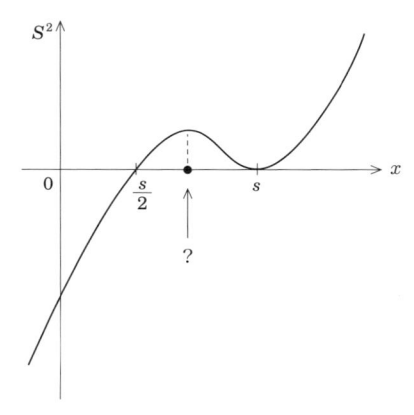

図4 $0 \leqq x \leqq s$ で S^2 が最も大きくなるのは？

> **問**
>
> S^2 が最大になるのはいつか．またそのときの面積 S を求めよ．

（微分を知らないと山に対応する x は求められないが，$x = \dfrac{2}{3}s$ のときである．）

　さて，このヘロンの公式は平方根を計算しなければならないので，ヘロンの時代の人にとっては少々やっかいだったと思われる．辺の長さが自然数でその面積も自然数であるような特別の三角形を**ヘロンの三角形**と呼ぶ．

　もちろん，このような三角形は存在する．例えば，$3, 4, 5$ の辺の長さを持つ三角形は

$$s = \frac{3+4+5}{2} = 6$$
$$S = \sqrt{6(6-3)(6-4)(6-5)} = 6$$

で，ヘロンの三角形である．

ヘロンの三角形がどれくらいあるかを探してみるのも面白いだろう.

2.2●四角形の面積公式は？

ところで，四角形の場合にも各辺の長さ，周の長さだけを知ることで計算できる面積公式が作れるかどうかを考えるのは無駄ではない．もちろん，三角形は三辺の長さが決まれば形が一意的に決まるのに対して，四角形は辺の長さだけでは形が一通りには定まらないので，面積がその長さだけからは決められないということは容易に予測がつく．したがって，ヘロンの公式のように無条件というわけにはいかないだろう．

実は，インドのブラーマグプタ(598—660)という人が次のような公式を作っている.

●ブラーマグプタの公式

四角形の辺の長さを a, b, c, d とするとき，その面積を S とすれば，

$$S = \sqrt{(s-a)(s-b)(s-c)(s-d)}$$

$$s = \frac{a+b+c+d}{2}$$

四角形の辺の長さが a, b である長方形ならば，$a = c$，$b = d$ として，

$$S = \sqrt{(s-a)(s-b)(s-c)(s-d)}$$
$$= \sqrt{(s-a)^2(s-b)^2}$$
$$= (s-a)(s-b) = b \times a$$

となり，長方形の面積に対しては正しい.

実は，この公式は等脚台形に対しても正しい.

> **問**
> 下底の長さが b，上底の長さが a，側長が c である等脚台形に対して，ブラーマグプタの公式から $S = \frac{a+b}{2}h$ を示してみよう．ただし，h は高さである．

さて，このような公式がどうして得られるかについて考えてみよう．三角関数が出てくるので少しやっかいかもしれないことを断っておく．

図5のような四辺の長さが a, b, c, d である四角形があるとしよう.

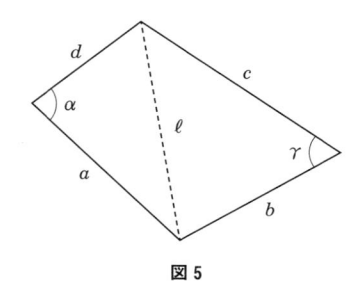

図 5

冒頭で述べた三角関数を用いた三角形の面積公式を用いれば,

$$S = \frac{1}{2} ad \sin \alpha + \frac{1}{2} bc \sin \gamma$$

から

$$2S = ad \sin \alpha + bc \sin \gamma \tag{2}$$

一方,余弦定理より(後述する)

$$\ell^2 = a^2 + d^2 - 2ad \cos \alpha = b^2 + c^2 - 2bc \cos \gamma$$

から

$$ad \cos \alpha - bc \cos \gamma = \frac{a^2 + d^2 - b^2 - c^2}{2} \tag{3}$$

(2), (3)をそれぞれ二乗して加えれば,次の式を得る.

$$S^2 = \frac{1}{16} \{4(ad + bc)^2 - (a^2 + d^2 - b^2 - c^2)^2\} - abcd \cos^2 \frac{\alpha + \gamma}{2}$$

$$= (s-a)(s-b)(s-c)(s-d) - abcd \cos^2 \frac{\alpha + \gamma}{2}$$

こうして,

$$S = \sqrt{(s-a)(s-b)(s-c)(s-c) - abcd \cos^2 \frac{\alpha + \gamma}{2}}$$

実は,これが周囲の長さを用いた四角形の面積公式である.

●註
三角関数では $(\cos \theta)^2$ のことを $\cos^2 \theta$ と表記する.

この公式の根号の中の二項目が,辺の長さを知るだけでは面積が求まらないことを示している.したがって,ブラーマグプタの公式が適用できるのは

特別な四角形のみということになる．彼自身も特別な場合にしかこの公式を適用していないようである．

問

ブラーマグプタの公式が適用できるのはどのような四角形の場合かを考えてみよう．

（ヒント：ルートの中の第二項が0になるのはいつか．）

三角形は外見から中身を測ることができるが，四角形になると外見のみで判断するは難しいということである．もっとも，面積公式は16世紀頃までは結構間違った使われ方をしたということであるから，公式の手軽さが優先されたという事情があるのかもしれない．

2.3●余弦定理

余弦定理というのを説明しておこう．直角三角形ではピタゴラスの定理というのが成り立つ．それを一般の三角形に拡張したのが，余弦定理である．決して余計な定理ではなく，使用頻度の高い定理である．

●余弦定理

図6のような三角形 ABC に対して，次の式が成り立つ．

$$a^2 = b^2 + c^2 - 2bc \cos \alpha$$

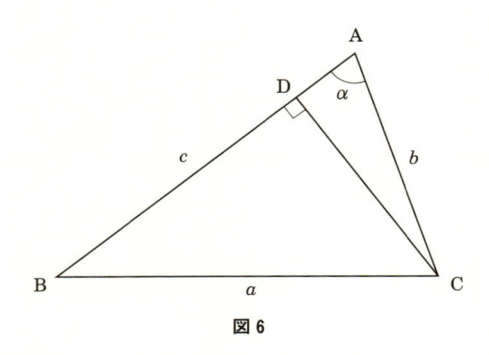

図6

C から垂線を下ろしその足を D とする．$AD = c_1$，$BD = c_2$ とする．$\triangle CBD$

184

でピタゴラスの定理より
$$a^2 = c_2^2 + \mathrm{CD}^2 \tag{4}$$
$\triangle \mathrm{ACD}$ で
$$b^2 = c_1^2 + \mathrm{CD}^2 \tag{5}$$
$\triangle \mathrm{ACB}$ で $\cos \alpha = \dfrac{c_1}{b}$ より
$$c_1 = b \cos \alpha \tag{6}$$
$c = c_1 + c_2$ より
$$c_2 = c - c_1 \tag{7}$$
$(4) - (5)$ より
$$a^2 - b^2 = c_2^2 - c_1^2 \tag{8}$$
(7) を (8) に代入すると
$$a^2 - b^2 = (c - c_1)^2 - c_1^2 = c^2 - 2cc_1 \tag{9}$$
(6) を (9) に代入すると
$$a^2 - b^2 = c^2 - 2bc \cos \alpha$$
したがって，$a^2 = b^2 + c^2 - 2bc \cos \alpha$ を得る.

いまは α を鋭角（図 6）で証明したが，α が鈍角の場合は読者におまかせしよう. 特に，$\alpha = 90°$ ならば $\cos 90° = 0$ なので，$a^2 = b^2 + c^2$ となり，ピタゴラスの定理となる. ゆえに，余弦定理はピタゴラスの定理の拡張と言われる.

2.4●アルキメデスさんのお仕事

多角形の面積を求めるには，1.2 で紹介したように長方形や正方形と分解合同であることを用いてもよいし，三角形の面積から求めることもできる. 一方，直線でないもので囲まれた図形の面積を求めるのはそう簡単ではない

が，アルキメデスは放物線（二次関数 $y = ax^2 + bx + c$ で表される曲線）と直線とで囲まれた部分の面積を求めている．面積を求める方法を求積というが，求積法はかなり古くからある．今日的な積分（面積を計算する方法）の概念はニュートン以降であるが，積分の考えそのものは古い．

アルキメデスの面積の計算は**取り尽くし法**と呼ばれるものである．放物線の性質を巧みに使っているので，他の方法への応用はできないが，そのアイデアを紹介しておこう．

放物線 $y = \dfrac{1}{4}x^2$ とこれを切り取る直線 L を考えてみよう．

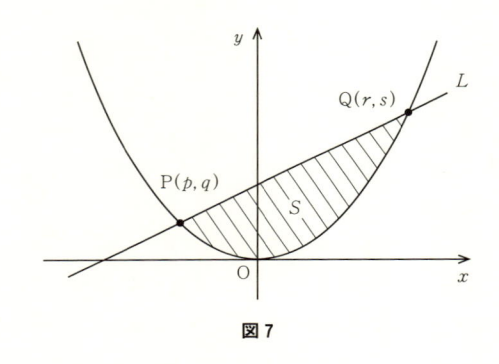

図 7

$P(p, q), Q(r, s)$ は，直線 L と放物線との交点とする．

目的は，直線 L と放物線で囲まれた部分の面積 S（図 7 の斜線部）を求めることである．

線分 PQ の中点を M として，点 P, Q での放物線への接線を考えてその交点を T とし，線分 MT と放物線の交点を R とする．R は線分 MT の中点となる（図 8）．

このとき，

$$\triangle PQR = \frac{1}{2}\triangle PQT \tag{10}$$

である．

$\triangle PQR = \Omega$ としておこう．

ここで，点 R でこの放物線への接線を引くとこれは直線 L と平行になる．

この接線と線分 PT との交点を P_1，QT との交点を Q_1 とすると R が MT の中点であることから，P_1, Q_1 もそれぞれ中点となる．したがって，

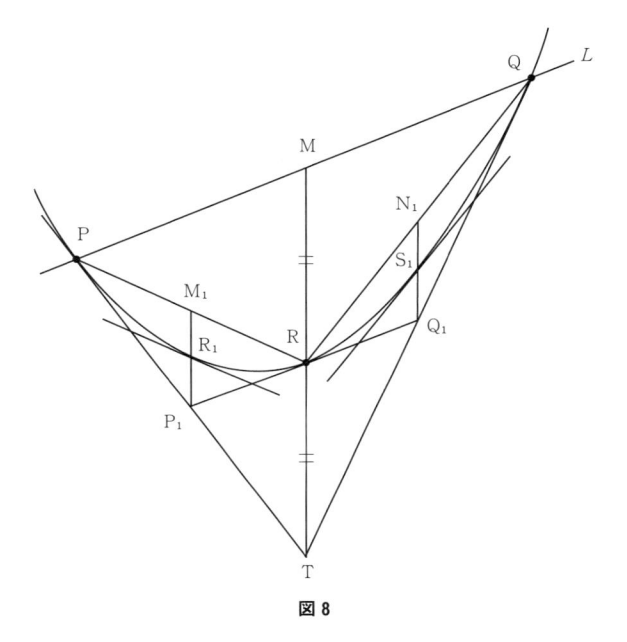

図 8

$$\triangle PRP_1 = \frac{1}{2}\triangle PRT = \frac{1}{2}\triangle PRM = \frac{1}{2}\times\frac{1}{2}\triangle PRQ = \frac{1}{4}\Omega$$

となる．同様にして

$$\triangle QRQ_1 = \frac{1}{2}\triangle QRT = \frac{1}{4}\Omega$$

となる．

　線分 PR, QR の中点をそれぞれ M_1, N_1 とし，線分 M_1P_1, N_1Q_1 と放物線の交点をそれぞれ R_1, S_1 とする．そうすると(10)と同様の関係がいえるので

$$\triangle PR_1R = \frac{1}{2}\triangle PRP_1 = \frac{1}{8}\Omega$$

$$\triangle QS_1R = \frac{1}{2}\triangle QRQ_1 = \frac{1}{8}\Omega$$

よって，

$$\triangle PR_1R + \triangle QS_1R = \frac{1}{4}\Omega$$

となる．したがって，

$$\triangle PQR + \triangle PR_1R + \triangle QS_1R = \Omega + \frac{1}{4}\Omega$$

となる.

最初に求めたかった図形をこのように三角形を切り出す方法で埋め尽くしていけるのではないかと考えることができる. これが取尽くし法と呼ばれる所以である. つまり, $\Omega+\dfrac{1}{4}\Omega+\dfrac{1}{4^2}\Omega+\cdots \to S$ となるであろうということである.

$$\Omega+\frac{1}{4}\Omega+\frac{1}{4^2}\Omega+\cdots = \Omega\left(1+\frac{1}{4}+\frac{1}{4^2}+\cdots\right) = \Omega\times\frac{1}{1-\dfrac{1}{4}} = \frac{4}{3}\Omega$$

こうして, $S=\dfrac{4}{3}\Omega$ になるというのがアルキメデスの得た結論である.

もちろん, 現代流に述べたわけだが, 当時は極限の考えはないのでそれを乗り越える考えが必要であった. 決してやさしいということではないが, 大雑把に述べてみよう. 理論的なことはいいよ, という読者はスルーしよう.

$$\Omega+\frac{1}{4}\Omega+\frac{1}{4^2}\Omega+\cdots+\frac{1}{4^k}\Omega = T_k \qquad (k\geqq 0)$$

とおこう.

これは等比数列の有限和であるから, $T_k-\dfrac{1}{4}T_k$ を計算すると $T_k-\dfrac{1}{4}T_k = \Omega-\dfrac{1}{4^{k+1}}\Omega$ より

$$T_k = \frac{4}{3}\Omega\left(1-\frac{1}{4^{k+1}}\right)$$

となる. このとき, 取尽くし法における T_k の意味を考えれば, どんな k に対しても $T_k<S$ である. 一方で

$$T_k = \frac{4}{3}\Omega\left(1-\frac{1}{4^{k+1}}\right) < \frac{4}{3}\Omega$$

なので, S と $\dfrac{4}{3}\Omega$ の大小関係がどうなるかが問題である. どんな k に対しても $T_k<S$ なので,

$$\frac{4}{3}\Omega-T_k \geqq \frac{4}{3}\Omega-S \tag{11}$$

が成り立つ. そこで $\dfrac{4}{3}\Omega-S>0$, つまり, $S<\dfrac{4}{3}\Omega$ としてみよう.

$\dfrac{4}{3}\Omega-T_k = \dfrac{4}{3}\Omega\times\dfrac{1}{4^{k+1}}$ なので, k を大きくすればこれはいくらでも小さくなるから, 一定値 $\dfrac{4}{3}\Omega-S$ よりも小さくできる. これは(11)に矛盾している. こうして, $\dfrac{4}{3}\Omega-S\leqq 0$ となる.

さらに, $\dfrac{4}{3}\Omega-S<0$, つまり, $S>\dfrac{4}{3}\Omega$ としよう.

どんな k に対しても $T_k < \dfrac{4}{3}\Omega < S$ であるから

$$S - \dfrac{4}{3}\Omega < S - T_k \tag{12}$$

であるが，図 8 をみると $\triangle\mathrm{PQR} <$ 台形 $\mathrm{PP_1Q_1Q}$ であり，$\mathrm{PQ}/\!/\mathrm{P_1Q_1}$ である.

この操作を限りなく続ければ，残りの面積から三角形を切り出す平行線の幅は次第に狭まり，平行線に挟まれた台形の面積はいくらでも小さくなり，k を大きくすれば $S - T_k$ はいくらでも小さくなる.

実際 T_k を見れば

$$S - T_k > S - T_{k+1} > S - T_{k+2} > \cdots$$

が成り立つ．したがって，十分大きな k を考えれば，$S - T_k$ は一定値 $S - \dfrac{4}{3}\Omega$ より小さくなり，(12)式に矛盾するというわけである.

よって，$S < \dfrac{4}{3}\Omega$ でも $S > \dfrac{4}{3}\Omega$ でもありえないので，$S = \dfrac{4}{3}\Omega$ となる.

こうして，アルキメデスは直線と放物線で囲まれる部分の面積を三角形の面積から求めることに成功したのである.

ここでの説明は厳密ではなく感覚に訴えているのだが，実は，ここには**アルキメデスの公理**と呼ばれるものが隠されている．それは，任意の正の数 A, B に対して，適当な自然数をとれば $nA > B$ とできるというものである.

無限や極限の話になるとどうしても実数の性質を使わなければ厳密な議論はできない．こうして，アルキメデスの先見的な仕事は，その厳密性を保証するとなると 19 世紀まで待たなければならなかった.

3 数学的感覚を育てよう
曲線で囲まれる面積

3.1●円の面積を考える

前節で，アルキメデスによる面積の求め方の取り尽くし法を紹介したが，曲線で囲まれた部分の面積を求めるにはやはり何らかの矩形で近似するしかない．

例えば，円の面積の求め方などがそうである．図1のように六個の三角形を考えれば，

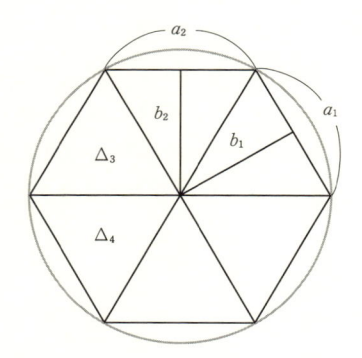

図1 $a_1 = a_2 = \cdots = a_6, \ \ b_1 = b_2 = \cdots = b_6$

その面積 S_6 は，$S_6 = \triangle_1 + \triangle_2 + \triangle_3 + \triangle_4 + \triangle_5 + \triangle_6$ である．いま，そのときの底辺と高さを a_6, b_6 とすれば，

$$\triangle_1 = \triangle_2 = \cdots = \triangle_6 = \frac{1}{2} a_6 b_6$$

なので，

$$S_6 = \frac{1}{2}(6a_6) b_6 = \frac{1}{2} \times 6 a_6 b_6$$

三角形をさらに細かくして，その個数を2倍の十二個にすれば，その面積 S_{12}

は

$$S_{12} = \frac{1}{2} \times 12 a_{12} b_{12}$$

である.

いま，この三角形の数を倍々に増やしていけば，その周の長さは次第に円周 $2\pi r$ に近くなっていき，高さは次第に半径 r に近くなっていくであろう．つまり，$n \to \infty$ とすれば $na_n \to 2\pi r$，$b_n \to r$ となるので

$$S_n = \frac{1}{2} \times na_n b_n \to S = \frac{1}{2} \times 2\pi r \times r = \pi r^2$$

となり，その面積は

　　(円周の半分)×(半径)

になるだろうという予測が立つ．

小学校では，扇形を次のように切り取って平行四辺形に近い形にして，扇形が細かくなれば長方形になるという方法を用いている．

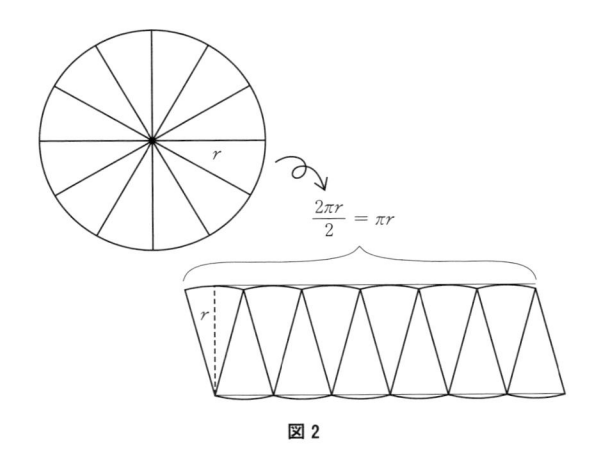

図 2

このように直感的な予測が必要である．

小学校の扇形を用いる方法と三角形を用いる方法を比べると後者は数式を伴って考察できるという点で中学生以上には納得がしやすいであろう．もっとも，これらの直感的な方法は，あくまでこの公式を予測するための方法であり，本当にそれで正しいかどうかは，別途証明が必要な事柄である．

実際に証明をするには，証明をせずに認める部分(定義や公理)がどうしても必要になる．

面積に関しては，**実数の連続性**（じっすう れんぞくせい）と呼ばれる公理（証明なしに認める前提）を必要とし，無限を乗り越える論法とそれを処理する極限という概念がどうしても必要である．前節で述べた「取り尽し法」や「アルキメデスの公理」は実数の性質から出てくる．本書ではこれ以上は立ち入らないが，機会をみてどこかで調べてみられることをおすすめする．

いずれにしても直感的な方法で結論が得られていたから，その正しさの証明という段階に進めたのであろう．

その意味で，直感的な方法をみがくことはとても大切である．

3.2●放物線で囲まれた面積とその応用

デカルト以降は，座標幾何学の導入と微積分の発達により，曲線で囲まれた面積の計算は飛躍的に楽になった．

以降では，積分の考え方が出てくる．最後の方に積分記号（インテグラル）が出てくるので，なじみのない方には少し難しいかも知れないことを断っておくが，そのような記号だと理解していただければよい．

放物線 $y = f(x) = kx^2$ と x 軸と $x = \alpha$ で囲まれた部分の面積について考えてみよう．

いちばん粗いやり方は三角形の面積で近似することである．ただし，これでは α が 0 に近いときはよいが，そうでないときは誤差が大きい．

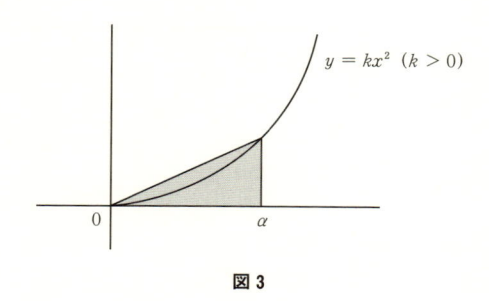

図3

そこで，その幅を小さくして台形で近似するという方法が考えられる（図4）．

$0, \alpha$ 間を n 等分して，それぞれの台形の面積を求めてその和を考える．

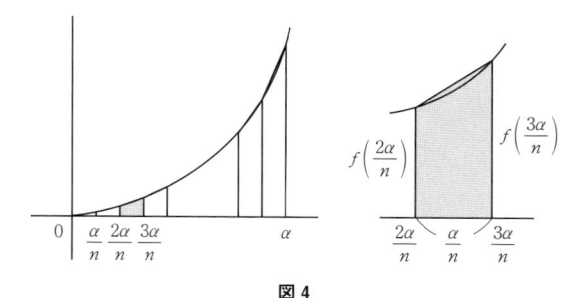

図 4

$$\frac{1}{2}\frac{\alpha}{n}f\left(\frac{\alpha}{n}\right), \quad \frac{1}{2}\frac{\alpha}{n}\left\{f\left(\frac{\alpha}{n}\right)+f\left(\frac{2\alpha}{n}\right)\right\},$$

$$\frac{1}{2}\frac{\alpha}{n}\left\{f\left(\frac{2\alpha}{n}\right)+f\left(\frac{3\alpha}{n}\right)\right\}, \quad \cdots, \quad \frac{1}{2}\frac{\alpha}{n}\left\{f\left(\frac{(n-1)\alpha}{n}\right)+f(\alpha)\right\}$$

これらの和を D_n とすると

$$D_n = \frac{1}{2}\frac{\alpha}{n}\left\{2f\left(\frac{\alpha}{n}\right)+2f\left(\frac{2\alpha}{n}\right)+2f\left(\frac{3\alpha}{n}\right)+\cdots+2f\left(\frac{(n-1)\alpha}{n}\right)+f(\alpha)\right\}$$

$$= \frac{\alpha}{n}\left\{\frac{k\alpha^2}{n^2}+\frac{4k\alpha^2}{n^2}+\frac{9k\alpha^2}{n^2}+\cdots+\frac{(n-1)^2k\alpha^2}{n^2}\right\}+\frac{k\alpha^3}{2n}$$

$$= \frac{k\alpha^3}{n^3}\{1^2+2^2+3^2+\cdots+(n-1)^2\}+\frac{k\alpha^3}{2n}$$

となる.

$$1^2+2^2+3^2+\cdots+(n-1)^2 = \frac{(n-1)n(2n-1)}{6} \tag{1}$$

なので,

$$D_n = \frac{k\alpha^3}{n^3}\frac{(n-1)n(2n-1)}{6}+\frac{k\alpha^3}{2n}$$

$$= \frac{k\alpha^3}{6}\left(1-\frac{1}{n}\right)\left(2-\frac{1}{n}\right)+\frac{1}{2n}k\alpha^3$$

となる.

　円と同じように等分する個数を増やすことで求める面積 S が出せるはずだと考える. つまり, 間隔 $\frac{\alpha}{n}$ をその半分にすると $2n$ 等分される. さらにそれを半分にすれば, $4n$ 等分される. こうして, 小さくしていけば, その台形は<ruby>弧台形<rt>こだいけい</rt></ruby>の面積に近づくであろうと信じるのである. そうすれば, $\frac{1}{n}$ は非常に小さくなり 0 に近づく, また $\frac{1}{2n}$ も 0 に近づくので,

193

$$D_n = \frac{k\alpha^3}{6}\left(1-\frac{1}{n}\right)\left(2-\frac{1}{n}\right) + \frac{1}{2n}k\alpha^3 \to k\frac{\alpha^3}{3}$$

となるであろう．一方

$$D_n > D_{2n} > D_{4n} > \cdots \to S$$

と考えられる．

　したがって，放物線 $y = f(x) = kx^2$ と x 軸と $x = \alpha$ で囲まれた部分の面積 S は，$k\dfrac{\alpha^3}{3}$ であろうと推測される．これで正しいという確信は得られないので，次にこれを内側から囲んで同じような考察をする．今度は長方形を用いて考える．

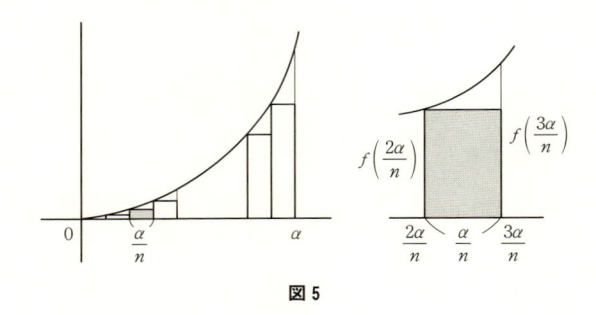

図5

$$\frac{\alpha}{n}f\left(\frac{\alpha}{n}\right), \quad \frac{\alpha}{n}f\left(\frac{2\alpha}{n}\right), \quad \frac{\alpha}{n}f\left(\frac{3\alpha}{n}\right), \quad \cdots, \quad \frac{\alpha}{n}f\left(\frac{(n-1)\alpha}{n}\right)$$

これらの長方形の面積の和を E_n とすれば，

$$\begin{aligned}
E_n &= \frac{\alpha}{n}\left\{ f\left(\frac{\alpha}{n}\right) + f\left(\frac{2\alpha}{n}\right) + f\left(\frac{3\alpha}{n}\right) + \cdots + f\left(\frac{(n-1)\alpha}{n}\right)\right\} \\
&= \frac{\alpha}{n}\left\{ \frac{k\alpha^2}{n^2} + \frac{4k\alpha^2}{n^2} + \frac{9k\alpha^2}{n^2} + \cdots + \frac{(n-1)^2k\alpha^2}{n^2}\right\} \\
&= \frac{k\alpha^3}{n^3}\{1^2+2^2+3^2+\cdots+(n-1)^2\} \\
&= \frac{k\alpha^3}{n^3}\frac{(n-1)n(2n-1)}{6} \\
&= \frac{k\alpha^3}{6}\left(1-\frac{1}{n}\right)\left(2-\frac{1}{n}\right)
\end{aligned}$$

　先ほど同じように考えて，n を $2n, 4n, \cdots$ と増やしていけば，その長方形は弧台形の面積に近づくであろうと信じるのである．$\dfrac{1}{n}$ は非常に小さくなり 0 に近づくので，

$$E_n = \frac{k\alpha^3}{6}\left(1 - \frac{1}{n}\right)\left(2 - \frac{1}{n}\right) \to k\frac{\alpha^3}{3}$$

$E_n < E_{2n} < E_{4n} < \cdots \to S$ と考えられる．したがって，

$$D_n > D_{2n} > D_{4n} > \cdots > S > \cdots > E_{4n} > E_{2n} > E_n$$

となり，D_n も E_n も，n を $2n, 4n, \cdots$ と増やしていけば $k\frac{\alpha^3}{3}$ に近づいていくので，$S = k\frac{\alpha^3}{3}$ と考えていいだろうということになる．

このように，曲線（放物線）で囲まれた面積というのは計算可能な図形である台形や長方形で近似して，それを寄せ集めたものとして考えていけば求められるということである．

> **問**
>
> (1)式が正しいことを数学的帰納法で示してみよう．

極限を取るという操作や無限級数の和が必要になるが，厳密なことを抜きにすれば十分に理解できるであろう（厳密な議論をするための積分論という分野がある）．このような近似的な操作で曲線に囲まれた面積が計算できるのだということを知ることは大切である．この考え方はいろいろと応用が利くからである．

これを記号的に

$$S = \int_0^\alpha kx^2 dx = k\frac{\alpha^3}{3} \tag{2}$$

と書く，曲線 $y = f(x) = kx^2$ の $x = 0$ から $x = \alpha$ までの**定積分**（ていせきぶん）と呼んでいる．

この S を上下に伸ばしたような記号は**積分記号**（せきぶんきごう）と呼ばれ，和（summation）の S から来ている．その上下の記号は**積分範囲**（せきぶんはんい）（面積を求める変数 x の範囲）を示している．その次にくるのは曲線の式である．

dx はわかりにくいが，区間 $x = 0$ から $x = \alpha$ を n 等分したときの小さい区間 $\frac{\alpha}{n} = dx$ を示していると考えれば，$kx^2 dx = f(x)dx$ は $f\left(\frac{\alpha}{n}\right)\frac{\alpha}{n}$ と考えることができて，近似で考えた長方形や台形の面積に対応していると考えることができる．

図 5 のように長方形を $x = 0$ から $x = \alpha$ まで寄せ集めて近似することで面積が求まるので，(2)のような記号を使うと考えればよい．$\int_0^\alpha$ はそれらは 0 から α まで足し算するということである．

次に，直線 $L : y = ax + b$ と x 軸と $x = \alpha$, $x = \beta\,(\alpha < \beta)$ とで囲まれた部分の面積 S_L を求めるには，台形の面積の公式を使えば

$$\frac{(\beta - \alpha)\{a(\alpha + \beta) + 2b\}}{2}$$

となる．

この公式は，区間 $x = \alpha$ から $x = \beta$ を放物線のときのように，n 等分して細かい長方形を足し合わせる方法で内側と外側から近似しても同じ結果が得られる．

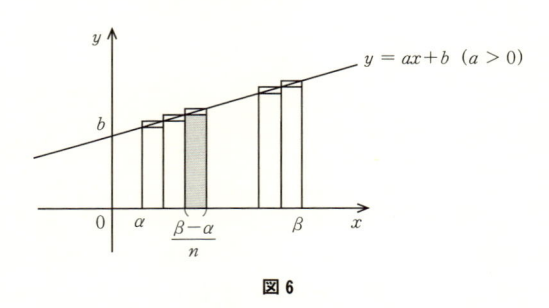

図6

問

いま述べたことを実行して，次のことを示してみよう．

$$S_L = \int_\alpha^\beta (ax + b)\,dx$$

$$= \left(\frac{1}{2}a\beta^2 + b\beta\right) - \left(\frac{1}{2}a\alpha^2 + b\alpha\right) = \frac{(\beta - \alpha)\{a(\alpha + \beta) + 2b\}}{2}$$

このことから，$x = \alpha = 0$ ならば，

$$S_L = \int_0^\beta (ax + b)\,dx = \frac{1}{2}a\beta^2 + b\beta \tag{3}$$

となり，図7の三角形と長方形の面積の和に対応していることがわかる．

また，放物線 $C : y = kx^2$ と x 軸と $x = \alpha$, $x = \beta\,(\alpha < \beta)$ とで囲まれた部分の面積 S_C は，$x = 0$ から $x = \alpha\,(0 < \alpha)$ までの積分を S_α，$x = 0$ から $x = \beta\,(0 < \beta)$ までの積分を S_β とすれば，$S_C = S_\beta - S_\alpha$ で求められるから，(2)により

196

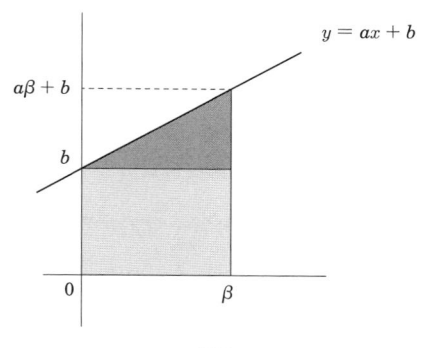

図 7

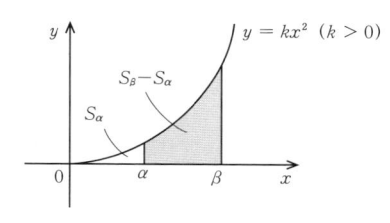

図 8

$$S_C = \int_\alpha^\beta kx^2 dx = \frac{1}{3}k(\beta^3 - \alpha^3) \tag{4}$$

となる(図8).

一般に,放物線 $y = f(x) = ax^2 + bx + c$ と x 軸と $x = \alpha$, $x = \beta\,(\alpha < \beta)$ で囲まれた部分の面積 S は次のようになる.ただし,$x = \alpha$ から $x = \beta$ の間は $y \geqq 0$ とする.

$$\begin{aligned} S &= \int_\alpha^\beta (ax^2 + bx + c)\,dx \\ &= \frac{1}{3}a(\beta^3 - \alpha^3) + \frac{1}{2}b(\beta^2 - \alpha^2) + c(\beta - \alpha) \end{aligned} \tag{5}$$

また,直線 L と放物線 C とで囲まれた部分の面積は,(3),(4)を使うことでアルキメデスのように三角形を介さなくても直接に求まり,今日的には簡単なことである.

しかしながら,現実の問題に関しては,その図形を示す式が明確な形で与えられているとは限らない.したがって,何らかの近似的な方法が必要にな

る.

　それを次に考えてみよう.

3.3●放物線で近似する面積の計算方法

　これまでに述べた方法は曲線を三角形や台形の和で近似する方法であった.しかし,その曲線の式がわかっていない場合にはどうやって具体的な面積を計算するのかということが問題になる.

　ここでは,この放物線を使って面積を求めるという方法を紹介しておこう.図9のような面積を求めるには,次のようにして放物線でやればよい.

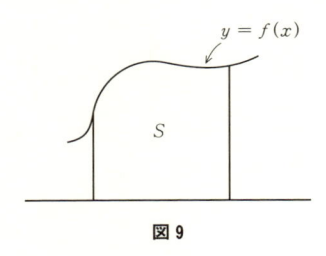

図9

　やはり,x軸をn等分して考えてみるのは変わらないのだが,今度は三角形ではなく**放物線台形**で近似しようというわけである.曲線の式がわかっているわけではないが,多項式の近似からみれば二次の式(つまり放物線)で近似するということになる.

　この図形を示す関数が$y = f(x)$であったとしよう.もちろん$f(x)$の具体的な式はわからない.

　図9のような面積Sは,ほぼ次のようにして求められるというものである.

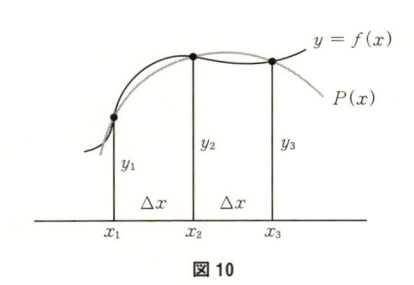

図10

例えば図 10 のように三点 $x = x_1,\ x = x_2,\ x = x_3$ とそのときの高さ $y_1 = f(x_1),\ y_2 = f(x_2),\ y_3 = f(x_3)$ を通る放物線を考える．ここでは詳しいことは省くが，フランスの数学者のラグランジュ（1736—1813）による次のような補間式が知られている．

$$F(x) = (x-x_1)(x-x_2)(x-x_3)$$

$$q_1(x) = \frac{F(x)}{x-x_1} = (x-x_2)(x-x_3)$$

$$q_2(x) = \frac{F(x)}{x-x_2} = (x-x_1)(x-x_3)$$

$$q_3(x) = \frac{F(x)}{x-x_3} = (x-x_1)(x-x_2)$$

として，

$$P(x) = y_1 \frac{q_1(x)}{q_1(x_1)} + y_2 \frac{q_2(x)}{q_2(x_2)} + y_3 \frac{q_3(x)}{q_3(x_3)}$$

$$= y_1 \frac{(x-x_2)(x-x_3)}{(x_1-x_2)(x_1-x_3)} + y_2 \frac{(x-x_1)(x-x_3)}{(x_2-x_1)(x_2-x_3)} + y_3 \frac{(x-x_1)(x-x_2)}{(x_3-x_1)(x_3-x_2)}$$

$$(6)$$

この式は三点を通る二次の**ラグランジュ補間式**と呼ばれている．

この曲線 $P(x)$ によって囲まれた図形の面積を $x = x_1 = \alpha$ から $x = x_3 = \beta$ まで求めることで，もともとの曲線 $f(x)$ で囲まれた図形の面積を求めようとするものである．

記号的な表記をすれば，

$$\int_\alpha^\beta f(x)\,dx \approx \int_\alpha^\beta P(x)\,dx \qquad (\approx\ は近似という記号)$$

面積を近似する
方法って
測量で使われるん
だって！

問

いま三点 $x = x_1$, $x = x_2$, $x = x_3$ は等間隔であるとして，$y_1 = f(x_1)$，$y_2 = f(x_2)$，$y_3 = f(x_3)$ だったとして (6) 式を用いて (7) 式が成り立つことを示してみよう．

$$\int_{x_1}^{x_3} P(x)\,dx = \frac{\Delta x}{3}(y_1 + 4y_2 + y_3) \tag{7}$$

ただし，$\Delta x = x_2 - x_1 = x_3 - x_2$ は区間幅である．

つまり，曲線 $y = f(x)$ と $x = x_1 = \alpha$，$x = x_3 = \beta$ と x 軸で囲まれた部分の面積は，曲線までの高さがわかっていれば，曲線の具体的な式はわからなくてもこの式で計算できるというわけである．

この (6) 式は**シンプソンの $\frac{1}{3}$ 公式**と呼ばれている．

さらに，$x = \alpha$，$x = \beta$ までを $2n$ 個の区間に分け，図 10 のように三点を通る n 個の補間式 P_n を用いて，それぞれの結果を加えることで面積を求めることができる．

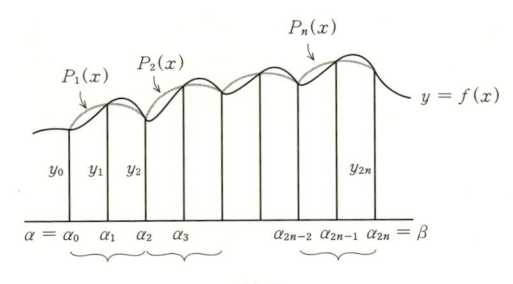

図 11

その区間点を $x = \alpha, \alpha_1, \alpha_2, \cdots, \alpha_{2n} = \beta$ とし，その区間幅を等間隔としてそれを Δx とすれば，次の右辺で求まる面積で近似される．

$$\int_{\alpha}^{\beta} f(x)\,dx \approx \int_{\alpha}^{\alpha_2} P_1(x)\,dx + \int_{\alpha_2}^{\alpha_4} P_2(x)\,dx + \cdots + \int_{\alpha_{2n-2}}^{\beta} P_n(x)\,dx$$

それぞれは (6) と同じであるから，

$$\int_{\alpha}^{\beta} f(x)\,dx \approx \frac{\Delta x}{3}(y_0 + 4y_1 + 2y_2 + \cdots + 2y_{2n-2} + 4y_{2n-1} + y_{2n})$$

となる．この右の式はやはりシンプソンの $\frac{1}{3}$ 公式と呼ばれる．

このような公式は，実際の測量などで用いられている．

❹ 広さと形の秘密
ディドの問題

　十数年前に文部科学省委嘱の「その道の達人」という事業があって，全国あちこちの小学校や中学校で出前授業をやった経験がある．その時の作ったのが「ひろさとかたちの秘密」という教材である．実際の授業の様子はその当時の雑誌『数学セミナー』(2007 年 7 月号)に書いたのでここでは触れない．

　この教材の発想は，知り合いの数学者のお子さんが抱いた疑問に端を発している．おおむね次のようなことである．

　一リットルのジュースパックを開いて上から覗くと，ぎりぎり一杯までは入っていないことに気づいたという．そこで，パックの直方体の容器の部分の長さを計測して計算をした．そうすると 955.5 リットルであって，どうも一リットルは入らない計算になる．そこで，本当は一リットルないかも知れないという疑問が生じた．そこでジュースだけを取り出して計測をしたところ，ちゃんと一リットル入っていた．そうなると次の疑問としては，ジュースはどこに隠れたのだろうということである．最初はパックの屋根の部分にあると考えていたようだが，その屋根の部分を切り離すと下の直方体の部分に納っていたのである．計算上はそこに納まるはずがないのにというのが子

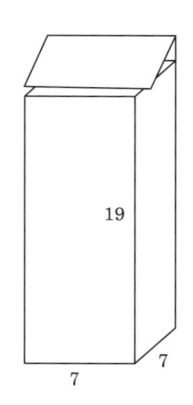

図 1　$7 \times 7 \times 19 = 955.5$

どもたちの疑問である.

これは紙でできているパックというのがミソである.

私たちが日常使う封筒を考えてみよう. 封筒はペタンコである. つまり, 容積ゼロであるが, これに手紙や少々厚さのあるものを入れることができる. パックも同じ原理であるが, 少し膨らむのである. 封筒もパックも周囲の長さを変えることなく容積を増やすことができる. 人間の知恵である. この事実をもとに, これを面積(広さ)で考えてみようというのが最初の発想であった. 小学生でもわかるように, 数式をあまり使うことなく, 作業を通してという直観を養うという構想であった. したがって, この節でのお話も数学的厳密性は少々犠牲にしよう.

4.1●ディドの問題(等周問題を考える)

この課題は, 周囲の長さが固定された図形で面積が最も大きくなるのはどんな形かということであり, 等周問題と言われている.

歴史的には, ギリシャのゼノドロス(紀元前 200―紀元後 90 年の間?)が「等大図形について」の中で証明したと言われている(ヒース『ギリシャ数学史』(共立出版)より).

(1) 周の等しいすべての正多角形のうち, 最も多くの角を持つものが最大の面積を持つ.
(2) 円は, それと周の等しいいかなる正多角形よりも面積が大である.
(3) 同じ辺数と同じ周を持つすべての多角形のうち, 等辺等角なる多角形は面積が最大である. (つまり, 正多角形が面積最大)

これには次のような逸話がある. 通称「ディドの問題」と言われている.

その昔, フェニキアに王国があって父親の死後, 娘のオリッサ姫というのがその国を治めていた. ところが弟が密かにその座を狙っていた. そこである夜こっそりと抜け出して, 西へと旅立った. そして辿りついたのがチュニジア半島の先端である. そこにいた土地の人に土地をわけてもらえないかと頼んだら, 牛の皮の広さの土地なら上げましょうというので, 皮から紐を作り最大の広さの土地を囲った. そこにカルタゴという町を作ったという逸話であり, 紐で囲える一番大きな広さの土地とはどんな形の土地かというのが

図 2

問題である．これをオリッサ姫の別称ディドにちなんで「ディドの問題」という．

　ギリシャのゼノドロスによれば，この答えは円だということになる．例えば紐で輪を作り，それで囲まれる領域を大きくしようとすれば外側に向かって広げればいいわけで，どの方向にも均等に広げるとすれば円しかないだろうという推しはつく．

　以下はすべて凸な多角形での議論である．つまり，(3)の事実を直観的に説明しよう．

　まず，長さが一定に固定された三角形の中で，面積が一番大きいのはどんな三角形かということである．答では正三角形である（この問題はすでに2.2節のヘロンの公式のところでも取り上げた）．

　まず三角形の一辺を固定して考えれば二等辺三角形が最も面積が大きくな

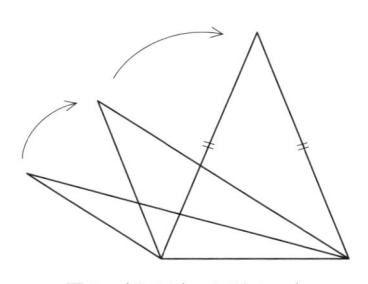

図 3　底辺固定，周長は一定

る．それは固定辺を底辺とした三角形を考えたとき，三角形の面積は底辺×高さの半分だから高さが最も高いものが面積も最大になる．

出前授業のときの子どもたちはいろいろと試行錯誤して結論を出してくれた．

子どもたちには作業板と一定の長さの紐が配ってある．一辺の長さ（＝底辺）が指定してあり，作業を通して答えを出してもよいことにしてある．三角形の面積の公式を使って二等辺三角形であると説明するのは女子が多く，男子はいろいろと操作的に考える者が多い．底辺を固定した紐を使って頂点をいろいろ動かすことにより頂点が一番高くなったところを中心に左右対称な三角形が出てくる．その変化から二等辺三角形が最大になると想定できる．一辺の長さを固定したとき二等辺三角形が面積は最大であるが，固定辺の条件を外せばこの三角形はさらに面積を大きくできる．

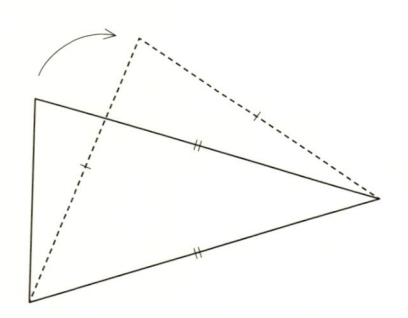

図4　二等辺三角形はさらに大きくできる（周長は一定）

それは二等辺のどれかを底辺にして二等辺三角形にすることで実現される．こうして，三角形の面積を大きくしようとすればどの辺から見ても二等辺三角形であることが必要条件になる．三角形の場合は，この条件を満たすものは正三角形しかなく，十分条件でもある．つまり，三角形の中で，どの辺から見ても二等辺であるのは正三角形である．このように，正三角形が面積最大になりそうだということを感覚的に理解できよう．

これが四角形になった場合でも，対角線によって三角形に分割して考えれば対角線を底辺とした各々の三角形は二等辺三角形のときが最も大きくなる．したがって，四角形の面積を最大にするにはどの対角線から見ても二等辺でなければならないので，すべての辺が等しいことは必要条件になる．等辺四角形は菱形と呼ばれる四角形であるが，その面積は一辺×高さなので，高さ

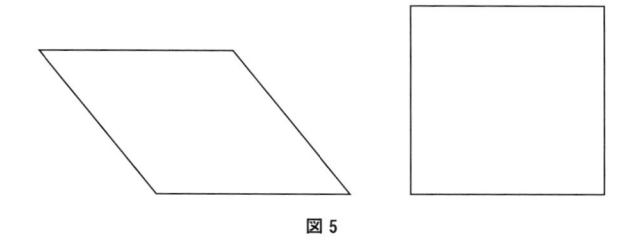

図 5

を最も高くしたのが正方形である.

　こうして周が一定の場合の四角形の中では正方形が最大となる（図5）.

　では，五角形以上ではどうなるであろうか．周の長さが一定の場合は面積が大きい多角形は，すべての辺が等しくなければならないことは以上の考察からも推測できるだろう．したがって，次のことは認めることとしよう.

　いま，同じ辺数の凸な多角形を考えているとしよう.

　（A）多角形の周が一定のとき，最大の面積をもつ多角形は，すべての辺が等しくなければならない.

答えは正多角形なのだが，それを示す鍵となる性質は次のようなものである.

　（B）多角形の周が一定のとき，各辺の長さを変えずに任意の四頂点を同一円周にあるように変形できれば，その多角形の面積がより大きくなる.

　ここではこれを認めて先に進もう.

　(B)の意味は，どんな四点でもいいからそれが円周上にあるようにできれば，そちらの方が面積は大きくなるといっているわけである．そこで，与えられた多角形を円に内接するようにできるかどうかを考えてみよう.

　いま，六角形で考えてみよう．（ここではすべて凸で考えている.）

　いま辺の長さが $a_1, a_2, a_3, a_4, a_5, a_6$ としよう．このとき，半径の十分大きな円を考えてみよう．そして，その円周上をこの長さで切り取っていくと図6（次ページ）のような形ができる．そこで，このまま円周を縮小していくと，長さ a_1 と a_6 の端点はくっついて六角形ができる.

　こうして，次のことがわかる.

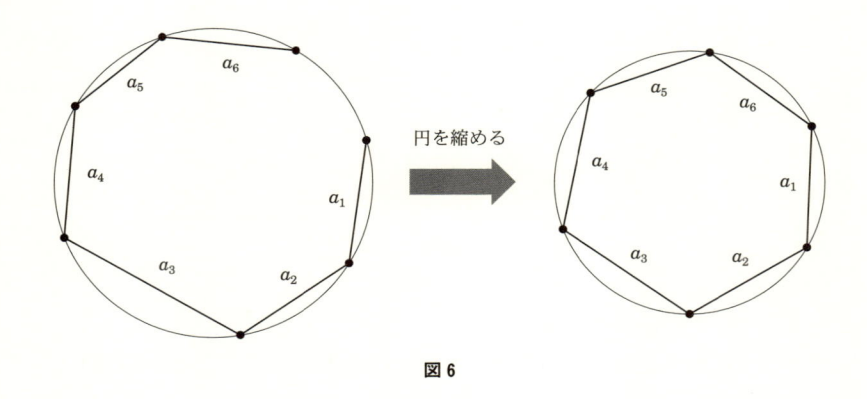

図 6

（C）与えられた n 多角形の各辺の長さと同じ長さを持つ，円に内接する n 多角形が存在する．しかも（B）から，円に内接するこの n 多角形の面積が一番大きいことになる．

　六角形に戻って考えてみると，周囲の長さ L が与えられているとする．長さ L は辺の長さの和である．

$$L = a_1 + a_2 + a_3 + a_4 + a_5 + a_6$$

周長 L は一定でもそれを実現する辺の長さ $\{a_1, a_2, a_3, a_4, a_5, a_6\}$ は無数にある．しかし，（C)に見たように，$\{a_1, a_2, a_3, a_4, a_5, a_6\}$ 毎に円に内接する面積最大のものが存在する．

　そのような六角形も無数にあるが，（A）を認めているので，まず等辺でなければならない．ということは，$a_1 = a_2 = a_3 = a_4 = a_5 = a_6 = \dfrac{L}{6}$ となり，円に内接する等辺な多角形は正多角形であり，それは正六角形だということになる．

　以上は，非常に大筋の議論で，数学的厳密さは抜きである．つまり，（A）（B）を認めれば，周長が一定である凸 n 角形の中で面積が最大ものは正 n 角形ということになる．これはシュタイナーという人の考えた証明方法のようだが，（B）に代わる別の性質を使って示すこともできる．（B）は四角形の面積公式（第二章の 2.2）を使えばできるので考えてみられたい．

　凸でない多角形の場合，辺の長さを変えずにより面積の大きな凸多角形に変形できるので，凸多角形で考えておけば十分である

　こうして，正多角形という端正な形は，周が一定という条件のもとでの広さが最大という特徴を持った図形となるわけである．端正だけでなく顔も広

いというわけである．ゼノドロスの(1)が言っているように，辺数の多いものほど面積は大きくなる．したがって，同じ周であれば，

  正三角形 < 正方形 < 正五角形 < 正六角形 < …

その辺数を増やしていけば，終局的には円になるというわけである．つまり，周が一定の図形で最も面積が大きい図形は円ということである（図7）.

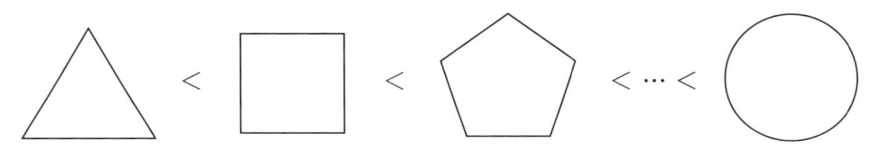

図7　周囲の長さが同じ正多角形の面積の大小

一般に，閉曲線で囲まれた図形の面積に関しては以下のような不等式が成立する．これを等周不等式と呼んでいる．

●等周不等式

閉曲線で囲まれた図形の面積を S として，周囲の長さを L とする．このとき，次の不等式が成り立つ．

$$S \leqq \frac{L^2}{4\pi}$$

等号が成立するのは円のときである（ここで π は円周率）.

この証明も三角関数の知識が必要となるので 4.2 に大筋だけを述べておこう.

ところで，第四章でも触れたように，平面に敷き詰めできる正多角形は正三角形，正方形，正六角形に限る．周の長さが決まっているときには，同じ辺数を多角形の中ではこれらが一番広い面積を持つので，壁や歩道に敷き詰める場合は数が少なくて済むことになる．これを上手に使っているのが蜂の巣である．蜂の巣は正六角形でできている．誰が教えたわけでもないだろうが，限られた材料で壁を塗り固めて，最も広い部屋を確保するやり方である．古代ギリシャの数学者パッポス（3 世紀頃）は，蜜蜂が蜜をたくさん貯えることのできる正六角形による巣を作る賢明さをたたえる文章を書いているという．はるか昔から蜂の賢さは知られていたのである.

図8　オダマキの花

　一方，正五角形は平面の敷き詰めはできないのだが，それゆえに黄金比という造形の美を内包しているという特異性を備えているのかもしれない．身の回りの花々を観察していると五弁のツバキならぬ五弁の花びらを持つ植物は少なくない（図8のオダマキもそうである）．それは虫たちへのアピールなのかもしれない．

4.2●等周不等式について

　n 角形を考えよう．その周の長さを L とし，その面積を $T(n)$ とする．このとき，$T(n) < \dfrac{L^2}{4\pi}$ が成り立つことを示す．これを n 多角形に関する等周

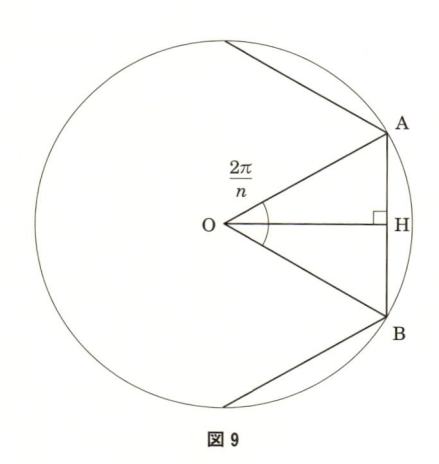

図9

不等式という．そのために，周の長さ L の正 n 多角形とその面積について考える．

正 n 多角形の面積を $S(n)$ とする．正 n 多角形は円に内接するので，その円の中心を O として，図 9 のように正多角形の頂点 A と B と中心を結んだ三角形を考える．

正多角形はこのような合同な三角形が n 個ある．したがって，この一個の三角形面積の n 倍である．

全体の面積を $S(n)$ と書くと

$$S(n) = n \times \triangle \text{OAB} \text{ の面積}$$

$$\triangle \text{OAB} \text{ の面積} = \frac{1}{2} \text{AB} \times \text{OH}$$

周の長さを L としているので，$\text{AB} = \dfrac{L}{n}$, $\text{HD} = \dfrac{L}{2n}$. 中心角は $\dfrac{2\pi}{n}$.
$\triangle \text{OHA}$ で

$$\tan \frac{\pi}{n} = \frac{\text{HA}}{\text{OH}} = \frac{\dfrac{L}{2n}}{\text{OH}}$$

なので，

$$\text{OH} = \frac{\dfrac{L}{2n}}{\tan \dfrac{\pi}{n}}$$

$$S(n) = n \times \triangle \text{OAB} \text{ の面積}$$

$$= n \times \left(\frac{1}{2} \text{AB} \times \text{OH} \right)$$

$$= n \times \frac{1}{2} \times \frac{L}{n} \times \frac{\dfrac{L}{2n}}{\tan \dfrac{\pi}{n}}$$

$$= \frac{L^2}{4n} \times \frac{1}{\tan \dfrac{\pi}{n}}$$

これが円に内接する正 n 多角形の面積になる．

ところで，4.1 でみたように，同じ周の長さ L の n 角形の中では正 n 角形が最も大きくなるので，他の任意の n 角形の面積を $T(n)$ とすれば $T(n) \leqq S(n)$ なので，

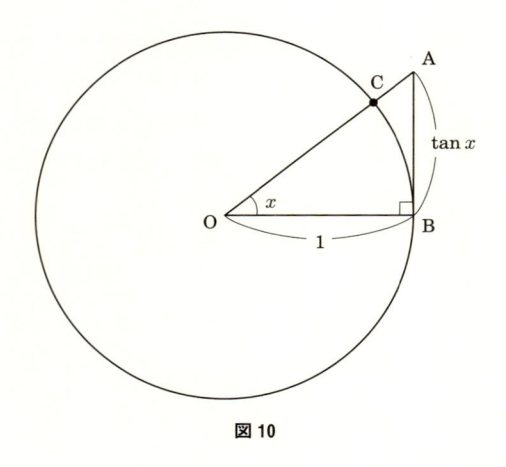

図10

$$T(n) \leqq \frac{L^2}{4n} \times \frac{1}{\tan\frac{\pi}{n}}$$

ここで再び三角関数の性質が必要になる.

$$\tan x > x \tag{1}$$

である. なぜならば

$$\tan x = \frac{\mathrm{AB}}{\mathrm{OB}} = \mathrm{AB}$$

扇形 OCB の面積 $<$ △OAB の面積

よって,

$$(\pi \times 1^2) \times \frac{x}{2\pi} < \frac{1}{2} \times 1 \times \tan x$$

$$\frac{x}{2} < \frac{\tan x}{2}$$

$$\therefore\ x < \tan x$$

(1) より,

$$T(n) \leqq S(n) = \frac{L^2}{4n} \times \frac{1}{\tan\frac{\pi}{n}} < \frac{L^2}{4n} \times \frac{1}{\frac{\pi}{n}}$$

この式から

$$T(n) < \frac{L^2}{4\pi}$$

この右辺を考えてみよう. ちょうど, 円半径を r とすれば, 周は $L = 2\pi r$

であり，右辺 $= \pi r^2$ となる．これは円の面積と一致している．したがって，n を限りなく大きくしていけば円に収束するというわけである．

　さて，一般の場合の大雑把なことを言えば，一般の閉曲線の場合でも凸の方が面積が大きくなることは証明できる．したがって，最初から凸で考えておえばよい．

　凸な閉曲線に多角形を内接させて，その多角形の辺数を増やし，辺の長さを小さくなり，やがては周の長さも面積もその閉曲線に収束するというわけである．したがって，

$$S \leqq \frac{L^2}{4\pi}$$

となり，等号が成立するのは円のときに限るということになる．

19歳で
正十七角形の
作図だって!!
ガウスさん
えらいね ₊ₓ

第六章

図形
の章

1 相似形のない世界
非ユークリッドの幾何

1.1●三角形の内角の和は $180°$ か？

学校では三角形の内角の和は $180°$ と教わるので，大人も含めてそれが絶対的なものと信じてきた．だから，実測をお願いしても二つの内角だけで済ます生徒が出てくる．$180°$ にならない生徒がいたとしても，多くの者が何らかのミスであろうと考えている．実際，あるところで行った出前講義での生徒たちのとった態度はそのようなものであった．

その昔，三角形の内角の和が $180°$ に疑問を持った人たちがいたのである．その一人であるドイツのガウスが，山と山を結ぶ測量をして $180°$ が得られなかったとのことである．学校で教わる幾何学はユークリッド『原論』に従っている．そこでは，三角形の内角の総和は $180°$ である．だが，それは有名な平行線の公準から導き出される．今日平行線の公理と呼ばれているのは，「一直線とその上にない一点を考えたとき，この点を通ってこの線に平行な直線が存在してただ一本に限る」というものである（これはプレイフェアの公理と呼ばれるもので，ユークリッド『原論』の第五公準を言い換えたものである）．このことを認めるなら，$180°$ というのは真実ということになる．

したがって，$180°$ は仮説である．だが，学校教育では平面図形の性質がこのような仮説の上に成り立っているということを明確に認識されず見過ごされていることが多い．それは幾何学が目に見える対象の実像だと思っているからである．本来は，逆でこの幾何学が一番現実にあっているということにすぎなのだが….

学校の学習では，実測によって帰納的な結論にいたるという手法を取りながら，実は結論先取りで，どこかで結論を確かめるという逆のコースを辿っている場合が多いのかもしれない．それが，実測の場合でも二つの角のみを測るということにも表れているのかもしれない．

1.2●平行線の公理について

この平行線の公理という仮説が，実はユークリッド『原論』の中で長いこと議論の対象になってきた．この仮説はユークリッドの第五公準以外の公準から証明できるものだと考え，多くの人がその証明に力を注いできたのである．しかし，それに決着をつけたのは先述のガウス，ハンガリーのヤーノス・ボリヤイ（1802—1860），ロシアのニコライ・ロバチェフスキー（1793—1856）という三人の数学者だった．彼らは，ユークリッド『原論』とは異なった幾何学を発見したのである．ただ，功成り遂げていたガウスは，当時の社会情勢の中でそれを発表するのはあまりにも衝撃が大きすぎるというので発表をためらったといわれている．

ユークリッド『原論』の第一巻はピタゴラスの定理で終わる平面図形の性質に関する内容である．それは，「二十三の定義」と「五つの公準」と「五つの公理」をもとにして 48 個の命題を証明している．この五つの公準は，理屈を抜きにして成立している前提として認めるものである．「五つの公理」は代数のような運用の法則からなり，これも同様の扱いである．公準は点と線に関する以下のようなものである．

●五つの公準

公準 1 任意の点から任意の点に直線をひくこと

公準 2 有限の直線を連続して一直線に延長すること

公準 3 任意の点と距離（半径）をもって円を描くこと

公準 4 すべての直角はすべて等しいこと

公準 5 1 直線が 2 直線に交わり同じ側の内角の和を 2 直角より小さくするならば，この 2 直線は限りなく延長されると 2 直角より小さい角のある側において交わること

冒頭に触れたように五番目の公準が通称「平行線の公理」と呼ばれるもので，次のプレイフェアの公理と置き換えることができる．

●プレイフェアの公理

一直線とその上にない一点を考えたとき，この点を通ってこの線に平行な直線が存在してただ一本に限る．

公準と公理という用語が出てきて，混乱するかもしれない．公準というのは証明なしに認める命題で基本原理または自明な前提として認めるものである．公理も同じようなものだが，ユークリッド『原論』では公準と公理を分けて書いている．ユークリッドの場合，公理は代数的な運用法則みたいなものをあげている．

　ところが，非常に長い間，この第五番目の公準は残りの四つの公準から証明できるのでないかという死闘が続けられた．なかでもフランスの著名な数学者ルジャンドル(1752—1833)は，このことに熱心に取り組んで，証明できたと思って公表したが間違っていた．ただ，彼の成した仕事で，平行線の公理(＝公準5)を使わないものは価値がある．次のような定理はその一つである．

●ルジャンドルの第一定理
平行線の公理がないとき，三角形の内角の和は180°に等しいか，または180°より小さい．つまり，180°より大きくはならない．

●ルジャンドルの第二定理
ある一つの三角形において，内角の和が180°に等しいならば，そのことはすべての三角形で成り立つ．

●ルジャンドルの第三定理
ある一つの三角形において，内角の和が180°より小さいならば，そのことはすべての三角形において成り立つ．

　実は，これらはすでにイタリアの僧侶サッケリー(1667—1733)がすでに証明していたことが後でわかったので，サッケリー–ルジャンドルの定理ともいわれる．

1.3●非ユークリッド幾何学の誕生

　さて，先ほど述べた三人の中のロバチェフスキーが行った1823年のカザン大学での講演をもって，新しい幾何学の誕生とされている．この新しい幾何学は，先ほどの五つの公準の第五番目だけを次の公準で置き換えたもので

ある.

●**公準 5′**
....
一直線とその上にない一点を考えたとき，この点を通ってこの線に平行な直線が少なくとも二本存在する.

こうして，非ユークリッド幾何学と呼ばれる新しい幾何学が誕生したのである．古代ギリシアで生まれたユークリッド幾何学から約 2000 年後の出来事であった．

第四章では相似比からできる美が追求されてきたが，この新しい幾何学には相似形といった概念は存在しない．歴史に"もし"はないのだが，もし古代ギリシアで創造された幾何学がこの幾何学だったら，美の世界は変わっていたのだろうか．

そこで，この非ユークリッド幾何学を少しだけ覗いてみよう．

まず，三角形の内角の和が 180° であるという絶対的信念が覆されてしまう.

●**命題 1**
....
三角形の内角の和は 180° より小さく，三角形によって変化する.

●**命題 2**
....
相似な三角形は存在しない.

ルジャンドルの定理を使って，これを示してみよう．

命題 1 について，第一定理より三角形の和は 180° より大きくはなれない．もし，ちょうど 180° の三角形があったとすれば，第二定理よりすべての三角形が 180° のなってしまう．このことから平行線に関する公準 5 が証明されてしまうので平行線は一本になってしまう．これは公準 5′ に反する．180° ではありえないということになる．したがって，次のことが言える．

　（∗）180° のものはなく，それよりは大きくないのだから，すべて 180° より小さい．

次に，三角形の内角の和が一定でないことを示そう（図 1）.

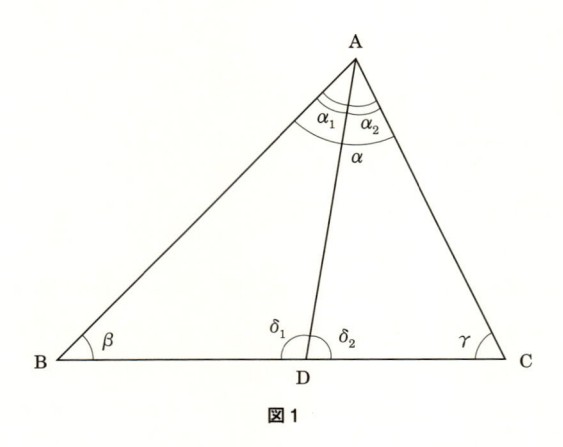

図1

　三角形 ABC で辺 BC 上に任意の点 D をとり頂点 A と結んで二つの三角形に分割する.

　いま, $\angle A = \alpha$, $\angle B = \beta$, $\angle C = \gamma$ とし, $\angle BAD = \alpha_1$, $\angle CAD = \alpha_2$, $\angle ADB = \delta_1$, $\angle ADC = \delta_2$ とする. もし, すべての三角形の内角の和が一定ならば, 一定の定数を k とする.

$$\alpha + \beta + \gamma = k \qquad (一定) \tag{1}$$

$$\alpha_1 + \beta + \delta_1 = k \tag{2}$$

$$\alpha_2 + \gamma + \delta_2 = k \tag{3}$$

$(2) + (3)$ より,

$$\alpha_1 + \beta + \delta_1 + \alpha_2 + \gamma + \delta_2 = 2k$$

$$(\alpha_1 + \alpha_2) + \beta + \gamma + (\delta_1 + \delta_2) = 2k$$

$$\alpha + \beta + \gamma + (\delta_1 + \delta_2) = 2k \tag{4}$$

ところが,

$$\delta_1 + \delta_2 = 180° \tag{5}$$

(1) と (4) を (5) に代入すると, $k = 180°$ となる. これは $(*)$ に反する. したがって, 三角形の内角の和は一定ではありえない.

　このように, この幾何学においては三角形の内角の和は三角形の形状により異なるのである.

　次に相似な三角形は存在しないことを示そう. ユークリッド幾何学においては, 相似三角形とは対応する三つの角がそれぞれ等しい三角形だから, いま二つのこのような三角形があったとしよう. それを図2のように, △ABC と △DEF とする.

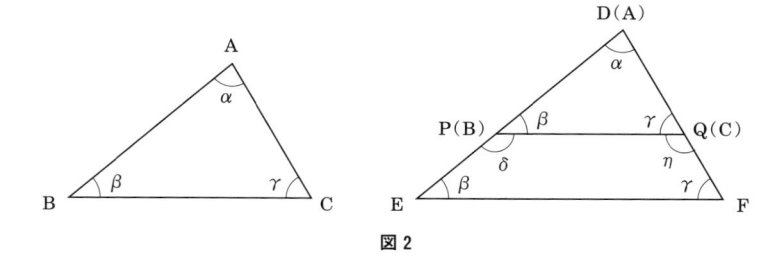

図2

いま，△DEF は △ABC より大きいとする．∠A = ∠D, ∠B = ∠E, ∠C = ∠F なので，頂点 A を頂点 D に重ねて △ABC を重ねた三角形を考える．それを △DPQ とすると

$$\triangle ABC \equiv \triangle DPQ$$

△DEF の方が大きいので，点 P，点 Q は辺 DE, DF 上にある．

さて，このとき ∠DPQ = ∠ABC（= β とする），∠DQP = ∠DFE（= γ とする）．∠B = ∠E なので ∠E = β, ∠C = ∠F なので ∠F = γ である．

また，∠EPQ = δ, ∠FQP = η とする．

$$\beta + \delta = 180°, \qquad \gamma + \eta = 180°$$

このとき，四角形 PEFQ を考えると，

$$\beta + \delta + \eta + \gamma = 360°$$

となり，

内角の和は 360°　　　　　　　　　　　　　　　　　　　(＊＊)

となる．

ところが，四角形は二つの三角形からなり命題1よりそれぞれの三角形の内角の和は 180° よりは小さいので，内角の和は 360° よりは小さくなる．これは(＊＊)に矛盾する．よって，相似な三角形は存在しない．したがって，ユークリッド幾何学でいうところの相似な三角形はすべて合同ということになる．つまり，次のことが成り立つことになる．

●命題3

二つの三角形で対応する三つの角がそれぞれ等しいならば，この二つの三角形は合同である．

しかし，この新しい幾何学は私たちの感覚とは相容れないのである．だか

ら，単なる論理的な遊びに過ぎないのではないかと思われそうであるが，今日では巨大な宇宙を相手にするにはこの非ユークリッド幾何学の方が適合するということがわかっている.

1.4●ポアンカレモデルを覗いてみよう

　非ユークリッド幾何学の数学的モデルとしては，いろいろあるがここではフランスの数学者ポアンカレ（1854—1912）の考えたモデルを示しておく．ポアンカレは，この幾何学が展開される平面として（円周 ＝ 淵を除いた）円盤

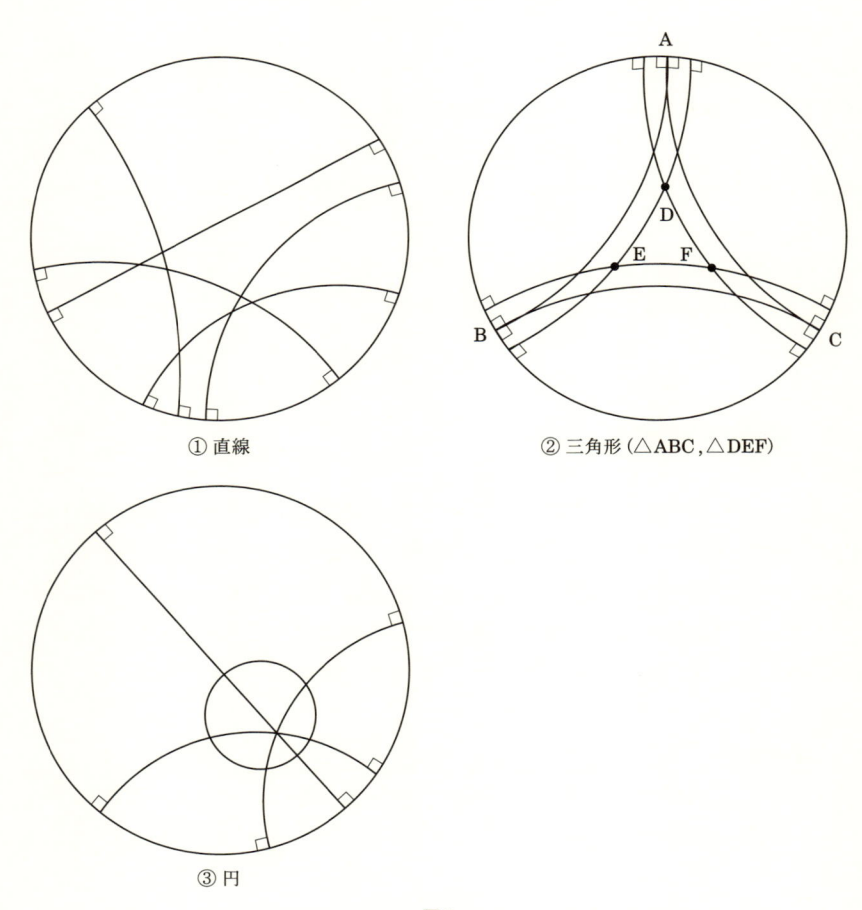

① 直線　　　　　　　　　② 三角形（△ABC，△DEF）

③ 円

図 3

を考えた．もっとも円盤を考えたモデルはほかにもあるが，このモデルが直観的でわかりやすい．このモデルの直線は円周に直交する半円またはユークリッド的直線である（図3①参照）．

二直線のなす角度はユークリッド的角度である（交点での接線のなす角度）．ただ，長さはあらためて定義している．この長さでは直線である半円上の中心から淵に行くほど長くなり，いつまで行っても淵には到達しない．このモデルは，非ユークリッド幾何学の五つの公準を満たしている．

三角形の内角の和が180°より小さくなることが②からわかる．また，このモデルでの円はユークリッド的円であるが中心がずれている．

ところで第四章の第3節に登場したオランダの版画家エッシャー（1898—1972）はポアンカレモデル（図4）を取り込んだ絵を残している．

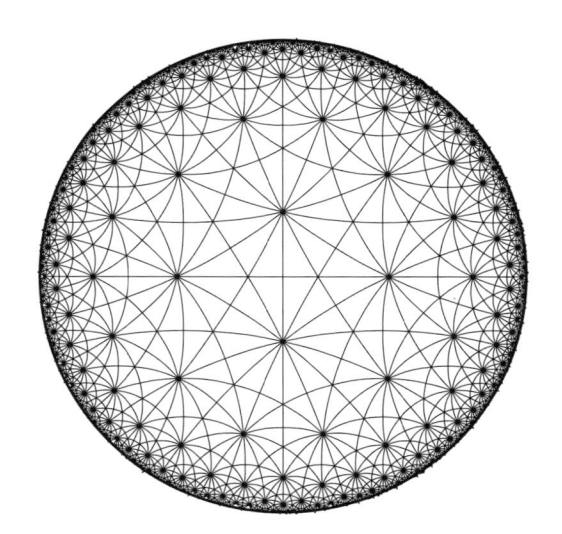

図4 非ユークリッド幾何学を説明するモデルとしてポアンカレモデルがある（図3参照）．このモデルにおける直線は円周に直交する半円またはユークリッドの直線である．淵に近づくほど距離は長くなり，いつまでも淵には到達しない．淵に行くほど小さくなっていくように見えるが，この幾何学ではすべて合同なのである．

このように，数学はある仮説のもとに成り立っているであり，必ずしも現実の帰納的な観察の結果として数学が存在しているわけではないのである．現実の現象を記述し解析するのには数学が必要であるが，どの数学が一番適合するかは私たちの方で決めなければならない．一般的には，数学の研究は進展しており，古い数学が間違っているとか不要であることを意味している

のではなく，現実の現象とは無関係に独立に存在していることが多い.

いまでは，私たちに馴染みのユークリッド幾何学以外にも幾何学は複数存在している．数学は絶対的な真理を議論しているのではないということである．「数学の本質は自由にあり」と言ったのはドイツのゲオルク・カントール (1845—1918)である．まさに考える自由である.

2　図形で遊ぼう
ピタゴラスの定理

2.1●ピタゴラスの定理再考

　中学校での図形の学習の到達点はなんと言っても「ピタゴラスの定理」であろう．教科書では「三平方の定理」と書いてあるが，この頃は三平方を読めない生徒もいるという．「ピタゴラスの定理」の方が好きである．遠くから伝わってきた文化とその原点に思いを馳せることができて，すごいことを学んでいるという気になる．芸能人をはじめピタゴラスという名称をあちこちで見聞するが，残念ながらもともとのピタゴラスの業績を思い起こす人はあまりいないようだ．T. L. ヒースの『ギリシア数学史』によると，ピタゴラスは最初の幾何学者と称されるタレスから 50 年後に出てきたそうであるが，幾何学の研究を高等普通教育に変え，諸定理を純粋に知的方法で徹底的に証明したとある．それは，諸定義を含む一定の諸原理を初めて提出し，諸命題を順序よく組み立てたということであるらしい．

　ピタゴラスが主宰したピタゴラス学派の標語には「一つの図形は一つの足場になるが，一つの図形は 6 ペンスにはならぬ」とある．学びというのは何かの成果を得るためではないということである．ユークリッドにも同じような話が残っている．昔も今も同じなのだろうか…，学校での学びはお金儲けのためでもなく，役に立てるためのものだけでもないのだが…．

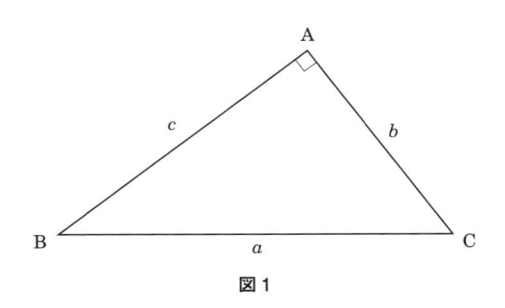

図1

223

さて肝心のピタゴラスの定理であるが，すでにこれまたたびたび登場しているが再度述べておこう．

三角形において，三辺の長さの間に次の関係が成り立つならばこの三角形は直角三角形である（(1)式）．その逆も成り立つ（(2)式）．

$$b^2+c^2 = a^2 \Longrightarrow \angle A = 90° \tag{1}$$

$$\angle A = 90° \Longrightarrow b^2+c^2 = a^2 \tag{2}$$

これはユークリッドの『原論』では第一巻の命題47（(2)式），命題48（(1)式）にあたる．

ここに至るまでにいろいろな説があるようである．

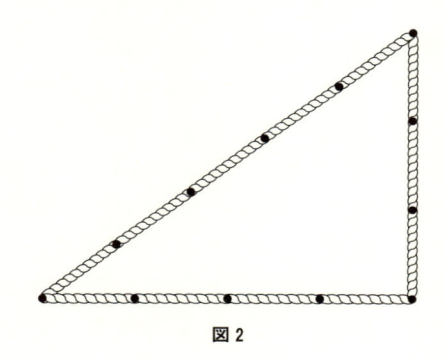

図2

古代エジプトやバビロニアでは，三辺が 3, 4, 5 である直角三角形はよく知られていたようで，建築物等や土地の区画等に使用されていたようである（図2）．しかし，これらは経験知的なもので，ピタゴラスの定理に見られるような関係が明確にわかっていたわけではないようである．さらに後世になれば，整数の辺を持つ 5, 12, 13, 18, 15, 17, 112, 35, 37 などが知られていたようであるが，ピタゴラスの定理を知っていての発見なのかどうかはわからない．中国ではピタゴラスよりも 500 年前にこの定理が知られていたという．

ピタゴラスの定理は，単に直角三角形の性質を発見したのみではなく，無理数の発見につながり，数というものの認識を変えたという意味でも大きな文明発展の第一歩だったともいえる．

ここではその証明について考えてみよう．

もっとも，ピタゴラスの定理というと，(2)式

$$\angle A = 90° \Longrightarrow b^2+c^2 = a^2$$

をさすことが多い．図2のように 3, 4, 5 といった縄に印をつけて使用される

のはその逆の(1)式

$$3^2+4^2 = 5^2 \quad なので \quad \angle A = 90°$$

という性質である．これについては後で述べよう．

　(2)式の証明についてはすでに 100 以上の方法が存在しているが，小学校高学年から中学生や高校生にとっても挑戦しがいのある課題であろう．ここではスタンダードな証明方法を述べよう．

　古代ギリシャ時代には数を表現するのに長さや面積を用いたので，二乗（平方）というのは面積を表していた．したがって，$b^2+c^2 = a^2$ というのは，長さ b を一辺とする正方形の面積 β と長さ c を一辺とする正方形の面積 γ の和が長さ a を一辺とする正方形の面積 α に等しいという主張だと考えるのである．そうすると図 3 を考えればよいということになる．

　ここで，$\beta+\gamma = \alpha$ を示す．図のように三角形の頂点から垂線を下す．α は二つに分割される．

$$\alpha = \alpha_1+\alpha_2$$

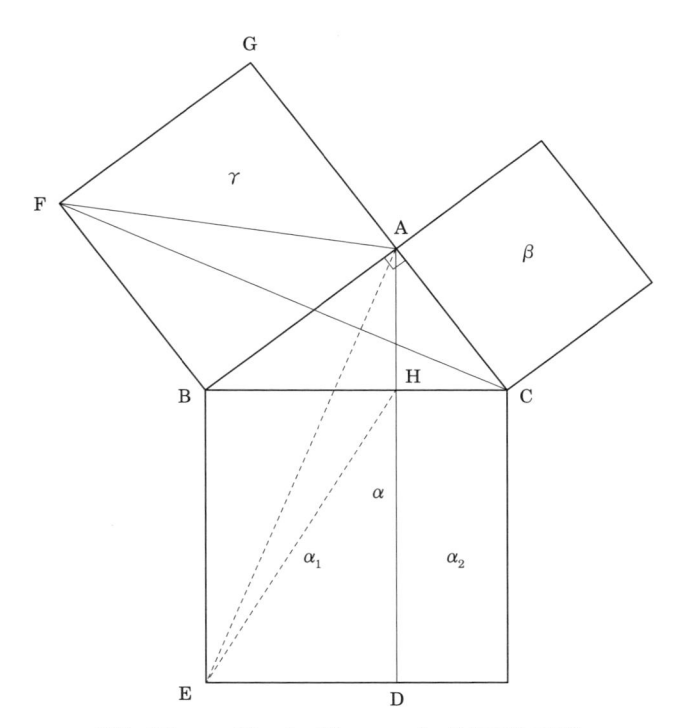

図 3　$BC = a$，$AC = b$，$AB = c$，α, β, γ は正方形の面積．

このとき，$\gamma = \alpha_1,\ \beta = \gamma_2$ を示す．

まず，$\gamma = \alpha_1$ について図のように D, E, F, G と記号を付ける．F と C を結び，F と A を結ぶ．

$$\triangle \text{FBC の面積} = \triangle \text{FBA の面積} = \frac{\gamma}{2} \qquad (\text{FB//GC なので})$$

A と E，H と E を結ぶ．

$$\triangle \text{ABE の面積} = \triangle \text{HBE の面積} = \frac{\alpha_1}{2} \qquad (\text{BE//AD なので})$$

さて，$\triangle$FBC は，B を支点として BC を BE に重ねるように $90°$ 回転すると，$\triangle$ABE に重なるので，$\frac{\gamma}{2} = \frac{\alpha_1}{2}$ となり，$\gamma = \alpha_1$ となる．$\beta = \alpha_2$ を示すにもまったく同様に考えればよい．

このようにして面積の相等の問題として証明できる．

2.2●ピタゴラスパズルを作ろう

正方形を用いた証明はこれに限らないが，その証明を考えることで，はめこみパズルを作ることができる．**ピタゴラスパズル**とでも呼ぼう．ここでは二つの例を紹介しておく．これ以外にたくさんあるので，自分でこのパズルを作ってみてはどうだろうか．

●例1

図4からピタゴラスの定理の別の証明を考えて，パズルを作ってみよう．このとき，斜辺のところに書かれている正方形を考える．図のように裁断されたピースを造れば，これが正方形のはめ込みパズルになる．図を手がかりにして裁断の方法を考えてみよう．

●例2

図5は，全くピタゴラス定理とは関係なさそうな図であるが，これでピタゴラス定理が証明できる．ここに書かれた合同な直角三角形の斜辺を c，他の二辺を a, b として「$a^2 + b^2 = c^2$」を導いてみよう．これは面積を使う例ではあるが上記と違っている．これも裁断されたピースで正方形のはめ込みパズル（左図）になる．

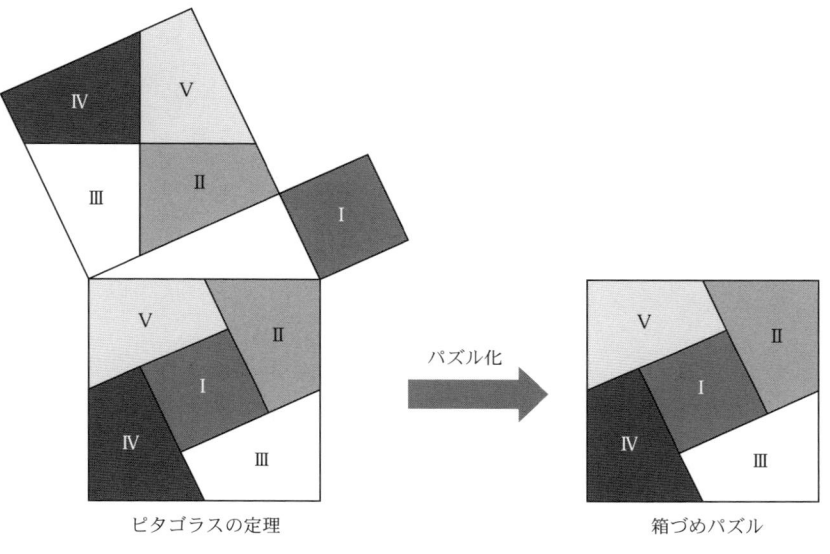

ピタゴラスの定理

パズル化

箱づめパズル

図 4

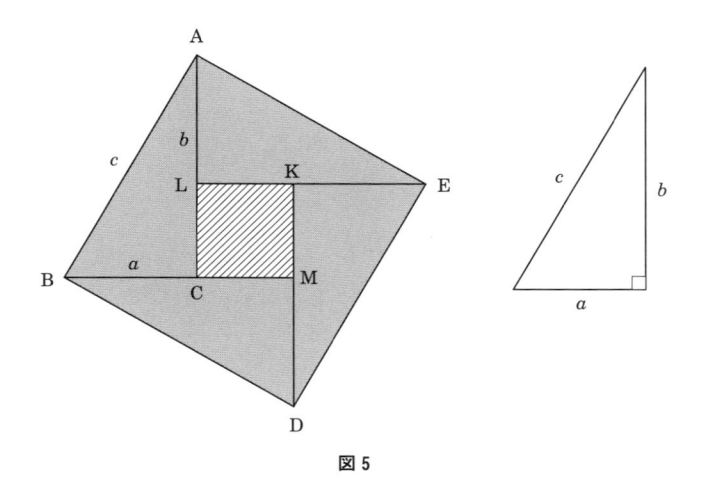

図 5

問

図 6 をもとに新しいパズルを作ってみよう.

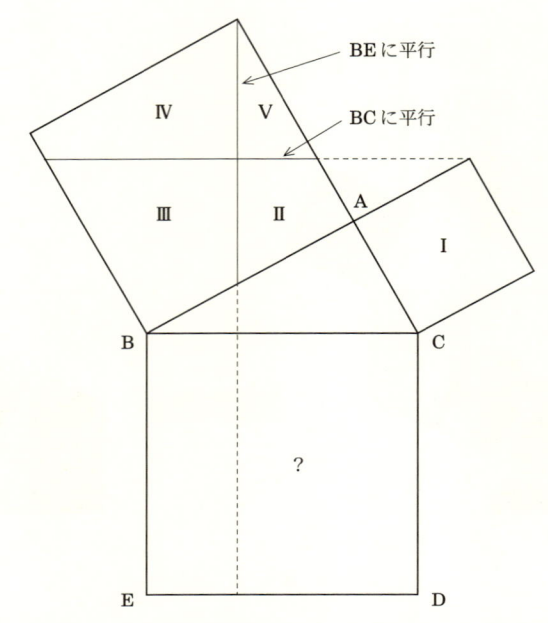

図6 Ⅰ～Ⅴの五つのピースを正方形 BCDE にどのように詰められるか考えてみよう.

その他，自分でいくつか考えてみると面白いパズルができる.

2.3●ピタゴラスの定理と相似比

面積ではなく相似比を使う非常にポピュラーな証明法を一つ紹介しておこう.

$\angle A = 90°$，$AB = c$，$AC = b$，$BC = a$ とする．また，$BD = a_1$，$CD = a_2$

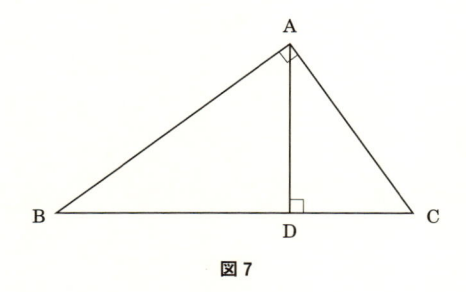

図7

とする．ここには三つの直角三角形が含まれている．しかも，すべて相似である．つまり，△ABC と △DBA と △DAC は相似である．なぜなら，対応する三つの角がそれぞれ等しいからである．（相似の条件については，すでに第四章で述べてある．）

△DBA と △ABC が相似であるので，

$c : a_1 = a : c$

△DAC と △ABC が相似であるので，

$b : a_2 = a : b$

これより，$c^2 = aa_1, b^2 = aa_2$．よって，

$b^2 + c^2 = aa_1 + aa_2 = a(a_1 + a_2) = a^2$

以上より，$b^2 + c^2 = a^2$．

ところで正方形を使う証明の本質は辺の長さの二乗を面積と考えることであった．そうであれば別の図形の面積との関係に置きかえて発展的に考えることが出来よう．実際，ピタゴラスの定理は正方形の面積の関係にとどまらない．

直角三角形の辺をそれぞれ一辺とする相似な三つの平面上の多角形を考えると次のようなことが分かる．多角形が相似であるというのは，対応する辺の比がそれぞれ等しくて，対応する角がそれぞれ等しいことである．

（＊）直角三角形の斜辺を一辺とする多角形の面積は，他の二辺をそれぞれ一辺とする二つの相似な多角形の面積の和に等しいのである．

その理由は，相似な平面上の多角形の面積比は辺の長さの二乗の比に等しいからである（三角形の場合を読者におまかせしよう．多角形の場合は，その面積は三角形の面積の和であり，三角形への分割をそれぞれ対応する相似な三角形で考えればよいからである）．

実際，三つの図形の面積をそれぞれ α, β, γ とする．

$\alpha = $ 斜辺 BC を一辺とする多角形の面積

$\beta = $ AB を一辺とする多角形の面積

$\gamma = $ AC を一辺とする多角形の面積

このとき，三つの多角形は相似なので，

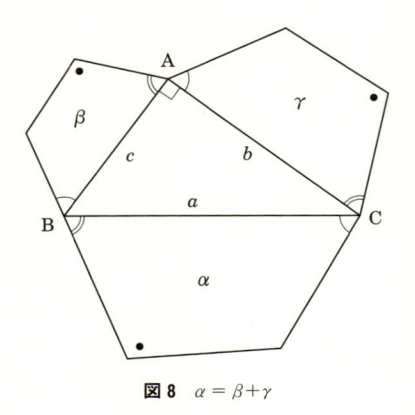

図8　$\alpha = \beta + \gamma$

$$\alpha : \beta = \mathrm{BC}^2 : \mathrm{AB}^2 = a^2 : c^2 \qquad \beta = \frac{c^2}{a^2}\alpha \qquad (3)$$

$$\alpha : \gamma = \mathrm{BC}^2 : \mathrm{AC}^2 = a^2 : b^2 \qquad \gamma = \frac{b^2}{a^2}\alpha \qquad (4)$$

(3)と(4)，$b^2 + c^2 = a^2$ より

$$\beta + \gamma = \frac{c^2}{a^2}\alpha + \frac{b^2}{a^2}\alpha = \frac{c^2 + b^2}{a^2}\alpha = \alpha$$

こうして，それぞれの辺を一辺とする相似な図形に対して(*)が成立する.

　上の例は多角形であったが，三つの辺をそれぞれ直径とする半円を書くと，半円の面積は直径の二乗に比例するから，斜辺一辺とする半円の面積(S)は他の辺を直径とする半円の面積の和($S_1 + S_2$)に等しくなる(図9).

> **問**
> 上のことを証明してみよう.

　一方，ヒッポクラテスという人は，月型の面積と矩形の面積の相等に拘った人みたいである．紀元前5世紀頃の人らしいが，三日月型の面積の和が，直角三角形の面積に等しくなることを示した(図10)．これは「ヒッポクラテスの月」と呼ばれている.

　当時，紀元前5世紀頃のギリシャで問題となっていた三つの数学上の難問があった．いわゆるギリシャの三大作図問題である(第三章で述べた)．その

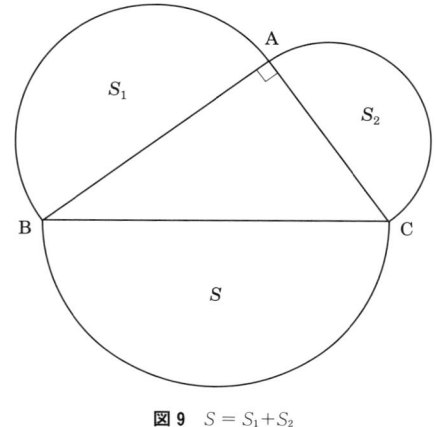

図 9 $S = S_1 + S_2$

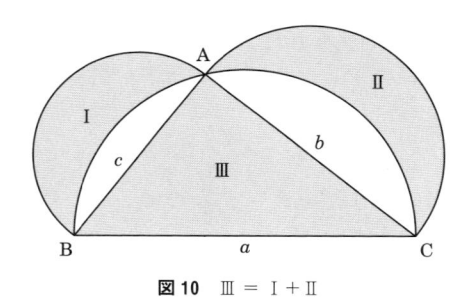

図 10 $\text{III} = \text{I} + \text{II}$

一つが円の平方化があった．与えられた円の面積と等しい面積を持つ正方形を作図せよという問題である（円積問題）．

ヒッポクラテスの月は円弧の面積を三角形の面積で表せることを示しており，平方化への一歩かという大きな期待を抱かせたようである．他にも月形の面積に関する等積の問題をいくつも証明している（ヒース『ギリシア数学史』より）．

ところで古代エイプトやバビロニアで使われていた $3, 4, 5$ を用いた直角をつくる作図法は，ピタゴラスの定理の逆である（222 ページの(1)式）．つまり，

$$b^2 + c^2 = a^2 \Longrightarrow \angle A = 90°$$

このことを背理法で示してみよう．

（ア）$\angle A > 90°$ と仮定する（図 11）．

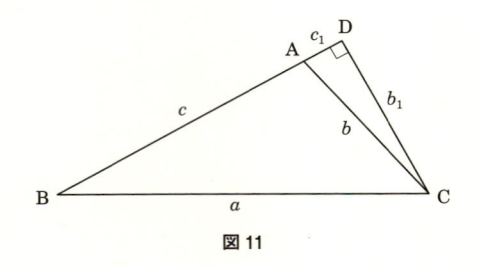

図11

三角形 ABC において，点 C より BA の延長上に垂線を下し，その足を D とする．$AD = c_1, CD = b_1$ とする．三角形 DBC は直角三角形なので，すでに (2) 式の証明は済んでいるので

$$(c+c_1)^2 + b_1^2 = a^2$$
$$c^2 + 2cc_1 + c_1^2 + b_1^2 = a^2$$

また，三角形 CAD も直角三角形なので，

$$c_1^2 + b_1^2 = b^2$$

以上のことより

$$c^2 + 2cc_1 + b^2 = a^2$$

ところが仮定より $b^2 + c^2 = a^2$ なので $2cc_1 = 0$．よって，$c_1 = 0$ となり，A と D は同じ点となる．$\angle D = 90°$ なので，これは仮定（$\angle A > 90°$）に反する．したがって，$\angle A \leqq 90°$ となる．

（イ）$\angle A < 90°$ と仮定する（図 12）．

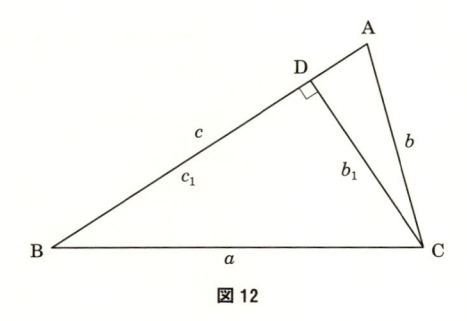

図12

三角形 ABC において，点 C より BA 上に垂線を下し，その足を D とする．$BD = c_1, CD = b_1$ とする．このとき，

$$c_1 < c, \qquad b_1 < b$$

三角形 DBC は直角三角形なので，(2) 式はすでに証明済なので

232

$$c_1^2 + b_1^2 = a^2$$

以上のことと仮定より

$$a^2 = b^2 + c^2 > c_1^2 + b_1^2 = a^2$$

これは矛盾.

以上の（ア）,（イ）より $\angle \mathrm{A} = 90°$ となる.

2.4●ピタゴラス数を探そう

ところで，$a^2 = b^2 + c^2$ を満たす整数は，$3, 4, 5$ 以外にもある．例えば，それを整数倍した $6, 8, 10$ もそうである．そのような整数はピタゴラス数と呼ばれている．

一般に，m, n を整数としたとき，次の式で得られる正の数はピタゴラス数である．

$$m^2 - n^2, \ 2mn, \ m^2 + n^2$$

	m^2-n^2	$2mn$	m^2+n^2
$m = 2, \ n = 1$ のとき，	3,	4,	5
$m = 3, \ n = 1$ のとき，	6,	8,	10
$m = 3, \ n = 2$ のとき，	5,	12,	13
$m = 4, \ n = 1$ のとき，	8,	15,	17
$m = 6, \ n = 1$ のとき，	12,	35,	37

……

このようにピタゴラス数は無限にたくさんある．

しかし，$x^n + y^n = z^n \ (n \geqq 3)$ を満たす整数解はあるかという問題になると途端に難しくなる．これはフェルマの問題と言われる．「そのような整数の解は存在しない」というのがフェルマの定理と呼ばれるもので，長年の懸案の問題であったが，350 年後の 1995 年にイギリスの数学者ワイルズによって解決された．

さて，上に述べたピタゴラス数を探す問題に戻ろう．$a^2 = b^2 + c^2$ の両辺を a で割ると

$$1 = \left(\frac{b}{a} \right)^2 + \left(\frac{c}{a} \right)^2$$

$\dfrac{b}{a} = x, \ \dfrac{c}{a} = y$ とおくと

$$x^2+y^2 = 1$$
$$y^2 = 1-x^2 = (1-x)(1+x)$$

ここで

$$\frac{y}{1+x} = \frac{1-x}{y} = \frac{n}{m}$$

とする（n, m は整数）と，x, y に関する連立方程式ができる.

$$nx-my = -n$$
$$mx+ny = m$$

これを解いて

$$x = \frac{m^2-n^2}{m^2+n^2}, \qquad y = \frac{2mn}{m^2+n^2}$$

$\dfrac{b}{a} = x,\ \dfrac{c}{a} = y$ なので

$$a:b:c = m^2+n^2 : m^2-n^2 : 2mn$$

　二乗のときはこのように整数解が無数に存在するのに，三乗以上になった途端に 300 年の歴史を経なければならないのだから，数学って奴は…奥深いものである.

3 たまには散歩もいいものだ
一筆書き

3.1●距離のある世界

　私たちは距離のある世界に住んでいる．前の節ではピタゴラスの定理を巡って述べてきたのだが，このピタゴラスの定理は幾何学の定理としての重要さだけではなく，はるか後世になって別の意味で重要な役割を果たすことになる．実は，私たちは想定以上にピタゴラスさんのお世話になっているのである．

　フランスの数学者ルネ・デカルト（1596—1650）は，1637 年に出版した『方法序説』（岩波文庫）の付録で，座標系の導入を示した．平面上に二本の直交する直線を考え，座標を導入したことである．このことにより代数式で表現されるさまざまな曲線が図式化され，幾何学と代数との結びつくことになり，数学が飛躍的に発展することとなる．座標を使った幾何学は座標幾何学とか解析幾何学とか呼ばれている．この座標を使った幾何学で基本的な概念の一つは距離である．座標幾何学から考えたときにピタゴラスの定理は距離を定義しているのである．

　座標平面を考えてみよう．点 P と点 Q の座標を (x_1, y_1), (x_2, y_2) とする．点 P と点 Q の距離（＝ 線分 PQ の長さ）を次の式で定義する．

$$\overline{\mathrm{PQ}} = \sqrt{(x_1-x_2)^2+(y_1-y_2)^2} \tag{*}$$

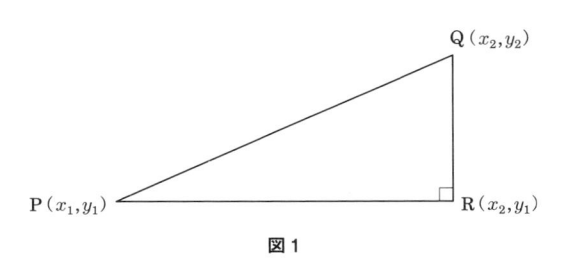

図 1

この $(*)$ は，点 R の座標を (x_2, y_1) としたとき三角形 PQR でのピタゴラスの定理である．

ピタゴラスの定理は

$$\overline{\mathrm{PR}}^2 + \overline{\mathrm{RQ}}^2 = \overline{\mathrm{PQ}}^2$$

であるが，これを座標を使って書くと

$$\overline{\mathrm{PR}}^2 = |x_1 - x_2|^2 = (x_1 - x_2)^2$$
$$\overline{\mathrm{RQ}}^2 = |y_1 - y_2|^2 = (y_1 - y_2)^2$$

これらの式を $\overline{\mathrm{PQ}} = \sqrt{\overline{\mathrm{PR}}^2 + \overline{\mathrm{RQ}}^2}$ に代入すれば $(*)$ を得る．

つまり，平面幾何学における長さはピタゴラスの定理が成り立つことを前提としているのである．

ユークリッド幾何学は，無理数の発見により数での表現を避け，表向きには量を出さず線分等の長さで処理をしようとしたのである．どこにも，その長さの定義が明確に述べられてはいない．しかしながら，座標を導入してわかるように，そこにおける長さはこのピタゴラスの定理で定義される長さなのである．座標の導入により，二点間の距離という概念を数式的に扱えるようなったのである．そこで改めて距離ということを定義しておこう．

今考えている平面（または空間）の任意の二点 P, Q に対して，P と Q の間の距離とは次の条件を満たしている実数に値を持つ関数 d (distance) のことをいう．P と Q の間の距離を $d(\mathrm{P}, \mathrm{Q})$ と表す．

（1）$d(\mathrm{P}, \mathrm{Q}) \geq 0$　　（正値性），
（2）$d(\mathrm{P}, \mathrm{Q}) = 0 \Longleftrightarrow \mathrm{P} = \mathrm{Q}$
（3）$d(\mathrm{P}, \mathrm{Q}) = d(\mathrm{Q}, \mathrm{P})$　　（対称性）
　　　（P から Q への距離と Q から P への距離は変わらない）
（4）$d(\mathrm{P}, \mathrm{Q}) + d(\mathrm{Q}, \mathrm{R}) \geq d(\mathrm{P}, \mathrm{R})$　　（三角不等式）
　　　（三角形にたとえていうと二辺の長さの和は，残りの辺の長さよりも長いか等しい）

上に見た平面上の座標で考えたピタゴラスの定理から導入される距離 $(*)$ はこの四つの条件を満たしており，ユークリッドの距離と呼ばれる．したがって，この距離を持つ平面をユークリッド平面という．

私たちの住んでいる三次元の空間 W に座標を導入して考えて，

$$W = \{(x, y, z) \mid x, y, z \text{ は実数}\}$$

とする．このとき，二点 $P(x_1, y_1, z_1)$ と $Q(x_2, y_2, z_2)$ に対して

$$d(P, Q) = \sqrt{(x_1 - x_2)^2 + (y_1 - y_2)^2 + (z_1 - z_2)^2}$$

と定義することにより，d は空間 W の距離となる．これもユークリッドの距離である．同じようにユークリッド空間という．

問

上の距離がピタゴラスの定理を使っていることを確かめよ．

また，数直線の場合は，数直線上の二点 $P(a), Q(b)$ に対して，$d(P, Q) = |a-b|$ とするとき，この d は数直線上の距離になる．このことを示せ．（これもユークリッドの距離という．）

さて，それでは座標平面上の距離は，ユークリッドの距離だけなのだろうか？ 実は，同じ平面や空間上でも距離の条件を満たしている関数 d はすべて距離と呼ばれるので，距離はたくさんある．座標平面上でユークリッドの距離と異なる距離としては次のようなものがある．シンボル d で書くと区別できないので，d_0, d_1, d_2 と表記して，d_0 を（*）のユークリッド距離とする．他の二つは以下のような距離である．

座標平面上の二点 $P(x_1, y_1), Q(x_2, y_2)$ 対して，

$$d_1(P, Q) = |x_1 - x_2| + |y_1 - y_2|$$

$$d_2(P, Q) = \max\{|x_1 - x_2|, |y_1 - y_2|\}$$

（右辺の中かっこの中は大きい方を取るという意味）

さて，これらの三つの異なる距離に対して具体的に見ておこう（図2，次ページ）．

このように，同じ三角形に対しても距離によって辺の長さが違ってくる．この例のように，ピタゴラスの定理が成り立つのは最初の距離のときだけである．最後の距離の例では，ピタゴラスの定理では直角三角形であるものが，この距離 d_2 では正三角形なのである．

私たちの常識に一致するのは最初の距離であり，ピタゴラスさんにお世話になっているのである．そうなると円はどうなるのだろうか？ 円の定義は，一点から等しい距離にある点の集まりである．そこで，原点 $(0,0)$ を中心とした半径 1 の円を考えてみよう．

図3（239ページ）のどれも半径 1 の円である．考えている距離が違うだけ

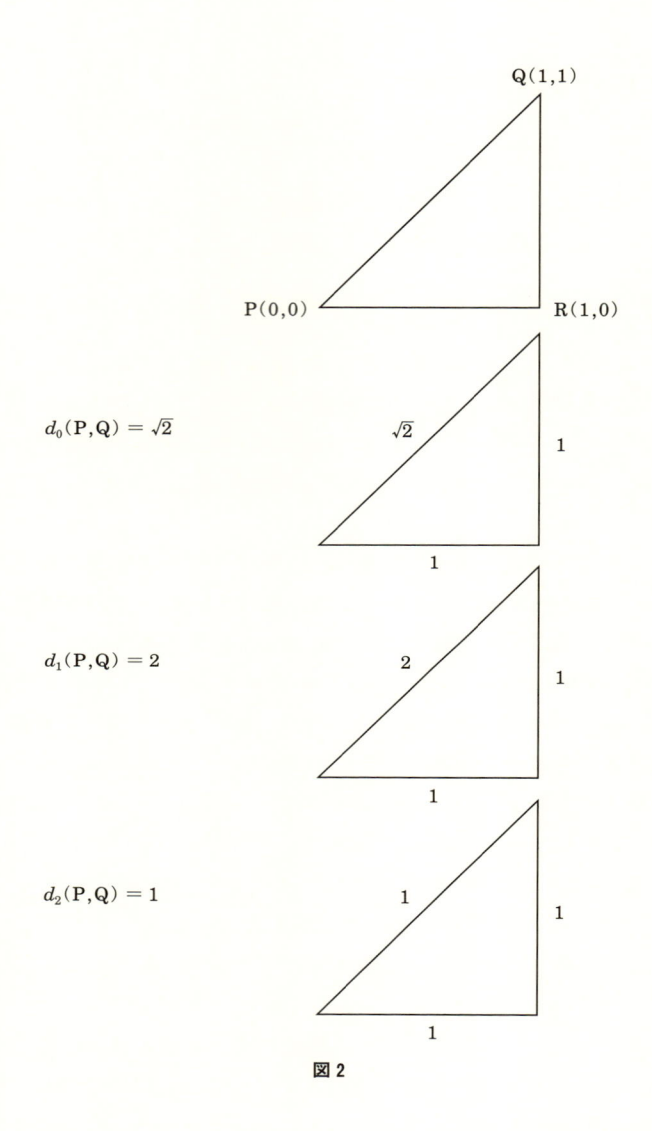

図 2

である．どれがどの距離の円かわかるだろうか？

　したがって，円が丸いといえるのはユークリッドの距離の場合だけなのだ，これもピタゴラスさんのおかげなのだ．このように，円はあるときは丸く，あるときは四角くもなる．あの四角四面の親父さんが最近丸くなったのは，ピタゴラスさんを理解できたということかな？

　数学は，ある定義や公理などを考えたときにそれを満たすものであればな

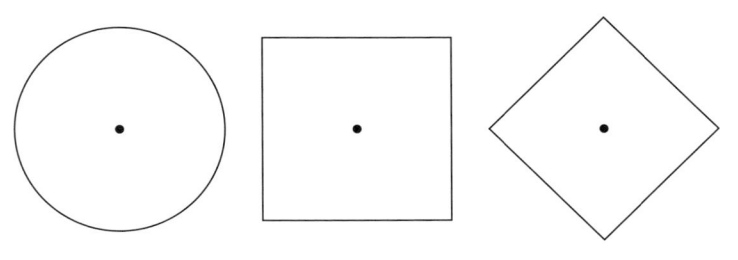

図3 これらはすべて円である

んでもいいのである．カントールの言葉のように数学の本質は自由にある．数学というとすごく硬直したものだと考えがちであるが，実はもっとも自由度の高い学問なのである．だからこそ，いろんな現象を解明するのに応用が利くということでもある．

　距離の概念は，幾何学的には長さを定義するものであり，そこではじめて面積などの量を考えることができるようになる．一方で距離は近さの概念でもあり，いわゆる収束とか極限の概念を考えることができるようになる．ところが，距離をこえて近さの概念を一般化することもできる．それが位相（トポロジー）の概念である．いま考えている集合に開集合や近傍といった部分集合の族を指定することでもって，近さを捉えていく方法である．計量すら使わずに空間を捉えようとするのだから…，「どこまで無謀なの？　数学は…」と言いたいのだが，それが位相数学という数学の分野なのである．次節以降でほんの少しだけ触れてみよう．

3.2●距離のない世界を覗いてみよう

　私たちが通常考えている図形や幾何学は，計量（距離）がもとになっている．図形を扱うときは，正方形であれば辺の長さがすべて等しくて，すべての角が直角であるといった具合に長さや角度といった量をもとに考える．そのような考えの下では，図形の合同や相似といった概念で図形を分類し，その分類を特徴づける不変量が重要になる．それは長さや面積といったものである．合同であれば長さも面積も不変であるし，相似であれば長さの比が不変である．したがって，合同条件とか相似な条件が重要になる．

　しかし，前節の最後で触れたように，まったく計量を考えない捉え方が存在する．そこでは，正方形も三角形も円もすべて同じ図形として取り扱う．

この場合に，この図形を特徴づけるのは，閉じた線が平面を二つの領域に分割するという性質であることがわかる．さらには，これらの図形を構成している頂点とか辺とかに注目をすれば，正方形は四つの頂点と四つの辺からなっている．三角形は三つの頂点と三つの辺からなっている．円は一つの頂点と一つの線からなっていると考えれば（円は二つの頂点からなり，二つの線でできていると考えても同じことである），どれも

　　　頂点個数−辺（または線）の個数 ＝ 0

となる．これは図形の計量的な見方ではなく，つながり方を示している量である．このような見方をすることで，図形を扱う数学の世界は広がっていく．

　そのようなものとしてよく知られたケーニヒスベルグの七つの橋の問題というのがある．現在，ケーニヒスベルグはロシアの飛び地で，リトアニアとポーランドの間にあり，バルト海に面しカリーニングラードと言っている（哲学者カントの故郷である）．この町にはプレーゲル川が流れており，七つの橋がかかっている．「この七つの橋を二度渡らずにすべての橋を通って散歩できるか」というのがその問題である．

　1735 年にスイスの数学者レオンハルト・オイラー（1707—1783）が不可能であることを示したことで知られる．

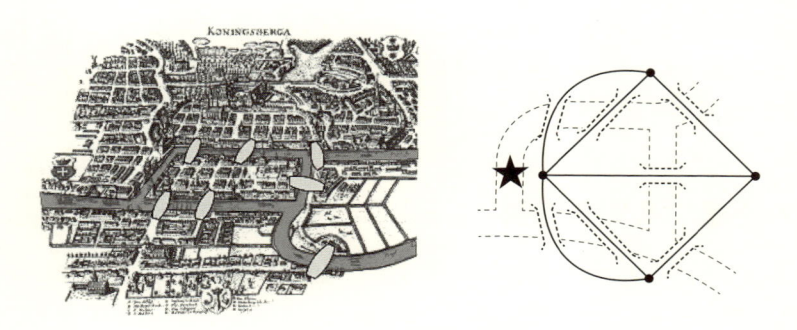

図 4　ケーニヒスベルクの七つの橋の問題

　オイラーは，これを点と線のつながり方（図 4 右）の問題に転換したのである．図 4 左での地域を点で示し，橋を通る経路のすべてを線で示したのが図 4 右である．

　この点と線の右図で，任意の点を出発してこの経路（道）を一度だけ通ってもとに戻れるかということである．この右図で★を出発地点と考えてみよう．

七つの橋を渡って最後にここに戻ってくるとすれば，出発の道と帰ってきた道の二本が必要である．また，この地に入ってくるほかの道は散歩の途中の道なので，それは必ず出ていく必要があり，入ってくる道は出ていく別の道とセットで考えなければならない．したがって，この★のところの道は偶数でなければならない．ところが，★のところの道は奇数なので，★を出発し最後に★に戻る散歩はできない．ほかのところを出発点としても，すべて奇数になっており不可能となる．

　では，★を出発して，すべての橋を通って別の地域を終点とする散歩はできるのか？　★に最後に戻ってくる必要はないので，この地域を通る道は奇数である．また，最後に戻る地域も奇数である．つまり，出発地域とゴール地域は奇数本の道がある．

　ところが，途中の地域は，この地域に入ってくれば必ず別の道で出ていくということになる．したがって，出発地域でもゴール地域でもない地域は偶数本の道でなければならない．しかし，右図は偶数本の地域は存在しない．このような渡り方をしても不可能だということがわかる．こうして，この問題の散歩の仕方は不可能ということになる．

　このような点と線の問題は一筆書きの問題と呼ばれている．計量ではなく点と線のつながり方を問題にしている数学は，前節3.1の最後でも触れた通称トポロジーと呼ばれている数学である．一筆書きのような数学の分野が発展して，現在はグラフ理論と呼ばれている分野である．

　さて，一筆書きの問題とは，与えられた点と線の図形をある点を出発点として，鉛筆を図形から離さずにすべての辺を通るようになぞることができるかという問題である．小さいときによくやったのは，そのような図形そのものを書くことだったのではないだろうか．

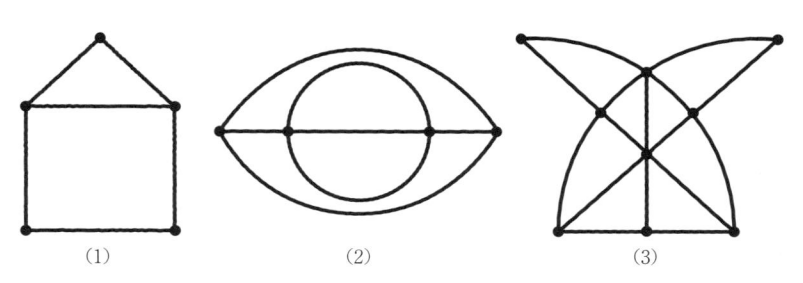

図5

図5の(1)はスタート地点の選び方で異なってくる．どこをスタート地点とすればよいかを考えてみよう．図5の(2)や(3)はどうだろうか．このような図を線系図という．線系図とは点と線からなるものである．したがって，直線や曲線が交わってできる点は線系図の点として考えて，頂点と呼ぶことにする．

　一筆書きについて，上記の説明をまとめれば下記のようになる．

　点と線でできた図形(線系図)がすべてつながってできているときに連結という．また，奇数個の線が出ている頂点を奇頂点，偶数個の線が出ている頂点を偶頂点という．

●定理1

連結な点と線でできる線系図が奇頂点を持たないならば一筆書きできる．この場合はどこを出発点してもよい．

●定理2

連結な点と線でできる線系図が奇頂点を二個持つならば，一方を出発点とし他方を終着点とする一筆書きできる．二つ以上の奇頂点を持つ線系図の一筆書きはできない．

　図5の(1)も(2)も奇頂点を二つ持つので一筆書き可能である．(2)で，一本線(直線とは限らない)を加えて，どこを出発点としても一筆書きできるようにできる．

> **問**
> 図5の(2)で，一本線(直線とは限らない)を加えて，どこを出発点としても一筆書きできるようにせよ．

　図5の(3)は四つの奇頂点があり，不可能である．

　この一筆書きの問題と似たような問題として，「すべての点を一度だけ通ってもとに戻る道が存在するか」というハミルトン閉路(そのような路をいう)という問題がある．アイルランドンの数学者ウイリアム・ロワン・ハミルトン卿(1805―1865)により提唱された．ハミルトン卿の作った例は，図6のようなものである．

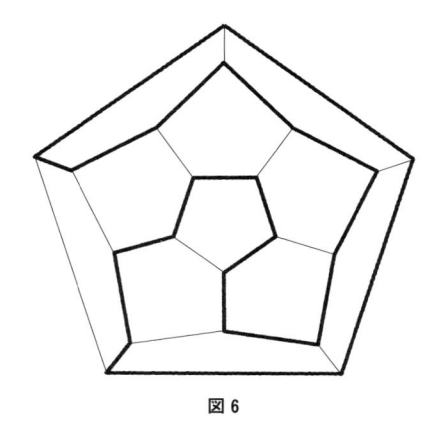

図6

　ハミルトンの存在に関する必要十分条件を求める問題は未解決である．十分条件としては次のオーレの定理などが知られている．

●オーレの定理

　連結な線系図の隣りあってない二つの頂点の次数の合計が頂点の数より多ければ，ハミルトンの閉路が存在する．

●ディラックの定理

　任意の頂点の次数が，$\dfrac{頂点数}{2}$ 以上ならハミルトン閉路が存在する．

　これらの定理は十分条件なので，これらの条件を満たさなくてもハミルトン閉路は存在する．次の図形に対するハミルトン閉路を見つけてみよう（図7，次ページ）．

　さて，点と線の図形の図5の(1)〜(3)を線また曲線で囲まれた領域を含めた平面図形と考えてみよう．領域を囲む線（曲線）を辺ということにする．

	頂点	辺	面
(1)	4	5	2
(2)	4	7	4
(3)	9	16	8

243

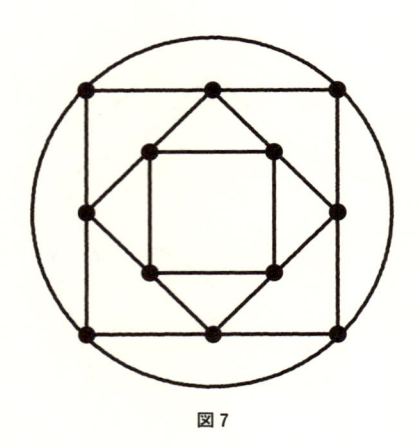

図 7

このとき，$\chi =$ 頂点の数$-$辺の数$+$面の数　とすると

$$\chi((1)) = 4-5+2 = 1$$
$$\chi((2)) = 4-7+4 = 1$$
$$\chi((3)) = 9-16+8 = 1$$

この数はオイラー標数と呼ばれる．

　つまり，平面上に連結した点と線からなるどんな図（線形図）を描いても，そのオイラー標数は常に 1 になる．もし，これらの図形の外側の有界でなき領域を面と考えれば，オイラー標数は 2 になる．

　以上のことは，平面図形を計量的に見るのではなく，その構成要因の点と線と面のつながり具合を数学しようというわけである．少し先走るが，オイラー標数が 2 であることを用いて，次のような課題を考えてみよう．図 8 のようなボールの表面に描かれた線系図においては，オイラー標数 χ は常に 2 となる（このことは次節で説明する）．

●**課題**

　正六角形と正五角形を使ったサッカーボールを作りたい．正五角形のピースは何個必要ですか．ただし，各頂点での状況はどこでも同じだとする．

　実は，答えは 12 個である．その理由を説明をしよう．

　正五角形と正六角形が頂点ではり合わさっている状態を考える（図 8）．

　このとき，このボール上の頂点並びに辺とは貼り合わさるときの矩形（五

図 8

角形や六角形）の頂点や辺を指しており，面とはその矩形そのものを指す．

　「サッカーボールの表面のオイラー標数は 2 である」とは，次のことである．

　サッカーボールの頂点の個数を v，辺の個数を e，面の個数を f としたとき，

$$v - e + f = 2 \qquad\qquad (1)$$

いま，正六角形が m 個，正五角形が n 個必要だとしよう．そうすると

$$\text{頂点の総数は} \qquad 6m + 5n$$
$$\text{辺の個数は} \qquad 6m + 5n$$
$$\text{面の個数は} \qquad m + n$$

すぐわかることは，各頂点は三枚で貼り合わさっている．（この二種類を使う場合，二枚はあり得ないから三枚以上だが，四枚以上もない．）　頂点の総数は $6m + 5n$ だが，各頂点での貼り合わせが三枚なので，

$$\text{頂点の個数} \quad v = \frac{1}{3}(6m + 5n)$$

辺の総数は $6m + 5n$ だが，各面は辺で接しているので二回カウントしていることになるので，

$$\text{辺の個数} \quad e = \frac{1}{2}(6m + 5n)$$

$$\text{面の個数} \quad f = m + n$$

以上を (1) に代入する

$$\frac{1}{3}(6m + 5n) - \frac{1}{2}(6m + 5n) + m + n = 2$$

$$2m - 3m + m + \frac{5n}{3} - \frac{5n}{2} + n = 2$$

$$n = 12$$

よって，五角形が 12 個必要である．

　図形の面のつながり方を数学として捉えるとき，重要な役割を果たすのがオイラー標数という量であることがおわかりいただけたであろうか．

4 宇宙は多面体でできているか
プラトンの多面体

4.1●球面を考える

　近年，立体の図が書けない大学生がいるということを耳にするようになった．空間認識を育てる意味で立体は重要な教材である．ここでは，球の表面である球面について考えてみよう．つまり，

　　$\{(x,y) \mid x^2+y^2 = 1, \ x, y \ は実数\}$

　　$\{(x,y,z) \mid x^2+y^2+z^2 = 1, \ x, y, z \ は実数\}$

　　$\{(x,y,z,w) \mid x^2+y^2+z^2+w^2 = 1, \ x, y, z, w \ は実数\}$

などである．

　最初の集合は円で**一次元 球 面**ともいう．二番目は**二次元 球 面**，三番目は**三次元 球 面**と呼ばれる．二次元球面までは絵に描けるが三次元は無理である．

　21 世紀初頭に話題になった**ポアンカレの予想**は，三次元球面の位相的特徴

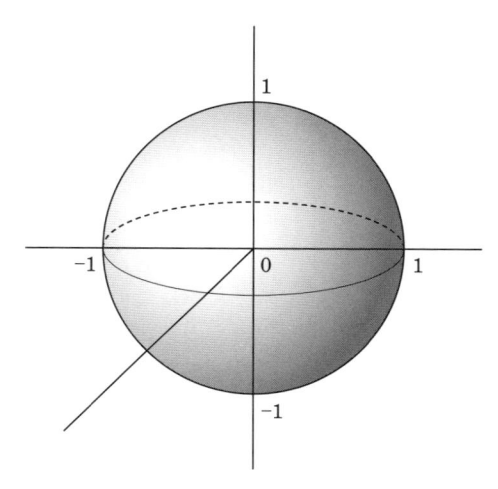

図1　二次元球面

づけであった．専門的用語で述べれば，「コンパクトで単連結な三次元多様体は三次元球面と位相同型である」という予想である．2006 年にロシアの数学者グリゴリー・ペレルマンによって肯定的に解かれたのだが，NHK テレビでも放映されたようにペレルマンは，フィールズ賞（数学のノーベル賞ともいわれる）も辞退して，その後人前に姿を現していないという．話はそれるが，ノーベルは数学が嫌いだったとかで，ノーベル賞には数学部門はない．

さて，ここで考えるのは二次元球面である（図 1）．

いま，球面の中に一本の線分があると考えてみよう．この線分を中心から球面に投影してみると曲線ができるが，これはちょうど中心とその線分とを含む平面と球の表面との交わりでできる円（これを**大円**という）の一部であることがわかる（図 2）．

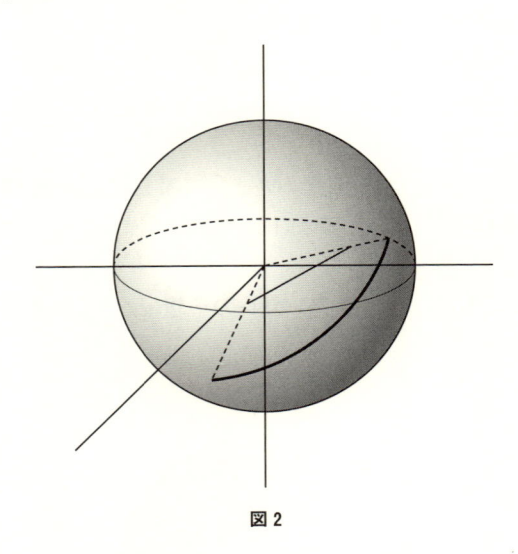

図 2

この大円の弧が，球面上では二点を結ぶ一番短い線であり，直線の役割を担うのである．したがって，球面上の三角形はこのような大円の弧で囲まれた三角形を指す．そのような三角形は円の内部にある三角形を中心から投影しても得られる（図 3）．

これらの三角形の面積についてみてみよう．

いま，図 4 のような半径が 1 の球面上にある三角形を考える．この三角形の内角の角度とは，交わった円のそれぞれの接線でできる角度のことである．

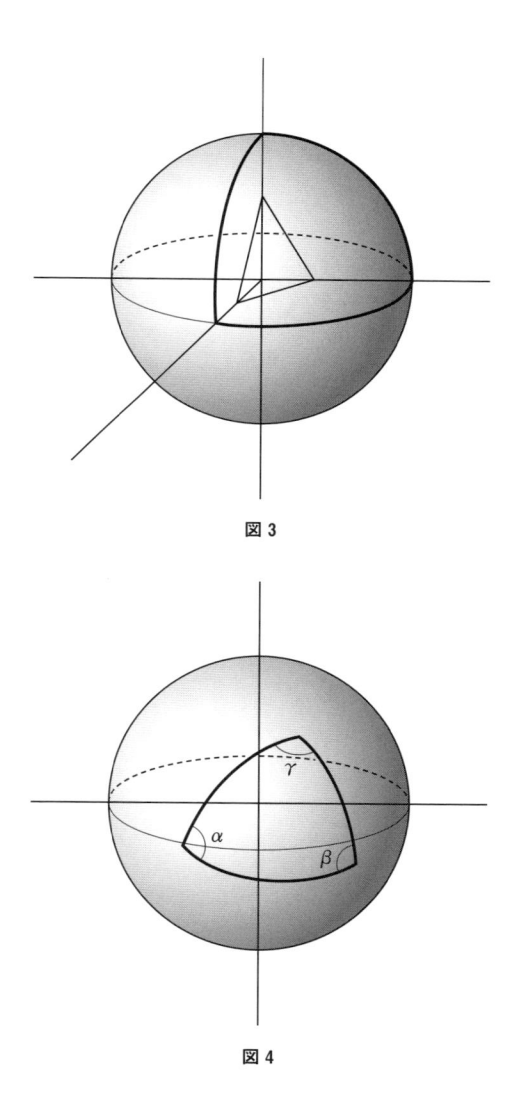

図 3

図 4

　この三角形の面積を求めるために図 5（次ページ）のような三つのスイカ型の面積を考える．それぞれの頂角を α, β, γ とし面積を $\Delta_\alpha, \Delta_\beta, \Delta_\gamma$ とすれば，

$$\Delta_\alpha = \frac{\alpha}{2\pi}S, \qquad \Delta_\beta = \frac{\beta}{2\pi}S, \qquad \Delta_\gamma = \frac{\gamma}{2\pi}S$$

となることが容易に分かる．ただし，S は半径 1 の球面の面積である．つまり，$S = 4\pi$ である．

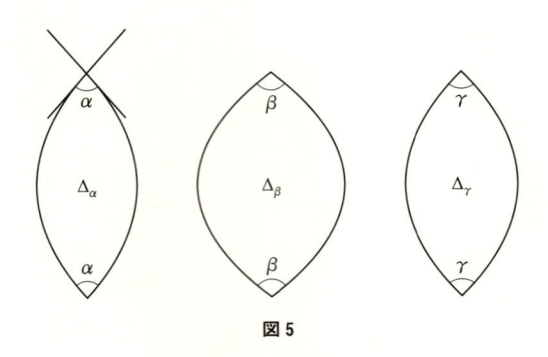

図5

図 4 の三角形の面積を Ω とする．いま，このスイカ型で球面が覆われている状況を考えると $2(\Delta_\alpha+\Delta_\beta+\Delta_\gamma)-4\Omega=S$ であることがわかる．これより

$$\Omega = \frac{1}{4}\{2(\Delta_\alpha+\Delta_\beta+\Delta_\gamma)-S\}$$

である．整理すると

$$\Omega = \frac{1}{4}\{2(\Delta_\alpha+\Delta_\beta+\Delta_\gamma)-S\}$$
$$= \frac{1}{4}\left(\frac{\alpha}{\pi}S+\frac{\beta}{\pi}S+\frac{\gamma}{\pi}S-S\right)$$
$$= \frac{1}{4\pi}(\alpha+\beta+\gamma-\pi)S$$

となる．$S=4\pi$ なので，

$$\Omega = \alpha+\beta+\gamma-\pi \tag{1}$$

が得られる．

$\Omega>0$ なので，この式より球面上の三角形の内角の和は常に $\pi=180°$ よりも大きくなることがわかる．

> 球面上の三角形の内角の和は常に $180°$ より大きい．

この章の第 1 節では，三角形の内角の和は $180°$ より小さいことをみた．こうして，三角形の内角の和は，どこで考えているかによって，$180°$ にもなるし $180°$ より小さくも大きくもなるのである．

次に球面上の多角形を考えてみよう．球面上の n 角形とは球面上の n 個の点を大円の弧で結んでできる図形のことである（図 6）.

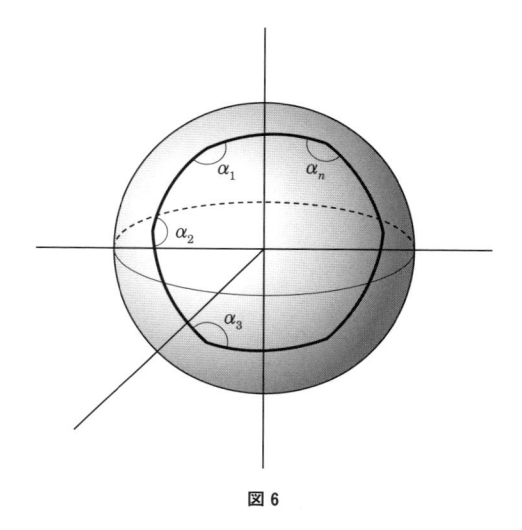

図 6

いま，球面上の n 角形の頂角を $\alpha_1, \alpha_2, \cdots, \alpha_n$ とするとき，この n 角形の面積 Ω は次の式で求められる．

$$\Omega = \alpha_1 + \alpha_2 + \cdots + \alpha_n - (n-2)\pi \tag{2}$$

問

(2)が正しいことを示してみよう．

ヒント：多角形はいくつかの三角形に分割される．それぞれの三角形の面積は(1)で求められる．

さて，ここで球面上がいくつかの多角形の領域に分割されているような地図について考えてみよう．

二つの領域は高々一つの辺を共有し，一つの辺は必ず二つの領域で共有されているとする．例えば前節 3.2 の図 8 のように．

この分割の頂点の総数を V 個とし，辺の総数を E 個とし，領域の個数を F とする．ただし，各領域は少なくとも三本以上の線で囲まれており，スイカ型の領域はないものとする．

このとき，V, E, F の間には次のような関係式が成り立つことがわかる．

$$V - E + F = 2 \tag{3}$$

このことを示してみよう．

いま，この F 個の領域の面積を $\Omega_1, \Omega_2, \cdots, \Omega_F$ とし，その辺の数を $k_1, k_2, \cdots,$

k_F とする．このとき，(2) より

$$\Omega_i = \alpha_{i_1} + \alpha_{i_2} + \cdots + \alpha_{i_{k_i}} - (i_{k_i} - 2)\pi$$
$$= (\alpha_{i_1} + \alpha_{i_2} + \cdots + \alpha_{i_{k_i}}) - i_{k_i}\pi + 2\pi$$
$$(i = 1, 2, \cdots, F) \tag{4}$$

球面の面積は 4π なので，

$$4\pi = \Omega_1 + \Omega_2 + \cdots + \Omega_F \tag{5}$$

である．

ここで，(5) の右辺の式を考察してみよう．

まず，(4) の式を加えたときに第一項がどうなるか考えてみよう．これは角度に関する項であるが，一つの頂点に集まっている角度の総和は 2π であり，頂点の総数は V 個なので，すべての角度の総和は $2\pi V$ である．

次に，第二項についてみてみよう．i_{k_i} は一つの領域の辺の数であるから，i_{k_i} を加えるというのは，各領域の辺の数をすべて加えることと同じである．ところが，どの辺も必ず異なった二つの領域の共通の辺であるから，同じ辺が二度加えられている．ところで辺の総数を E 個としているので，i_{k_i} を加えると $2E$ となり，第二項の和は $2E\pi$ となる．

最後に，第三項を考えてみると，F 個の領域を加えるので，$2F\pi$ となる．

こうして，(5) 式の右辺は，$2\pi V - 2E\pi + 2F\pi$ であるので，

$$4\pi = 2\pi V - 2E\pi + 2F\pi$$

となり，

$$V - E + F = 2$$

が得られる．つまり，(3) 式は，球面がどのような多角形の領域に分割されようとも

$$(頂点の個数) - (辺の個数) + (多角形の個数) = 2$$

となるということであり，この値は球面の領域の分割の仕方にはよらない．

(頂点の個数) − (辺の個数) + (多角形の個数) は**オイラー標数**（ひょうすう）と呼ばれている．

オイラー標数は，組合せ的不変量とか位相的不変量とか呼ばれるもので，位相幾何学の研究では重要な量である（位相数学の中で主として幾何学的対象を扱うときに位相幾何学という）．

先ほどのペレルマンの話に出てきた位相同型という概念は，一対一の双連続的な変形を意味しており，このような変形で移りあえる二つの図形は**位相同型**（どうけい）と呼ばれている．オイラー標数はそのような位相的な変形で不変な量で

ある．つまり，球面と位相同型な図形に対しては，オイラー標数は常に2になる．したがって，オイラー標数が違えば，位相同型ではないことを意味している．もっとも，オイラー標数を定義するためには球面でない図形にも分割という概念をきちんと定義しなければならないので，これ以上深入りするのはやめて，一つの例を挙げておこう．

次の図形はドーナツである．球面とおなじようにその表面だけを問題にしよう（ドーナツの表面図形のことをトーラスという）．

この表面を多角形に分割して考えてみたいのだが，図7のような線はこの図形の上で直線と見なしてもいいであろう．そうすると四角形が四つできることになる．

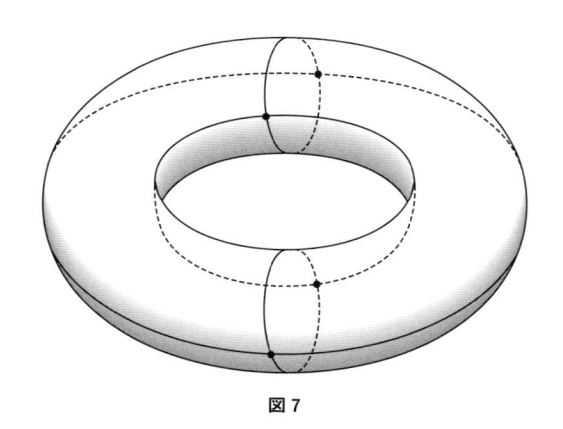

図 7

この場合の頂点と辺と多角形の個数を数えてみると

　　頂点 ＝ 4,　　　辺 ＝ 8,　　　多角形 ＝ 4

となり，オイラー標数 ＝ 4−8+4 ＝ 0 となる．

球面のオイラー標数は2で，ドーナツ面のオイラー標数は0なので，球面をどんなに位相的な変形をしてもドーナツ面にはできないということを意味している．つまり，この二つは位相同型にはならないのである．

角度も面積も役には立たない位相的な幾何学の世界では，このような頂点，辺，領域といった組合せ的な量が重要な役割を担うのである．もっと抽象的には，図形に対して代数的不変量（ホモロジー群）を導入するのであるが，専門的すぎるのでここでは省略をしよう．

4.2●多面体のオイラーの定理

　立体の簡単なものとして直方体を考えてみよう．

　直方体は，八つの頂点と十二の辺と六つの四角形からなっているので，この組み合わせをもとにオイラー標数を計算すれば，$8-12+6=2$ となる．これは球面と同じオイラー標数である．このことは，直方体を位相的に変形すれば球面にできるから，この量は変化しない．（位相的にというのは，粘土でできていると考えて，伸ばしたり縮めたりして変形することで，自分自身をくっつけたり，切ったりしない変形である．252 ページの位相同型ということである．） 実際，直方体が粘土でできているとすれば，それを切り離したりすることなしに変形することで球形にできる．その表面は球面になる（図8）．

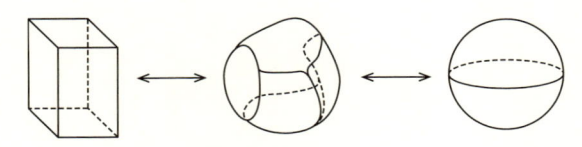

図 8　位相的な変形

　実は，オイラー標数は分割の仕方によらない組合せ的な量であることを実感するために，図9のようなすべての面を三角形にしたものを考えてみよう．

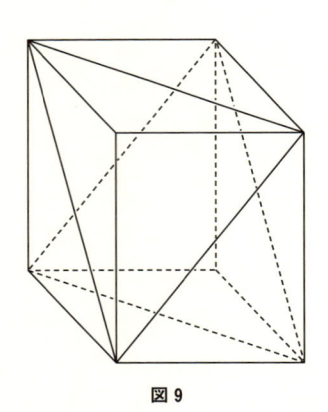

図 9

　もうお気づきかと思うが，球面と位相同型などんな閉じた多面体もそのオ
イラー標数は 2 になる．

　もう少し数学的に考えるには次のようにする．

　いま考えている多面体(簡単のために凸多面体とする)を大きな球の中に入
れる．球の中心は多面体の内部にあるようにしておく．この中心と多面体の
頂点とを結ぶ線上には多面体の辺が来ないようにしておく．そうして，これ
を中心から球面上に投影すれば球面上に球面多角形の地図ができる．

　すでに述べたように，球面上の地図のオイラー標数は 2 である．もとの多
面体の頂点，辺，多角形は，球面上の頂点，辺，多角形に写っているので，
それぞれの個数は変わらない．よって，もとの多面体のオイラー標数も 2 に
なる．したがって，凸多面体の頂点，辺，面(多角形)の個数を V, E, F とす
れば，

$$V - E + F = 2$$

となる．これを**オイラーの多面体定理**と呼ぶ．

　数学教育の現代化の嵐が吹き荒れた 1970 年代の小学校の教科書にも出て
きたオイラー標数については，教師の側もそれがどのような意味を持つのか
をあまりわかっていなかったと思われる．それは教師の側の責任というより
は，その時代までは位相幾何学や組合せ幾何学の研究者も少なく大学教育で
取り上げることがほとんどなかったからである．

　学習する内容の意味を教師としてもつかめない状態では教育はうまくいか
ない．数学の教育の内容を時代とともに変えていくことは必要ではあるが，
現代数学の成果をそのまま教育の現場に持ち込んでも混乱を招くだけだった
のである．

4.3●神が与えたもの

　多面体の中で，次の条件を満たす凸多面体を正多面体という．

（1）すべての面が合同な正多角形

（2）すべての頂点での**立体角**（りったいかく）が等しい

　これらの条件から，各頂点にあつまる辺の個数も等しいことがわかる．

　立体角とは図 10 のように一つの頂点に集まる面が連（つら）なってできる角のことである．

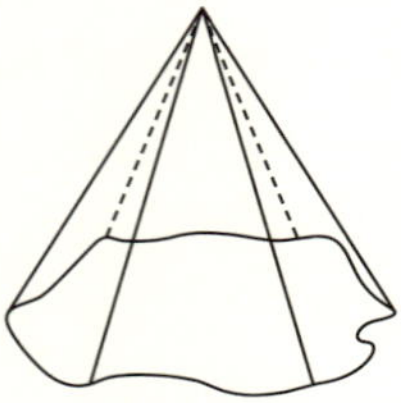

図 10

　正四面体，正六面体，正八面体，正十二面体，正二十面体の五つの正多面**体はプラトンの多面体**（ためんたい）とも呼ばれる．万物は土，空気，火，水の四つの元素から成るというギリシャ哲学を精密化して，火の基本粒子は正四面体，空気は正八面体，火は正十二面体，土は正六面体，正二十面体は神が与えたものとした（モリス・クライン『数学文化史（上）』（河出書房新社）より）．実は，正多面体はこの五種類しかない．

　いま，正多面体があるとする．その面は正 m 角形で，各頂点に集まっている辺の数を n とする（$m \geq 3$, $n \geq 3$）．いま，頂点の総数を V 個とし，辺の総数を E 個とし，正多角形の個数を F とするとオイラーの多面体定理より $V - E + F = 2$ である．

　各面は正 m 角形なので m 個の辺を持っているから，その本数は mF である．

　しかし，このとき一つの辺は隣り合う面で共有されていて，2 回数えられているので，

　　$mF = 2E$

である．一方，各頂点には n 個の辺が集まってきているので，その総数は nV であるから，

　　$nV = 2E = mF$

となる．

$$V = \frac{m}{n}F, \quad E = \frac{m}{2}F \quad を \quad V-E+F = 2 \quad に代入すると,$$

$$V-E+F = \frac{m}{n}F - \frac{m}{2}F + F = 2$$

より

$$\frac{m}{n} - \frac{m}{2} + 1 = \frac{2}{F} > 0$$

となる．これを変形すると

$$2m - mn + 2n > 0$$

$$mn - 2m - 2n + 4 < 4$$

$$(m-2)(n-2) < 4$$

が得られる．$m \geqq 3$, $n \geqq 3$ に注意すると，左辺の値は $3, 2, 1$ のいずれかになるが，

$$(m-2)(n-2) = 3 \Longrightarrow m = 3, \ n = 5 \quad または \quad m = 5, \ n = 3$$

$$(m-2)(n-2) = 2 \Longrightarrow m = 3, \ n = 4 \quad または \quad m = 4, \ n = 3$$

$$(m-2)(n-2) = 1 \Longrightarrow m = n = 3$$

である．これらをまとめると

（1）$m = n = 3$

（2）$m = 3, \ n = 4$

（3）$m = 3, \ n = 5$

（4）$m = 4, \ n = 3$

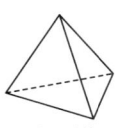
正四面体

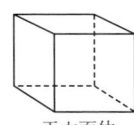
正六面体

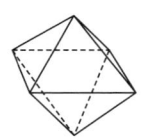
正八面体

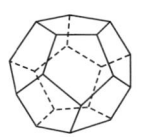
正十二面体

正二十面体

図 11

（5） $m = 5,\ n = 3$

となる．こうして，正多面体はできるとしても高々五種類であることがわかる．

　今の議論からだけでは，この五種類がすべて存在しているかどうかはわからないが，ユークリッド『原論』の第13巻には五種類の正多面体を実際につくる話があり，存在も確認できる．この五種類に対応するのが五つの正多面体である．

（1） $m = n = 3 \Longrightarrow$ 正四面体：正三角形でできている．
（2） $m = 3,\ n = 4 \Longrightarrow$ 正八面体：正三角形でできている．
（3） $m = 3,\ n = 5 \Longrightarrow$ 正二十面体：正三角形でできている．
（4） $m = 4,\ n = 3 \Longrightarrow$ 正六面体：正方形できている．
（5） $m = 5,\ n = 3 \Longrightarrow$ 正十二面体：正五角形でできている．

　正多角形は $m = 3, 4, 5, \cdots$ のすべてに対して存在するのに，このうちのたったの三種類の正多角形しか使用されず，正多面体は $4, 6, 8, 12, 20$ の5種類しかないというのだから何とも不思議である．$V - E + F = 2$ というオイラー標数によって，正多角形のつながり方が統制されているということであろう．

　次の数字を眺めていると，さらに興味深いことが見えてくる．

	V	E	F
正四面体	4	6	4
正六面体	8	12	6
正八面体	6	12	8
正十二面体	20	30	12
正二十面体	12	30	20

正六面体と正八面体では，頂点と面の個数が入れ替わっているという関係になっており，正十二面体と正二十面体でも頂点と面の個数が入れ替わっているという関係になっていることがわかる．正四面体だけは入れ替えても自分自身である．

　これを図形的に考えてみると，各面の中心に点を取れば，今の対応関係の

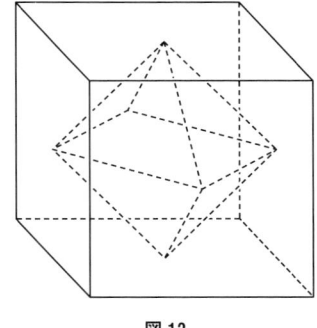

図 12

図形が得られるということを意味している．このように点と面を入れ換えて成り立つ関係を**双対**（そうつい）と呼んでいる（図 12）．

　正多面体は対称性が高い図形（対称の軸が多い）であり，物質の結晶などにも現れる形である．物質の世界で対称性の高いものが観測されるのは，その状態が一番安定していると考えられるからである．

第七章

データ

の章

1 データに紛れ込む心理
うまい話に気をつけろ！

　統計というのは目的を決めて必要なデータを収集することである．特に，データが数量的なデータであるときに，その全体を分析する方法を統計的方法という．一定の結論を得るには，データの収集が重要ということになる．

　まずは，データを収集するときにどのようなことが起きるのかを見てみよう．

1.1●干支と出生率

　日本では昔から干支にまつわる話がたくさんある．もともと中国から伝わったもので，十二支に九星を組み合わせた運勢の占いがあり，その組み合わせの中に五黄の寅というのがある．寅年でも五黄の寅年の生まれの女性は運勢も気性も強いとされる．私の知り合いの女性に五黄の寅年の方がいる．運勢に関しては知らないが，性質に関してはなるほどと妙に納得してしまうから怖い．これが人間の心理である．これはあくまで迷信であり，裏付けがあるわけではない．しかし，収集するデータの種類によっては，迷信による影響が入り込む場合のあることが知られている．

　五黄の寅の他に丙午という，女性にとってはありがたくない生まれ年がある．江戸時代に，丙午生まれの八百屋お七という女性の起こした放火事件をきっかけに，「この年に生まれた女性は気性が激しい，夫の命を縮める」という迷信ができたと言われており，親としては何としても女の子がこの年に生まれることを避けたいという心理が働くようである．一人一人の心理は個々のことなのでその限りではわからないが，誕生年や月のデータを取ることで，そこに通常と違った歪みが起きているのを見ることができる．データを集めることで見えてくるものがある．そこに，人間の心理状態がしっかりと反映されるというわけである．

　森田優三氏の「統計読本」（日本評論社）に載っている次のような例を紹介

表1　男女別出生比率表：「人口推計」（総務省統計局）
（http://www.stat.go.jp/data/jinsui/2016np/）を加工して作成

年次		出生数　総数	男	女	出生率*	出生性比**
明治38年	1905	1,452,770	735,948	716,822	31.2	102.7
39	1906	1,394,295	726,155	668,140	29.6	108.7
40	1907	1,614,472	818,114	796,358	34.0	102.7
41	1908	1,662,815	850,209	812,606	34.7	104.6
昭和18年	1943	2,253,535	1,155,983	1,097,552	30.9	105.3
19	1944	…	…	…	…	…
20	1945	…	…	…	…	…
21	1946	…	…	…	…	…
22	1947	2,678,792	1,376,986	1,301,806	34.3	105.8
23	1948	2,681,624	1,378,564	1,303,060	33.5	105.8
24	1949	2,696,638	1,380,008	1,316,630	33.0	104.8
25	1950	2,337,507	1,203,111	1,134,396	28.1	106.1
26	1951	2,137,689	1,094,641	1,043,048	25.3	104.9
39	1964	1,716,761	882,924	833,837	17.7	105.9
40	1965	1,823,697	935,366	888,331	18.6	105.3
41	1966	1,360,974	705,463	655,511	13.7	107.6
42	1967	1,935,647	992,778	942,869	19.4	105.3
平成元年	1989	1,246,802	640,506	606,296	10.2	105.6
2	1990	1,221,585	626,971	594,614	10.0	105.4
3	1991	1,223,245	628,615	594,630	9.9	105.7
4	1992	1,208,989	622,136	586,853	9.8	106.0
5	1993	1,188,282	610,244	578,038	9.6	105.6
6	1994	1,238,328	635,915	602,413	10.0	105.6
7	1995	1,187,064	608,547	578,517	9.6	105.2
8	1996	1,206,555	619,793	586,762	9.7	105.6
9	1997	1,191,665	610,905	580,760	9.5	105.2
10	1998	1,203,147	617,414	585,733	9.6	105.4
11	1999	1,177,669	604,769	572,900	9.4	105.6
12	2000	1,190,547	612,148	578,399	9.5	105.8
13	2001	1,170,662	600,918	569,744	9.3	105.5
14	2002	1,153,855	592,840	561,015	9.2	105.7
15	2003	1,123,610	576,736	546,874	8.9	105.5
16	2004	1,110,721	569,559	541,162	8.8	105.2

＊（人口1,000につき）　　＊＊（女100につき）

しよう．大筋，次のようなことである．

　出生に関してよく知られていることとしては，一年間に生まれる男性と女性の比率はどの国でもほぼ一定していて，男の子105に対して女の子100の割合だという（平成年間の出生率のデータは見事に一定している）．もちろん，栄養状態などの特殊な条件下ではこの比率に変化が起きることがあるようだが，男の子の方が女の子よりは多くうまれることには変わりがないようである．

　日本で出生の正確なデータが取れるようになったのは明治32年からだという．データを見るとその数年後の明治39年にはこの男女の比率に異常が起きている．男女の比率が108.7対100になっているのである．つまり105対100という通常の比率に比べれば異常であり，この年は女性の誕生が通常より少ないことを意味している．実は，この年が丙午にあたる．この前後の年を見ると，明治38年は102.7対100，明治40年も102.7対100である．どう考えても明治39年の前後で何か恣意的なことが起きているのではないかと疑いたくなる．

　この謎は，実は明治39年の1月に生まれた女の子を「すいません，出生届を忘れていました．実は前年の12月の誕生でした．」と役所に申告し，明治39年の12月に生まれた女の子は「出生届を遅らせて，次年度の1月に生まれました．」と申告した結果ではないかと推測される（表2参照）．

表2　月別出生数：「人口推計」（総務省統計局）
（http://www.stat.go.jp/data/jinsui/2016np/）を加工して作成

出生・死亡，年次	11 月	12 月
出生数		
明治 38 年	116,906	140,676
昭和 40 年	144,084	144,846

　フェイクなデータが紛れ込んでいる可能性が高いのである．当時は，病院で出産するよりは家庭で産婆さん（助産師）に取り上げてもらうことが多かった時代でもあり，役所への届け出も改ざんすることが容易であったとも思われる．まだ迷信への影響が強いことと社会的な状況が重なって，異常なデータになったと推測されるのである．

　ところが同じく丙午でも，昭和41年では，107.6対100であり，その前後は

105.3 対 100 と 105.3 対 100 で，前後で比率が下がっているのは明治のときと同じであるが，明治ほど極端でない．何らかのバースコントロールはあったであろうが，男女の出生比率が一定で推移することを考えれば，やはり明治のときと同じどこかフェイクなデータが入り込む要素があったと考えられる．ただ，病院での出産が多くなり記録も残っているので，届け出の偽りはしにくくなっているので明治とは違う．いずれにしても，人間の心理的な影響がデータに反映されることが起きるということの実例である．冒頭で述べた五黄の寅は昭和 25 年である．

そうなるとそのようなことが起きそうなことが身の回りにはまだまだありそうである．

ちょうど 2020 年は 4 年に一回廻ってくる閏（うるう）年である．閏年は 2 月が 29 日まである．この 29 日に生まれた人は 4 年に一度しか誕生日が廻ってこない．それでは可哀そうだというので親の心理が働くもののようである．知人の中に「自分の誕生日は実は 2 月 29 日なのだ」という人が複数いる．ただ，その方たちの生まれは昭和 19 年であった．実は，昭和 19 年から昭和 21 年までは戦争末期や終戦時期にあたり，社会全体が混乱の状態にあったので，出生のデータが残っていない．真意を確かめようもないのだが，役所への届け出もフェイクの入り込む要素は多分にあったと考えられる．

表 3 は閏年であるが，2 月前後で変化がみられる．

表 3　月別出生数：「人口推計」(総務省統計局)
(http://www.stat.go.jp/data/jinsui/2016np/)を加工して作成

出生・死亡，年次		1 月	2 月	3 月
出生数				
昭和 15 年	1940	260,318	199,012	210,177
35	1960	166,782	142,765	149,415
55	1980	135,848	125,070	129,692

さて，以上のことから言えることは次のようなことである．

（1）男女の比率がほぼ 105 対 100 という比率であるという普遍的な規則性があること．

これはデータを毎年取り続け，それを観測することで可能になったことであり，データを取り続けることの重要性がここにある．実は，男女の出生比率に一定の普遍性があること，つまり男性の方が女性より多く生まれることを発見したのは，なんと17世紀にまで遡る．17世紀の富裕なイギリス商人のジョン・グラント（1620—1674）という人の発見である．そのことから，男子は職業上の危険や戦役に従うから，結婚適齢期の男子の数は女子の数に匹敵し，一夫一婦制は結婚の自然な形であると結論付けている．グラントは趣味として，イギリスの都市の死亡記録を研究し，事故，自殺，種々の病気による死亡率がそれぞれ一定不変であることにも気づいたらしい．まさにデータは物語るということのようだ．17世紀の昔からデータの研究をしていた人がいたとは…，さぞデータ野球の野村監督も驚きであろう．

（２）(1)の規則性があってはじめて，個別の年の異常の要因や何が起きたかを突き止めることができること．

　データを収集し，そこから何らかの普遍的な規則性を見つけることが重要だということである．そのためにも統計を取り続けることは大切である．近年は地震や火山の噴火など想定外ともいえる事象が起きているが，それとても歴史をひも解くことによって，過去のデータから予測しうるものにもなる．しかし，データが真実を示しているかということに関しては何とも言えない．迷信の例のようにフェイクなデータが混じり込むことが起きる．したがって，得られたデータから何らかの結論を導き出すには慎重でなければならない．特に自己申告によるデータはフェイクが入り込む余地が大きい．そこにはどうしても人間の心理状態が反映されてしまうからである．したがって，このことを逆手にとって，先に欲しい結論を決めて，そのような結論が得られる質問紙を作って，データを取り，本当らしく見せることも可能なのである．また，結論に合わせたデータのみを取るというフェイクは昔からある．よく話題になる医学の論文などで発見されるデータのねつ造というものである．嘘から出た誠もあるが，うまい話には十分気を付けるほうがよい．
　データを集めることはいろんな意味で重要なことであるが，近年は情報システムの発達で個人の情報が一括管理される時代になって来た．その最たるものは個人番号制度である．いつの時代でも為政者は市民を管理したがるもののようである．武藤徹『統計・確率のはなし』(新日本新書)には，Dooms-

day（最後の審判）のことが書かれている．11 世紀のイギリスでのことだが，土地台帳を作って土地に課税するようになり一人残らず調べ上げられた土地台帳のことを **Doomsday Book** と呼んでいたらしい．個人番号はさしずめ Doomsday Number とでもいえようか．

2 データを視覚化する

2.1●平均的人間って？

　私たちのまわりには平均的とか平均値という言葉が溢れている．よくあるのは，「あなたは自分をどんな人間だと思っていますか？」という問いかけに対して，「自分は平均的な人間だと思う」というように答える人が少なからずいる．問いがあまりにも漠然としていることもあるが，答える側は性格，趣味，思想，行動，…などのことを想定しながら，「自分の性格は極端だとは思わないから」とか「食べ物の好みも特別に偏ってはいないから」とかいう理由づけで回答しているのではないだろうか？　このような考えに共通しているのは，いろんな項目について，偏りがないとか極端でないなどということから判断していることがわかる．自分のことを聞かれているが，多くの人の中の一人と考えていることである．

　その昔，ベルギー生まれの「近代統計学の父」と呼ばれたアドルフ・ケトレー（1796—1874）は『社会物理学』という数量的な社会学の本を書き，その中で「平均人」という概念を述べている．それは，身体，知力などのすべての点で平均的であることを指す概念であった．もちろん，すべてのことを数量的なことに還元するのは行き過ぎであり，後世になり批判され消えていったが，数量的な捉え方の重要性を認識させることになった．

　平均的というのは数量的な捉え方であり，対象となる事柄を判断することのできる多くの集まりがないと考えられないということである．その上で，その中での位置が問題とされる．

　偏りがないというのは，いま想定している人の中の多くの人と同じようであるということであろう．また，極端でないというのも，端ではなく真ん中位と考えているということではないだろうか．そうなると平均的ということは，その項目について同じような人がたくさんいる，また，真ん中くらいということをイメージしていることになる．

普通というのも自分と同じような人が多くいるという別の表現である．しかし，貯蓄高の平均値などを聞かされるたびにわびしい思いをするが，それは多くの人はこの貯蓄高だと思ってしまうからであろう．このような平均値のイメージははたして妥当なのだろうか？

次のような架空の例を考えてみよう．

●例：ある個人会社の給与

「うちの会社は若い社員が多い．だが，社長を除く 50 人の月給の平均値は約 30 万円！」

さて，あなたはこの広告からどんなことをイメージするだろうか．

これはあくまで架空の会社である．この会社は個人企業で，社長と他 2 人で共同経営をしている．社長を除いて全員で 50 人が働いている．もちろん，実際の働き方を決める要因は給与だけはないが…．学校教員の初任給は地方自治体で違いがあるが，その基本給与はほぼ 20 万円前後である．税金などを引かれて手元に残るのは 20 万円を下回り，毎年の昇給額はわずかであることを考えるとこの会社の給与は魅力的かも知れない．ここでいう平均値とは，私たちがよく使っている算術平均値のことである．

では，会社の給与の事態を見てみよう．

月給（万）	15	20	25	30	40	45	50	55	80	100
人数	8	12	10	6	4	3	3	2	2	1（社長）
給与合計	120	240	250	180	160	135	150	110	160	

社長を除く平均値（算術平均値）

$$平均値 = （120＋240＋250＋180＋150＋135＋150＋110＋160）÷50$$
$$= 30.1$$

この状態を棒グラフに示してみよう．横軸に給与を取り，縦軸に人数を取ると図 1 のような形になる．

このグラフで最も棒が高いのは 20 万円である．つまり，20 万円の給与をもらっている人が最も多いということになる．この企業の給与の平均値は 30.1 万円なので広告は間違いではない．ただ，この平均値はこの会社の最も多くの人がもらう給与よりも 10 万円も多い．また，社長以外

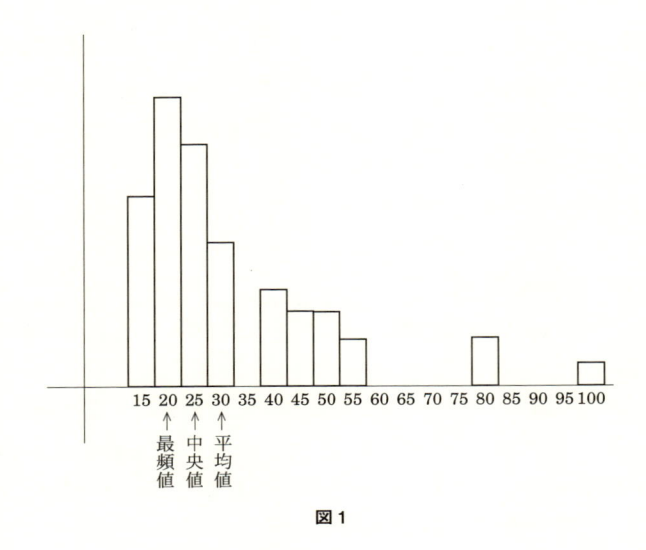

図1

　の共同経営者の2人を除いた48人の従業員の平均値も28万円であり，48人中30人が28万円以下であり，63%の人が平均給与28万円より低いということになっている．

　このようにデータを視覚化するとその違いがわかる．通常イメージしている平均的という意味での平均値とは感覚的にずれている．この企業に就職をしたい側からすれば，この平均値（この場合は算術平均値）では欲しい情報が得られないということである．つまり，算術平均での平均値を知ったとしてもあまり役に立たないことがある．

　そこで，この平均値に代わるものとしては，**最頻値（モード）**とか**中央値（メジアン）**といったものが利用される．最頻度は，このグラフの中で最も高くなっているところである．つまり，最も多くの人がもらっている給与の額ということになり，20万円が最頻値である．この企業ではこの給与20万円で働いている人が最も多いということがわかり，企業選択の情報としては算術平均値よりは役に立つ．

　一方，中央値とは給与の低い額から高い額に向かって並べたときに真ん中の値である．経営者を除いては48人である．偶数なのでデータを小さい方から並べてちょうど真ん中の人がいない．そこで，48÷2＝24番目の人と25番目の人の平均値を中央値とする．24番目は25万で25番目も25万円な

ので，25万円ということである．

$$\underbrace{15, 15, \cdots, 15, 15}_{8人}, \underbrace{20, 20, 20, 20}_{12人}, 25, 25, 25, 25, 25, 25, \cdots$$

24番目

25番目

つまり，中央値は25万円かそれ以下の人とそれ以上の人が半分ずついることを示している．

このように中央値も先ほどの算術平均値よりは，会社の給与の実態を知るには役に立つ数値である．

私たちが通常平均値と言っている算術平均よりは最頻度や中央値の方が優れている場合がある．したがって，これらを必要に応じて使い分けることが重要である．

一般に「日本人のサラーリーマンの平均賃金は○○です」と言った時，それはこれら三つの代表値のどれを指しているのかを知ることが重要である．その違いによっては寂しい思いをすることになる．家庭の収入や貯蓄高なども平均値(算術平均)よりは中央値が使われることが多い．

実際，最近よく聞く相対的貧困率の基準は収入の中央値をもとに算定されている．相対的貧困率について，阿部彩『子どもの貧困』(岩波新書)から引用してみよう．手取りの世帯所得(収入から税や社会保険料を差し引き，年金やそのほかの社会保障給付を加えた額)を世帯人数で調整($=$ 世帯所得 $\div\sqrt{\text{世帯人数}}$)し，その中央値から 50% のラインを相対的貧困基準としたもので，OECD で用いられている基準とのことである．

ところで，平成27年度(2015年度)の我が国の子どものいる世帯の相対的貧困率は 15.6% であり，その基準は 122.5 万円であった．ひと月，約10万円で生活している人がほぼ六人に一人いる計算になる．この率は，先進諸国35か国中七番目に高い数値である．社会福祉の充実している北欧諸国ではせいぜい $5\%\sim10\%$ である．ちなみに，ひとり親世帯になると 50.8% という驚くべき率になり，実に半数がこの基準以下で生活をしているということになる(厚生労働省の平成28年度国民生活基礎調査の概況より)．これではたして先進国といえるのか．統計から見えてくる国の形である．

2.2●グラフと平均値の関係は？

さて，上の例は平均値(算術平均)がほとんど役に立たない場合であった．

あたり前のことだが，データの全体的な傾向を知らないと何も言えないのである．それを知る一つの方法はそのグラフを書いて，そこから読み取るということである．つまり，データの視覚化である．普通の使っている平均値（算術平均値）でイメージする全体の真ん中くらいとか，一番多いとかいうことをデータの視覚化から考えてみよう．

そこで，いまデータとして1から10までの数字を使って考えてみよう．

●例
（A）{1, 1, 1, 1, 2, 2, 2, 3, 4, 5, 6, 7, 8, 8, 9, 9, 9, 9, 10, 10, 10, 10, 10, 10}
（B）{1, 2, 3, 4, 5, 6, 6, 6, 7, 8, 8, 8, 9, 9, 9, 10, 10, 10, 10, 10, 10, 10, 10}
（C）{1, 2, 2, 3, 3, 4, 4, 4, 5, 5, 5, 5, 5, 5, 5, 6, 6, 6, 7, 7, 7, 8, 9, 9, 10}
（D）{1, 2, 2, 3, 3, 3, 4, 4, 4, 4, 5, 5, 5, 5, 6, 6, 6, 6, 7, 7, 7, 8, 8, 9, 10}

このときの平均値（算術平均），最頻値，中央値は次のようになる．

	平均値	最頻値	中央値
（A）	6.24	10	8
（B）	7.24	10	9
（C）	5.36	5	5
（D）	5.28	5	5

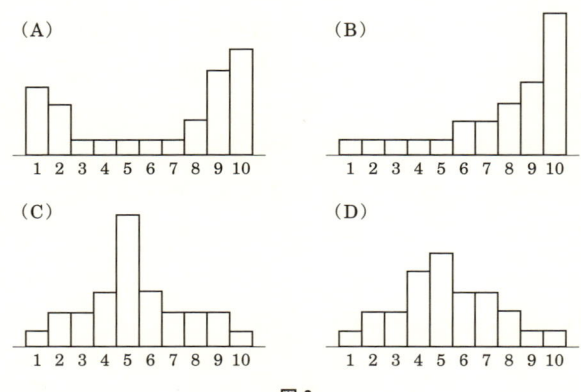

図 2

このグラフを書くと図2のようになる．（棒と棒の間はあけてもよい．
ここではあくまで傾向を見るためである．）
　このグラフによって(A), (B), (C), (D)のデータの状態を視覚的に見る
ことができる．

　このグラフの棒を重みだと考えれば，この平均値のところでほぼ左右の釣
り合いが取れているように見える．平均台という言葉から想起するのは「バ
ランスが取れる」とか「釣り合いが取れる」ということである．その意味で
は，通常使っている平均という言葉は，釣り合いとかバランスとか言った言
葉とは合致している．しかしながら，表にみるように真ん中（中央）とか最も
多い（最頻）と言ったこととは必ずしも合致しているわけではない．

　これらのグラフに見るように平均値（算術平均値）と最頻値と中央値が合致
するのは(C)と(D)のみである．(C)も(D)も特徴的なことは，山の形（山型）
で，ほぼ真ん中を通る線を対象軸としてほぼ左右対称になっている．グラフ
に示されたデータの状態のことを分布という．(C)や(D)のような分布の時
のみ，これらの三つの数値はほぼ一致しているのである．その意味で，会社
の給与の場合はデータの分布はこれらとは異なっていたのである．

　データから情報を読み取るとき，まず大切なことはデータを視覚化するこ
とである．目的に応じた収集と視覚化が必要であり，必ずしも平均値などの
数値データを必要としない場合もある．実際，グラフにすると(A)や(B)の
ような状態を示す現象もある．年齢を小さい方から十通りくらいに区分して，
交通事故被害の件数だとか癌による死亡者数の頻度のグラフを作ると(A)や
(B)に似た傾向を示すことがある．

　棒グラフ以外にデータを視覚化する方法はいくつかある．帯グラフ，円グ
ラフ（パイグラム），折れ線グラフ，絵グラフ（ピクトグラム），地図グラフ（カ
ルトグラム），レーダチャート，散布図などがある．帯グラフは構成比の変化
をみるために用いられる．円グラフは全体の中での構成比の比率を見るのに
適している．折れ線フラフは量の変化とその傾向を見るのに使われる．絵グ
ラフは共通の言語なくてもわかるので，お年寄りや外国人にはわかりやすい．
地図グラフは，特産物などを示すのに用いられる．レーダチャートは複数の
指標をまとめてみることができる．散布図は2種類のデータの関係を見るの
に用いられる．このように用途によってグラフを使い分けることが大切であ
る（図3）．

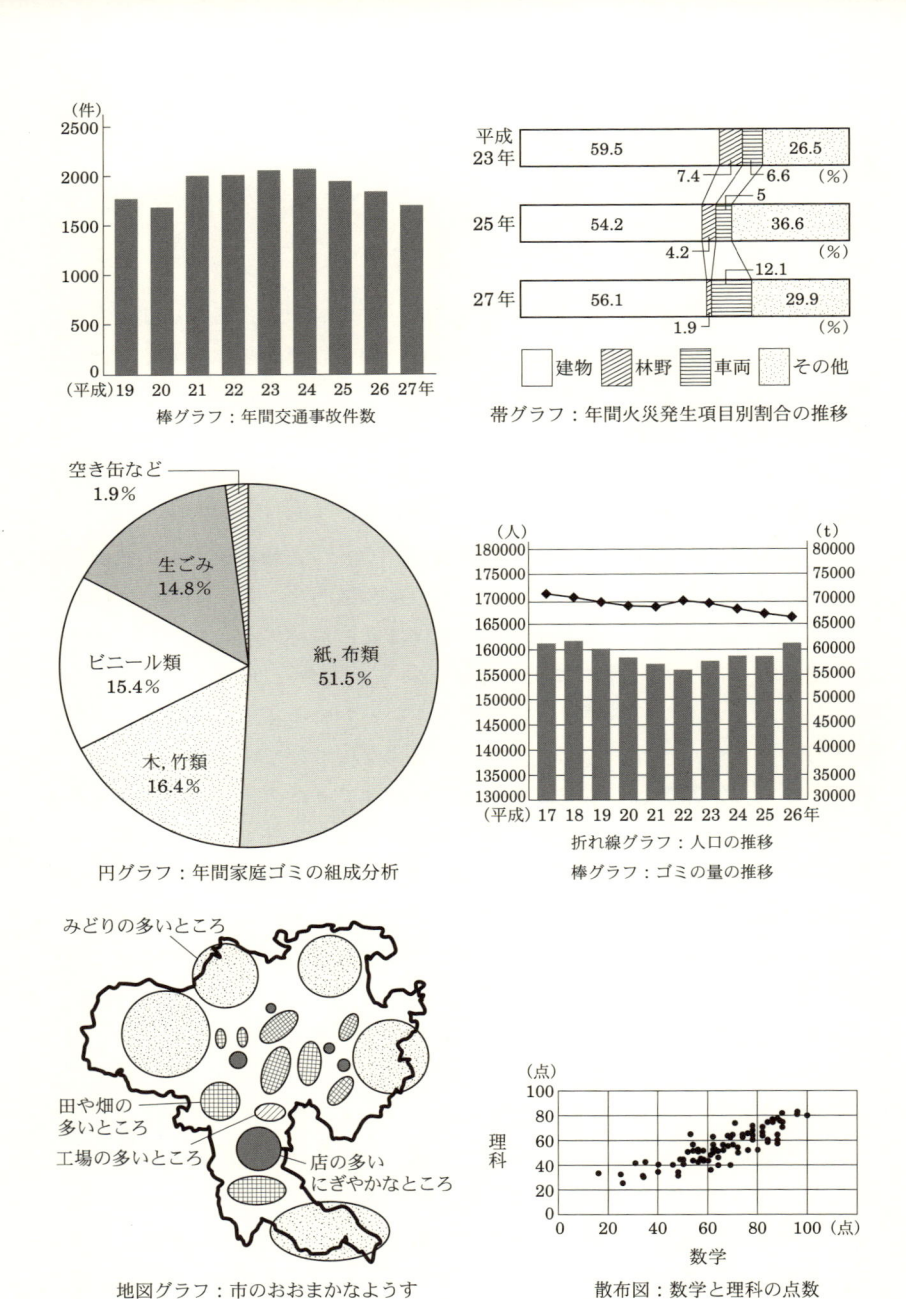

棒グラフ：年間交通事故件数

帯グラフ：年間火災発生項目別割合の推移

建物　林野　車両　その他

円グラフ：年間家庭ゴミの組成分析

折れ線グラフ：人口の推移
棒グラフ：ゴミの量の推移

地図グラフ：市のおおまかなようす

散布図：数学と理科の点数

図3　宮崎県都城市教育委員会発行の副読本『わたしたちの都城市──平成29年度』より（散布図を除く）

データの視覚化に関しては，次のような有名な話がある．

イギリスの看護師であったナイチンゲール(1820—1910)が 1854 年のクリミヤの戦争に従軍したとき，兵士の置かれた状況があまりにも悲惨だったので，調査結果をグラフ化(鶏頭図と呼ばれた円グラフ)，時のイギリス政府を動かしたという話である．それは，戦いで亡くなった兵士よりも負傷後の悪環境や劣悪な衛生設備のため亡くなった兵士が多いことを政府に訴え，環境を改善するためだった．

やはり，目は口ほどにものをいうのである．

さて，賃金の例で作られた給与を表にしたものを**度数分布表**（どすうぶんぷひょう）という．これは賃金ごとの人数を書いた表であり，その人数は度数と呼ばれる．賃金に対応して度数を記入して整理したものである．それをさらにグラフにしたのが図1である．これは**ヒストグラム**と呼ばれている．ヒストというのは組織ということで(ヒストロジイは組織学のことである)，グラムがつくと"描いたもの"という意味なるようだ．

このように，統計分析では集めたデータの度数分布表を作って，それをグラフ化する(ヒストグラム)ことでデータ全体の傾向がわかる，これが統計の第一歩である．この企業の賃金のヒストグラムは最も高い部分が左に寄り，しかも非対称的な形であったので平均値だけでは知りたい情報が得られなかったのである．グラフ(ヒストグラム)と併用することで平均値の使い方を間違うことはなくなる．

ところで，(C)と(D)はその三つの特性値(平均値，最頻値，中央値)はほぼ同じである．しかもグラフは山型でほぼ左右対称の形になっている．違いと言えば，(C)は中心に寄っているが，(D)はなだらかになっていることである．この山の形の違いを示す指標は何かということを次に考えてみよう．

2.3●平均値への忖度を示す指標がある？

中央の一番高い部分への集まり具合を示す指標，つまり平均値からの隔たり具合を示す指標といってもよい．それは分散とか標準偏差と呼ばれる．それは平均値からの隔たり具合を示す指標である．統計の理論的基礎を作ったといわれるイギリスのカール・ピアソン(1857—1936)が導入したものだという．

いま，1〜9までの数字を使った次のようなデータとそれをグラフ化したものを考える．

（ア）{1, 2, 2, 3, 3, 3, 4, 4, 4, 4, 5, 5, 5, 5, 5, 6, 6, 6, 6, 7, 7, 7, 8, 8, 9}
（イ）{1, 2, 3, 4, 4, 4, 4, 5, 5, 5, 5, 5, 5, 5, 5, 5, 5, 5, 6, 6, 6, 6, 7, 8, 9}

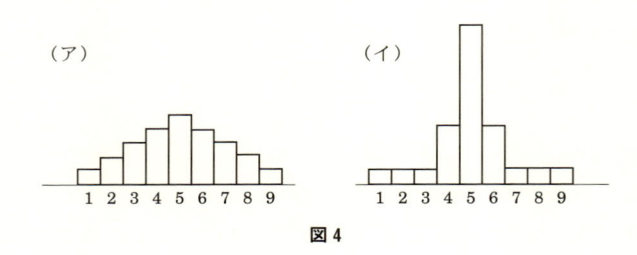

図 4

どちらも平均値は5である．平均値との差のことを偏差という．
　資料（ア）から平均値からの隔たりを計算すると

$$5-1 = 4, \quad 5-2 = 3, \quad 5-2 = 3, \quad 5-3 = 2, \quad 5-3 = 2,$$
$$5-3 = 2, \quad 5-4 = 1, \quad 5-4 = 1, \quad 5-4 = 1, \quad 5-4 = 1,$$
$$5-5 = 0 \text{ が } 5 \text{ 個},$$
$$5-6 = -1, \quad 5-6 = -1, \quad 5-6 = -1, \quad 5-6 = -1, \quad 5-7 = -2,$$
$$5-7 = -2, \quad 5-7 = -2, \quad 5-8 = -3, \quad 5-9 = -4$$

となる．これらの総和を考えると0となる．
　資料（イ）の場合は

$$5-1 = 4, \quad 5-2 = 3, \quad 5-3 = 2, \quad 5-4 = 1, \quad 5-4 = 1,$$
$$5-4 = 1, \quad 5-5 = 0 \text{ が } 11 \text{ 個},$$
$$5-6 = -1, \quad 5-6 = -1, \quad 5-6 = -1, \quad 5-6 = -1, \quad 5-7 = -2,$$
$$5-8 = -3, \quad 5-9 = -4$$

となる．これらの総和を考えると0となる．
　このように，平均からの隔たりの総和は0になる．そのために偏差を二乗して正の値にしておいて，その平均値をとる．これを分散という．また，その平方根を標準偏差という．分散も標準偏差もデータの平均値からの隔たり具合を示した指標になる．
　どちらでもいいのだが，平方根を取るのはデータとの単位を揃えるためもあり，別の意味でもいろいろと便利なことがあるからである．

(ア)の分散と標準偏差は、4 と 2

(イ)の分散と標準偏差は、2.6 と 1.6

標準偏差が小さいものの方が、平均値に近いところに集まり高くなり、大きいとフラットになることがわかる。文字通り平均値からの隔たりを示す指標であり、同じ山型で対称であってもその違いを標準偏差で知ることができる。

念のためにここで一般的な定義を述べておこう。$\{a_1, a_2, a_3, \cdots a_{n-1}, a_n\}$ を n 個のデータとする。その平均値 m は

$$m = (a_1 + a_2 + a_3 + \cdots + a_{n-1} + a_n) \div n = \frac{a_1 + a_2 + a_3 + \cdots + a_{n-1} + a_n}{n} \qquad (1)$$

その分散は、平均値からの偏差の二乗の平均値であるので、

$$\text{分散} = \{(a_1-m)^2 + (a_2-m)^2 + \cdots + (a_{n-1}-m)^2 + (a_n-m)^2\} \div n$$
$$= \frac{a_1^2 + a_2^2 + a_3^2 + \cdots + a_{n-1}^2 + a_n^2}{n} - m^2 \qquad (2)$$

(上の式を変形すると(2)になる。) 標準偏差 s は分散の平方根である。

$$s = \sqrt{\frac{a_1^2 + a_2^2 + a_3^2 + \cdots + a_{n-1}^2 + a_n^2}{n} - m^2}$$

平均値と標準偏差がわかるだけで、結構なデータの分析ができる。

次の不等式はロシアの数学者チェビシェフ(1821〜1894)により示された不等式である。この不等式はデータの限られた範囲の割合を知るのに役に立つのである。

● **チェビシェフの不等式**

平均値が m で標準偏差が s であるデータの集合がある。このとき次のことが成り立つ。

0 より大きい k に対して、平均値 m からの隔たり(偏差)が $k \times s$ 以上であるデータの個数は総数の $\frac{1}{k^2}$ よりも大きくはない。また、$k \times s$ 以下であるデータの個数はデータ総数の $\left(1 - \frac{1}{k^2}\right)$ よりは小さくない。

非常に歯切れの悪い表現であるが、これが統計の特徴である。統計分析においてはこうであると言い切れるのがなかなか難しいのである。深く統計を学べばわかってくるが、常に何らかの間違う可能性の確率が付きまとうのである。

る.

　チェビシェフの不等式を使った例を考えてみよう．いま成人男子の集団 50 人の血圧の測定結果，平均値 124，標準偏差 17 であった．平均値から $1.5 \times 17 = 25.5$ の範囲外の人，つまり血圧の 98.5 以下の人または 149.5 以上は何人くらいだと想定すればよいだろうか？

　このときは，$k = 1.5 = \dfrac{2}{3}$ なので，総数の $\dfrac{1}{4}$ よりは大きくはないことになる．したがって，$50 \times \dfrac{1}{4} = 12.5$ となり，12 人以下だと推測される．実際の観測値では 8 人だった．また，98.5～149.5 の人は 38 人以上いるということになる．このように二つの数値からおおよその検討をつけることができる．

2.4●悪者にされてしまった偏差値とは？

　次にデータ間の比較について考えてみよう．例えば，数学と英語の試験の 10 人の点数を例にとろう．

　下記のデータは数学と英語の試験のデータである．A 君は数学で 90 点，B 君は英語で 90 点を取った．どちらが価値のある 90 点といえるだろうか？

					A	B				
数学	40	80	64	38	66	48	90	55	70	49
英語	53	52	70	51	90	54	65	55	70	40

この二教科の平均点はともに 60 点である．標準偏差は，それぞれ 16.2 と 13.3 である．

　平均値が同じの場合の集団同士のデータの比較は簡単である．つまり，数学の点数のばらつきよりは英語の点数のばらつきの方が小さい，ということは差がつきにくいということになる．したがって，平均値は同じなので，ばらつきが小さい中での高得点の方がより価値があるということになる．A 君の 90 点は価値が高いということになる．世界記録に近い選手が多く集まっている競技でトップに立つのは難しいというのと同じことである．

　さらには平均値が異なっていても，この平均値と標準偏差がわかれば，データの比較ができることを示そう．例えば，理科と社会の試験の 10 人の点数を例にとろう．

	A	B								平均値	標準偏差
理科	70	34	85	51	60	50	64	66	60	52	59.2	13.0
社会	85	32	76	57	80	43	80	76	50	57	63.6	17.3

　このとき，A 君の社会の 85 点と B 君の社会 85 点とのどちらが価値がある
と言えるか？　理科の平均点と社会の平均点は違っているので，同じ 85 点で
あれば，やはり平均点の低い理科での 85 点の方が価値がありそうである．
しかし，平均値からの点数のばらつき具合(標準偏差)も気になる．とすれば，
それも考慮に入れる必要があるだろう．そこで，標準化して考えることが必
要になる．
　標準化とは，それぞれのデータを次の式で変換することである．

$$標準値 (z\text{-}スコア) = \frac{データ - 平均値}{標準偏差}$$

(標準化された値は，z-スコアとも呼ばれる)．この式で何を標準化している
のかということだが，いま 10 個あったデータをこの式で変換して，変換した
データを新しいデータと考えて平均値と標準偏差を計算すると，

　　平均値が 0, 標準偏差が 1　　　　　　　　　　　　　　　　　(∗)

になる．このように，データの平均値を 0, 標準偏差を 1 にすることを標準
化と呼んでいるのである．理科と社会のデータをそれぞれ標準化すれば，ど
ちらも平均値か 0, 標準偏差が 1 になるので，理科と社会のデータの比較が
できるというわけである．
　ここで，まず(∗)を示しておく．いま，$\{a_1, a_2, a_3, a_4, a_5, a_6, a_7, a_8, a_9, a_{10}\}$ の 10
個のデータがある．その平均値 m とし，標準偏差を s とする．

$$m = (a_1 + a_2 + a_3 + a_4 + a_5 + a_6 + a_7 + a_8 + a_9 + a_{10}) \div 10 \qquad (3)$$

このとき，標準化により変換した新しいデータは次のようになる．

$$\frac{a_1 - m}{s}, \quad \frac{a_2 - m}{s}, \quad \frac{a_3 - m}{s}, \quad \frac{a_4 - m}{s}, \quad \frac{a_5 - m}{s},$$

$$\frac{a_6 - m}{s}, \quad \frac{a_7 - m}{s}, \quad \frac{a_8 - m}{s}, \quad \frac{a_9 - m}{s}, \quad \frac{a_{10} - m}{s}$$

この新しいデータの平均値を計算しよう．それは総和をとって 10 で割れば
よい．

$$\left\{ \frac{a_1-m}{s} + \frac{a_2-m}{s} + \frac{a_3-m}{s} + \frac{a_4-m}{s} + \frac{a_5-m}{s} + \frac{a_6-m}{s} \right.$$

$$\left. + \frac{a_7-m}{s} + \frac{a_8-m}{s} + \frac{a_9-m}{s} + \frac{a_{10}-m}{s} \right\} \div 10$$

$$= \left[\frac{1}{s} \{(a_1+a_2+a_3+a_4+a_5+a_6+a_7+a_8+a_9+a_{10}) - 10m\} \right] \div 10$$

$$= \left[\frac{1}{s} 10m - 10m \} \right] \div 10 \qquad ((3) \text{より})$$

$$= 0$$

つまり，新しいデータの平均値は 0 となる．

新しいデータの標準偏差は，新しいデータと平均値の差の二乗の平均値を求めて，それの平方根を取ればよい．新しいデータを改めて $\{b_1, b_2, b_3, b_4, b_5, b_6, b_7, b_8, b_9, b_{10}\}$ と書く．

$$b_1 = \frac{a_1-m}{s}, \quad b_2 = \frac{a_2-m}{s}, \quad \cdots, \quad b_{10} = \frac{a_{10}-m}{s}$$

その標準偏差は(2)を使い，分散を求める．平均値は 0 なので，

$$\text{分散} = \frac{b_1^2 + b_2^2 + \cdots + + b_{10}^2}{10} - 0^2$$

$$= \frac{1}{10} \times \frac{1}{s^2} \{(a_1^2 + a_2^2 + a_3^2 + \cdots + a_{10}^2)$$

$$\qquad\qquad - 2(a_1 + a_2 + a_3 + \cdots + a_{10})m + 10m^2\}$$

$$= \frac{1}{10} \times \frac{1}{s^2} \{(a_1^2 + a_2^2 + a_3^2 + \cdots + a_{10}^2) - 10m^2\}$$

$$= \frac{1}{s^2} \left\{ \frac{1}{10}(a_1^2 + a_2^2 + a_3^2 + \cdots + a_{10}^2) - m^2 \right\}$$

$$= \frac{1}{s^2} \times s^2$$

$$= 1$$

標準偏差はその平方根なのでやはり 1 となる．

先ほどの課題に戻ろう．

A 君は社会が 85 点，B 君は理科が 85 点である．A 君の 85 点を標準化すると

$$(85 - 63.6) \div 17.3 = 1.23$$

B 君の 85 点を標準化すると

$$(85 - 59.2) \div 13.0 = 1.98$$

これは標準化して比較しているので比較可能となり，B君の点数の方が高いということになる．

ところで，実際に標準化されたデータを計算してみると，理科の場合次のようになる（小数第三位を四捨五入）．

理科	70	34	85	51	60	50	64	66	60	52
標準値	0.83	−1.94	1.98	−0.63	0.06	−0.71	0.37	0.52	0.06	−0.55

標準化されたデータの合計は，−0.01 となる．従って，平均値は −0.001 であり，小数第三位で四捨五入すれば 0 ということになる．標準化の数値を用いた標準偏差は 0.9995 となる，小数第三位を四捨五入すれば 1 である．理論上は，先ほどみたように平均値 0，標準偏差 1 となるが，実際のデーターを使った場合，小数点以下が出てくるので正確に 0, 1 となるわけではない．

この標準化されたデータは非常に小さくて扱いにくいので，これを次のように変換する．

（標準値）×10＋50

この数値は**偏差値(T-スコア)**と呼ばれている数値である．このように変換すると，標準化されたデータの平均値は 50 で標準偏差は 10 となる．

問

このことを確認せよ．

例えば，五回の数学テストを見てみよう．この試験における全体の平均値と標準偏差は次のとおりである．

全体の平均値	61.0	56.5	62.7	60.0	63.2
標準偏差	15.5	14.3	15.0	13.5	15.5

このとき，A さんと B さんの成績は次のようであった．

A さん	72	65	72	76	78
B さん	57	50	60	59	62

このときの二人の偏差値を見てみよう.

A さんの偏差値	57.1	55.9	56.2	61.9	59.5
B さんの偏差値	47.4	45.6	48.2	49.3	49.2

A さんは，第一回と三回は同じ 72 点であるが，偏差値をみると一回目の方が高いので一回目の方が出来ていたことになる．第四回と第五回を比較すると 5 回目の方が点数は高いが，偏差値的には下がっている．B さんも第三回と第四回では点数が低くなっているが，偏差値は高くなっている．また，B さんは偏差値をみる限りは，あまり大きな変化がない.

このように，点数ではなく偏差値を調べることで違った試験が比較できて，自分のプロフィールがわかるという便利さがある.

かつて国立大学の入試は，二グループに分類されて行われていた．それらは一期校，二期校となっていた．しかも，入試は大学独自の出題であった．ところが，数学に奇問難問が出題されるとか，二期校は一期校より下に見られるとか，二期校は欠席が多くて大変だとかいう，さまざまな理由が立てられて国立大学に全国共通試験が導入された．しかし，実際には数学の奇問難問は国立大ではなく私立大に多く見られた．私学経営上のこともあり，すべての私立大に数学専門の先生がいるというわけではなかったからである．二期校が一期校より下という見方は，受験生から見ても社会的な評価でもまったく通用しない理由であった．このことにより，偏差値が幅を利かせるようになり大学入試による全国の大学の序列が出来上がった．偏差値による全国の大学のランク付けができたのである.

結果として，行きたい大学より受かる大学へという受験指導シフト，とりあえず合格する大学に進学しようとなり，高校生の学習の方法にも大きな影響を与えてきた．また，ランク付けが徹底したために大学ごとに入学者が均質化し，高等教育としての大学が大きく様変わりしたのである．理由はどのようにせよ，全国一率の全国共通試験の導入はメリットよりはデメリットの方が多い制度だと考える．このように，集団を分析する指標により，一人ひとり学生の個性を消し去ってしまうということが起きる．これが統計データを用いる上での怖いところである.

3 正規分布とは
いまはなき五段階評価

3.1●保健室でよくみかけるグラフとは

　第2節では，データを視覚化することでその特徴を一目で観測できることを述べた．さらにはそのデータの特性値である平均値（または中央値，最頻値）や標準偏差がわかれば，そのデータに関する知りたい情報を読み取ることが可能であることも見てきた．そのきわめつけは，これから述べる正規分布と呼ばれる典型的な分布である．分布というのはデータをある仕方で整理したものである．第2節でも見たように，データの最小値と最大値の間をいくつかの区間で区切って，その区間の間にあるデータの個数（頻度）を表にしたものを度数分布表と呼んでいる．この度数分布表をもとに棒グラフにしたものがヒストグラムと呼ばれるものである．このことはすでに触れたが，ここでもう一度述べておこう．

　説明のために森田優三著の『新統計読本』の82ページにある文部省の昭和53年度の学校保健調査報告書をもとに作成された高校生の身長と体重の表を使用させていただく．その表を若干改変して作成したのが次のような度数分布表である．身長を5cm間隔にして八つの階級にしている．それをもとに相対度数のヒストグラムを書く．相対度数とは（度数÷総数）×100のことである．総数は994人である．

階級	148-153	153-158	158-163	163-168	168-173	173-178	178-183	183-187
代表値	150.5	155.5	160.5	165.5	170.5	175.5	180.5	185.5
度数	3	14	95	264	340	203	69	6
相対度数	0.3	1.4	9.6	26.6	34.2	20.4	6.9	0.6

　この相対度数のヒストグラムは図1のようになる．

　また，この度数分布表から平均値や標準偏差を計算することもできる．こ

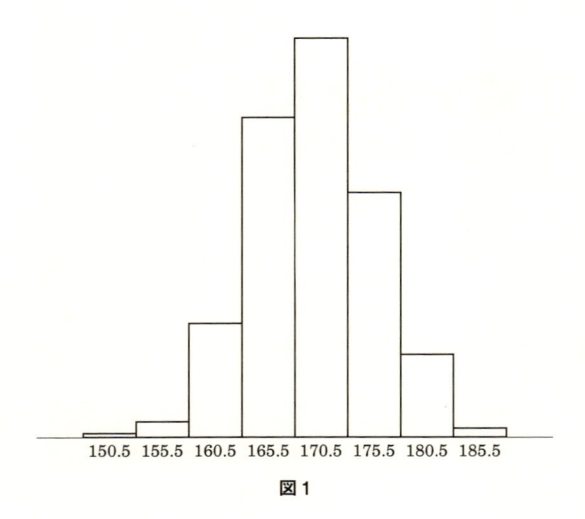

図1

こでは平均値の計算を示しておこう．この表から平均値を計算するには，階級と書かれている数値の真ん中の値（上記の表を参照）をその階級の代表値として用いる．例えば，148-153 では 150.5 として，150.5 cm の人が三人いると考えて 150.5×3 とする．同様に進めていって，それをすべて加えたものを総数の 994 人で割ればおおよその平均値が求まる．

$$平均値 = (150.5×3+155.5×14+160.5×95+165.5×264+170.5×340$$
$$+175.5×203+180.5×69+185.5×6)÷994 = 169.75$$

したがって，平均値は約 169.8 cm と考えることができる．もちろん．代表値を用いて標準偏差を計算することができる．標準偏差の計算は省略するが，約 5.8 である．

　この身長の例は一つの例であるが，実際には取り上げる対象によって，さまざまな形のグラフが出てくる．しかし，普段によく見かけるグラフは，この身長のヒストグラムのように釣り鐘状の形をしていて中央が一番高くなっている形のものが多い．

　そのような形（分布）の理想形が正規分布と呼ばれるもので，釣り鐘状の形をしていて中央が一番高く，左右対称になっているものである．正規分布の特徴は平均値と標準偏差という二つの値で形（分布）が決定されてしまうということである．

　幸いなことに，いろんな測定の誤差，人の身長，テストの成績，製品の測定値，自然現象の測定値などデータのヒストグラムは，今述べた正規分布と

いPVれる形に近くなることがわかっている．先ほどの身長の例もデータの数を増やせば正規分布に近くなるのである．その状況を模擬的に示したのが図2である．このように次第に正規分布と呼ばれるものに近づいていく．

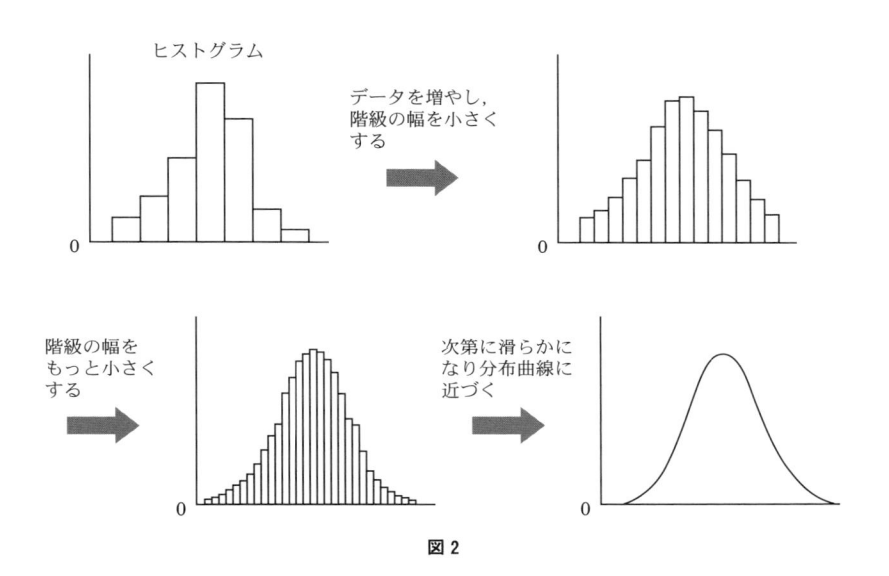

図 2

　この分布は19世紀の数学者ガウスが測定値を整理する中で発見したといわれており，ガウス分布とも言われる．

　そこで，まず正規分布の性質について述べておこう．この正規分布というのは上記で述べたように，統計から来ているので分布という用語を使っているが，数学的には正規曲線というものである．その正規曲線の関数は次の式である．この関数についての詳しいことはこの本では触れない．この関数のグラフが図3（次ページ）であると考えていただくことにしよう．

$$f(x) = \frac{1}{\sqrt{2\pi}\,\sigma} e^{-\frac{(x-\mu)^2}{2\sigma^2}}$$

（μ, σ は定数，π は円周率，$e = 2.718\cdots$）

もちろん，これから述べるこの関数のグラフの性質はあくまで数学的な性質である．

　図4（次ページ）ここに示された％は，全体の面積を1としたときの囲まれた部分の面積を示している．y 軸に平行な二本の直線と x 軸とこの曲線で囲まれた部分の面積を計算して求められたものである（具体的には先ほどの関

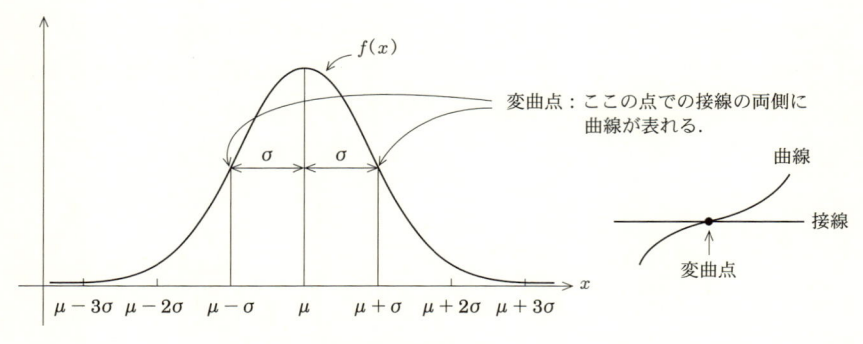

図 3 正規曲線のグラフ

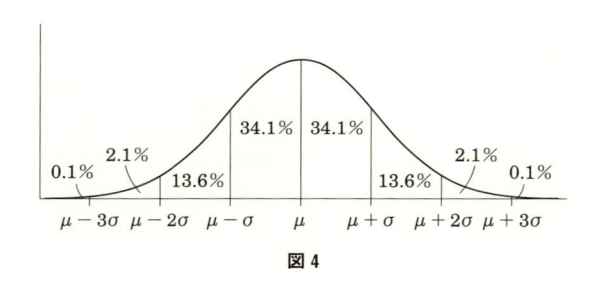

図 4

数の積分である）．そして，この曲線で囲まれた全面積との比を求めたものである．したがって，ここまでは数学的に導かれる事実である．

　すでに述べたように，あるデータの分布が正規分布に近づくのであれば，最初からそのデータはその理想形である正規分布そのものであると考えて事を処理するのである（そのことをデータが正規分布に従うと表現していることが多い）．その時には，μ や σ には平均値，標準偏差をあてはめることができるのである．そしてデータとの関係において，上記の数学的事実は次のように解釈をしてよいということである．その意味は下記の通りである．

（1）$\mu \sim \mu + \sigma$ の範囲のデータ数の全データ総数に対する割合を示している．それが 34.1% ということである．（対称なので，$\mu - \sigma$ も同じである．）

（2）$\mu + \sigma \sim \mu + 2\sigma$ までは 13.6% である．

（3）$\mu + 2\sigma \sim \mu + 3\sigma$ までは 2.1% である．

したがって，$\mu-\sigma\sim\mu+\sigma$ までにあるデータは全体の 68.2% ということになる．また，$\mu-2\sigma\sim\mu+2\sigma$ までにあるデータは全体の 95.4% ということになる．このように平均値と標準偏差を用いて，ある範囲のデータの総数の％がわかるのである．

　さらには，このデータを標準化（第 2 節で述べた）すれば，平均値が 0，標準偏差が 1 の分布になる．ということは，正規分布もそのように変換されるということである．平均値が 0，標準偏差が 1 の正規分布のことを標準正規分布という（図 5）．標準正規分布に関しては詳しい割合が計算されて表になっている（表 1）．これは高等学校の教科書の最後のページあたりに載っている．

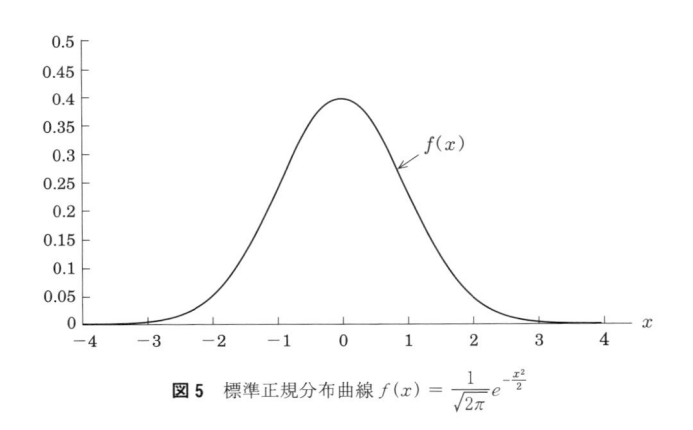

図 5　標準正規分布曲線 $f(x) = \dfrac{1}{\sqrt{2\pi}}e^{-\frac{x^2}{2}}$

3.2●標準正規分布とその利用

次に，標準正規分布の表の利用について説明しよう．

●例
いまある市の中学校の生徒 5000 人の学力テストの結果，平均値が 63.2 で標準偏差が 14 であることがわかっている．このテストで A 君のテストの成績は 80 点であった．A 君より成績のいい人が何人くらいいると考えたらよいか．
まず仮定として，

（1）上記に述べたように，一般に学力テストの成績は正規分布を

することが知られているので，正規分布と仮定することができる．

わかっている情報は

 （2）生徒数 5000 人，平均値が 63.2，標準偏差が 14.
 （3）A 君の成績は 80.

解決の方法としては，仮定(1)からこのテストのデータは正規分布に従っていると考えることができる．つまり，学力テストの成績のデータは平均値が 63.2，標準偏差が 14 の正規分布であると考えてよい．
正規分布の表を利用することを考える．しかし，正規分布の表は標準正規分布に対して作られているので，それを利用するには，A 君のデータ 80 を標準化しなければならない．
標準化の方法は，すでに 2 節でも述べてある．

$$\text{A 君のデータ 80} \Longrightarrow \text{標準化}: \frac{(\text{A君のデータ}) - (\text{平均値})}{\text{標準偏差}}$$

$$\frac{80 - 63.2}{14} = 1.2$$

表 1 は標準正規分布の表である．0〜x までのデータが全体のデータに占める割合がどれくらいかが面積として計算されている．それは黒い部分の面積であり，全体の面積は 1（100%）である．
この表の読み方は次のようである．
いま標準化した数値が x にあたる．$x = 1.2$ なので，この表の縦の欄の 1.2 と横の欄の .00 を読む．このとき，0.3849（38.49%）である．これは表の下のグラフのグレーの部分の割合である．
いま欲しいのは，A 君より成績の良い人の人数である．もちろん，このグラフは 5000 人のデータのヒストグラと考えればよいから，x 軸の右に行くほど成績が高いわけである．したがって，A 君の 80 点に対応する標準値 1.2 より右側の割合を調べればよい．
このグラフは対称なので 1 の半分は，0.5 であるから，

 $0.5 - 0.3849 = 0.1151$

よって，A 君よりも成績がいい人は 11.51% いることになる．これは A

表1　標準正規分布表

x	0	0.01	0.02	0.03	0.04	0.05	0.06	0.07	0.08	0.09
0.0	.0000	.0040	.0080	.0120	.0160	.0199	.0239	.0279	.0319	.0359
0.1	.0398	.0438	.0478	.0517	.0557	.0596	.0636	.0675	.0714	.0753
0.2	.0793	.0832	.0871	.0910	.0948	.0987	.1026	.1064	.1103	.1141
0.3	.1179	.1217	.1255	.1293	.1331	.1368	.1406	.1443	.1480	.1517
0.4	.1554	.1591	.1628	.1664	.1700	.1736	.1772	.1808	.1844	.1879
0.5	.1915	.1950	.1985	.2019	.2054	.2088	.2123	.2157	.2190	.2224
0.6	.2257	.2291	.2324	.2357	.2389	.2422	.2454	.2486	.2517	.2549
0.7	.2580	.2611	.2642	.2673	.2704	.2734	.2764	.2794	.2823	.2852
0.8	.2881	.2910	.2939	.2967	.2995	.3023	.3051	.3078	.3106	.3133
0.9	.3159	.3186	.3212	.3238	.3264	.3289	.3315	.3340	.3365	.3389
1.0	.3413	.3438	.3461	.3485	.3508	.3531	.3554	.3577	.3599	.3621
1.1	.3643	.3665	.3686	.3708	.3729	.3749	.3770	.3790	.3810	.3830
1.2	.3849	.3869	.3888	.3907	.3925	.3944	.3962	.3980	.3997	.4015
1.3	.4032	.4049	.4066	.4082	.4099	.4115	.4131	.4147	.4162	.4177
1.4	.4192	.4207	.4222	.4236	.4251	.4265	.4279	.4292	.4306	.4319
1.5	.4332	.4345	.4357	.4370	.4382	.4394	.4406	.4418	.4429	.4441
1.6	.4452	.4463	.4474	.4484	.4495	.4505	.4515	.4525	.4535	.4545
1.7	.4554	.4564	.4573	.4582	.4591	.4599	.4608	.4616	.4625	.4633
1.8	.4641	.4649	.4656	.4664	.4671	.4678	.4686	.4693	.4699	.4706
1.9	.4713	.4719	.4726	.4732	.4738	.4744	.4750	.4756	.4761	.4767

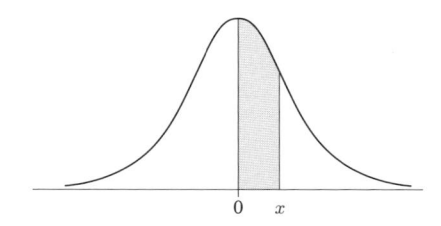

君も含めてよいが，

$$5000 \text{人} \times 0.1151 = 575.5$$

こうして，A君よりも成績が同じか，それよりも高い人は約576人いることになる．

以上に述べたことは，データが正規分布に従うとしたときに，この正規分布の表を使って独立な情報を得ることができるということの例である．

3.3●過信は禁物

このような便利な正規分布が子どもたちを苦しめることにもなった時代がある．この正規分布が長い間学校の成績の評価に用いられたことがある．いわゆる成績の五段階評価というものである．先ほど，正規分布の例として学校のテストの成績を挙げた．確かに，大学入試センター試験のように何十万人も受けるテストではその成績は正規分布に近くなるようである．そうは言っても，それが通常の学習評価に適切かどうかは別の問題である．この評価の場合は，まず次のような仮説(a)を認めるところから始まる．

（a）子ども達の学業成績は，学校におけるいろんな成績を総合したものであり，それを総合した成績の平均値は正規分布に従う．

それをもとに成績を五段階に分けるのである．

（b）学業成績が正規分布に従うので，その分布にもとづいて成績評価を5段階で行う．図6の正規分布から（四捨五入なので人数の合計が合わない．）

$\mu+1.5\sigma$ 以上	評価 5	全体の 7%	40人クラスなら約 3 人
$\mu+0.5\sigma\sim\mu+1.5\sigma$	評価 4	全体の 24%	40人クラスなら約 10 人
$\mu-0.5\sigma\sim\mu+0.5\sigma$	評価 3	全体の 38%	40人クラスなら約 15 人
$\mu-1.5\sigma\sim\mu-0.5\sigma$	評価 2	全体の 24%	40人クラスなら約 10 人
$\mu-1.5\sigma$ 以下 σ	評価 1	全体の 7%	40人クラスなら約 3 人

さてこの評価は，それぞれの評価の割合があらかじめ決められているために，その子どもが自分なりにどんなに頑張っても高い評価が得られない可能性がある．そうなると学習意欲にも影響が起きる．必ずしも努力でどうにかなるわけではない．まったくひどい話ではある．

そのほかにも，最も高い評価もわずかに3人であり，低い評価に至っては毎回3人に評価1を出すということになるが，教育という観点からそれでよいのかという問題もある．

いまはこの相対評価（五段階評価）はなくなった．統計的な手法を適用する

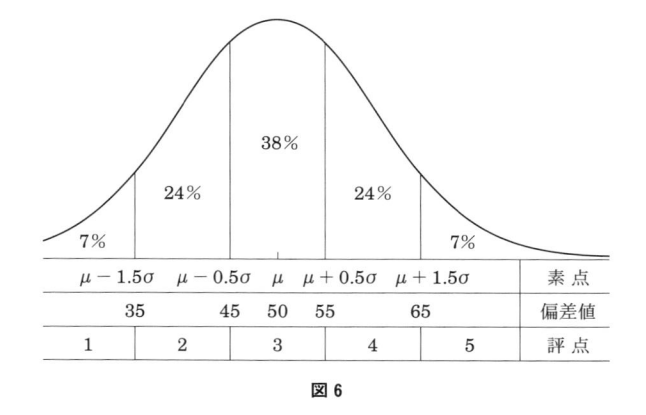

		38%			素 点
	24%		24%		
7%				7%	
$\mu - 1.5\sigma$	$\mu - 0.5\sigma$	μ	$\mu + 0.5\sigma$	$\mu + 1.5\sigma$	素 点
	35	45	50	55	65	偏差値
1	2	3	4	5	評 点

図 6

際には，十分慎重な態度で臨みたいものである．成績評価をめぐる問題はいつの時代も厄介なものである．人間の能力を測るとすれば一つの尺度では無理があるのだが，根拠のある尺度を求めたがる傾向にある．その根拠が問題なのだが，統計的な手法による結論は，結果が数値で示されるので利用しやすいという面がある．しかもそれを絶対的根拠にしたくなる．人間はどうも数に弱いのである．この仮説の一つの根拠は，中心極限定理という統計学上の定理である．

●中心極限定理

ある収集したデータの集団があるとする．その平均値 μ，標準偏差 σ とする．いま，この集団から任意に n 個のデータを取り出してその平均値をとる．このとき，n を限りなく大きくすれば，その平均値の集団の分布は，平均値 μ で標準偏差 $\dfrac{\sigma}{\sqrt{n}}$ の正規分布に近づく．

しかし，どうだろうか，教育という営みは身長や誤差の話とは違い，教育環境も違えば生活環境も違う上に，教育という行為によって日々変わっていくわけである．教育は人と人との関係性の中で人間性を育てていく営みであることを忘れてはならないだろう．

もちろん，その前提がきちんと説明できることであれば，統計分析を使うことは必要なことである．

正規分布を利用することで大いに助かるという例を紹介しておこう．

そのような利用でよく知られているのは工程管理である．ある工場の機械

が安定的にある部品を製造しているとしよう．この部品の重さは狂いのないように作ることが要求されているとしよう．この工程からの製造品は正規分布をしているものとしよう（それが不明なときは中心極限定理を使って作成すればよい）．

（1）まず，工程を管理する管理図を作るためのデータを収集する．
　　　検査員が数時間ごとに一定個数の部品を抜き取り，その平均値を記録する．これら平均値のデータがある程度の個数が得られるまで取ることにする．収集したデータからその平均値を計算し，標準偏差も求める．平均値を μ とし，標準偏差を σ とする．

（2）いま得られたデータをもとに工程管理図を作成する．
　　　正規分布をすることから（図3を参照），$\mu - 3\sigma \sim \mu + 3\sigma$ までにあるデータは全体の 99.6% ということになる．したがって，この線をはみ出す割合は 0.4% にすぎない．したがって，この線を工程管理限界線と定めて下記のような管理図を作る．

（3）これ以降，同じように数時間おきに一定数を抜き出して，その平均値を計算し，この管理図に記していき，もしこの限界の線をはみ出した場合は不良品が製造されているとして，工程をストップして検査をするのである．

図7は工程管理図と呼ばれているものである．

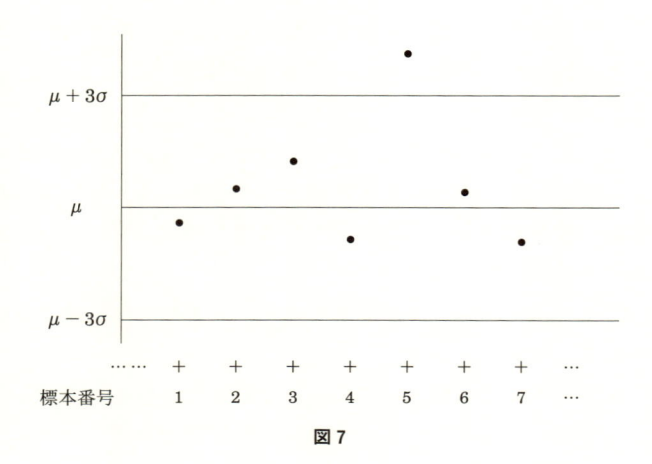

図 7

　ところで，身長と違って体重は正規分布に似ているが正規分布はしない．交通事故の発生なども正規分布ではない．そうなるとどのようなデータが正規分布をするのかを判断する必要がでてくる．そのために得られたデータが正規分布に従うかどうかを試す方法がある．正規確率紙なるものが市販されている（図 8）．これにデータから得られた数値をプロットしていって直線になれば正規分布に従うことがいえる．自分が集めたデータが正規分布をするかどうか気になる人は試してみるといい．その方法の例を述べておこう．

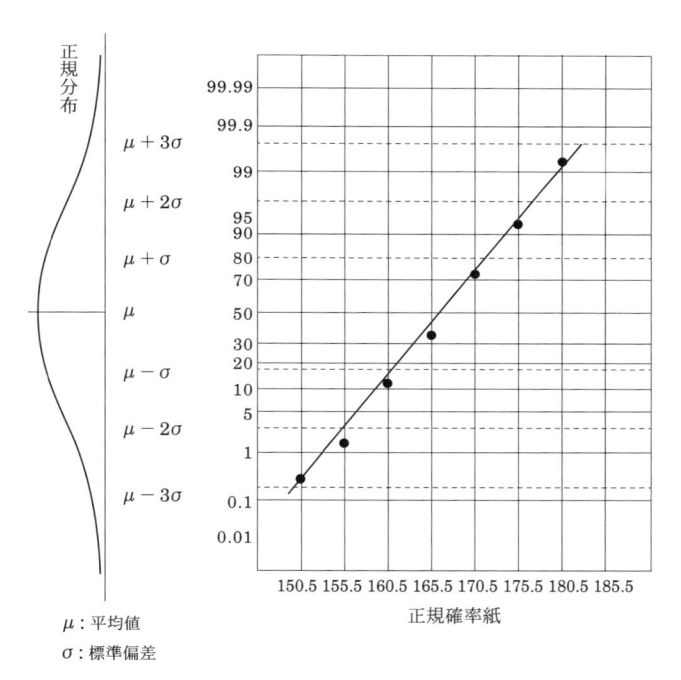

μ：平均値
σ：標準偏差

図 8

　下の表は，冒頭の度数分布表から累積度数百分率を作ったものである．

階級	148-153	153-158	158-163	163-168	168-173	173-178	178-183	183-187
代表値	150.5	155.5	160.5	165.5	170.5	175.5	180.5	185.5
度数	3	14	95	264	340	203	69	6
相対度数	0.3	1.4	9.6	26.6	34.2	20.4	6.9	0.6
累積度数	0.3	1.7	11.3	37.9	72.1	92.5	99.4	100

表の4段目は，累積度数の百分率で，相対度数を階級ごとに次々と加えた数値である．代表値を横軸，対応する累積度数百分率を確率紙にプロットし，その点が直線上に並べば正規分布に従うデータだということになる．

　最後に，『ハックルベリーフィンの冒険』の作者マーク・トウェインの言葉を贈ろう．

　　わたしは，数字というやつにはよくだまされる．とくに自分で数字を並べているときにだ．こんなとき，ディズレイリーが言ったというあの言葉が，なるほどそうだと痛切に感じられる．
　　「ウソには三つの種類がある．ただのウソと，真赤なウソと，統計だ」
　　　　　　　　　　　　　　　　　（『ちょっと面白い話』(旺文社)より）

　統計は万能ではない，それを使うのは私たち人間であることを忘れてはならない．それを活用するには十分用心してかかるのがよさそうだ．『統計でウソをつく法』(講談社ブルーバックス)という本があるくらいだから…．

引用・参考文献

『美しい数学』ドナルド・M. デイビス(好田順治訳)，青土社

『エッシャーはなぜ不思議な絵を描いたのか』M. L. トイバ(本明 寛訳，日経サイエンス編
　集部編)，日経サイエンス

『円の数学』小林昭七，裳華房

『黄金分割』H. ヴァルサー(蟹江幸博訳)，日本評論社

『黄金分割 —— 自然と数理と芸術と』A. ボイテルスパッヒャー，B. ペトリ(柳井 浩訳)，共
　立出版

『幾何の魔術』佐藤 肇，一楽重雄，日本評論社

『教育のための基礎統計学』久志本 茂，宝文館出版

『ギリシア数学史』T. L. ヒース(平田 寛，菊池俊彦，大沼正則訳)，共立出版

『初等統計学』P. G. ホエール(浅井 昇，村上正康訳)，培風館

『新統計読本』森田優三，日本評論社

『推計学のすすめ』佐藤 信，講談社(ブルーバックス)

『数学課外よみもの(I)，(II)』コロソフ((I)山崎 昇，牧野金太郎訳，(II)木村君男訳)，東
　京図書

『数学の文化史』モリス・クライン(中山 茂訳)，河出書房新社

『数学：パターンの科学』キース・デブリン(山下純一訳)，日経サイエンス社

『数が世界をつくった』I. バーナード・コーエン(寺嶋英志訳)，青土社

『図形と文化』ダン・プドウ(磯田 浩訳)，法政大学出版会

『代数入門』上野健爾，岩波書店(現代数学への入門)

『中国古代数学教育史』佟健華，杨春宏，崔建勤，科学出版社(中国)

『統計・確率のはなし』武藤 徹，新日本出版社(新日本新書)

『統計でウソをつく法』ダレル・ハフ(高木秀玄訳)，講談社(ブルーバックス)

『トポロージ入門』B. H. アーノルド(赤 攝也訳)，共立出版(共立全書)

『なっとくする数学記号』黒木哲徳，講談社(なっとくシリーズ)

『入門算数学』黒木哲徳，日本評論社

『非ユークリッド幾何の世界』寺阪英孝，講談社(ブルーバックス)

『やさしい統計学の本 まなぶ』菅 民郎，檜山みぎわ，現代数学社

『ユークリッド原論 ［縮刷版］』(中村幸四郎，寺阪英孝，池田美恵，伊東俊太郎訳)，共立出
　版

『四色問題』一松 信，講談社(ブルーバックス)

索引

索引

人名索引

黒木哲徳
くろぎ・てつのり

1944 年宮崎県西都市生まれ. 宮崎県立妻高等学校卒業.
九州大学理学部数学科並びに同大学院修士課程修了, 名古屋大学理学博士.
大学院終了後, 九州大学, 名古屋大学の理学部に勤務し, 名古屋大学在職中に淡江大学客員として台湾で勤務. その後, 福井大学で長年に渡り教師教育に携わり, 多くの数学教師を育てる. 福井大学在職中に中国上海師範大学客員を務める. 定年退職後に宮崎県 都 城 市の教育委員会で教育行政に携わる.
専門は幾何学, 算数・数学教育, 教師教育など.
著書論文等に,『入門算数学』(日本評論社),『なっとくする数学記号』(講談社),『基礎から学ぶ線形代数』(共立出版),『数学の教育をつくろう』(日本評論社)の編者などの他, 算数・数学教育や教師教育に関する論文多数.

算数から数学へ
もっと成 長したいあなたへ

2019 年 8 月 15 日　第 1 版第 1 刷発行

著者 ————	黒木哲徳
発行所 ————	株式会社日本評論社
	〒170-8474 東京都豊島区南大塚 3-12-4
	電話 03-3987-8621 ［販売］
	03-3987-8599 ［編集］
印刷所 ————	株式会社 精興社
製本所 ————	株式会社 難波製本
装丁 ————	山田信也(STUDIO POT)
イラスト ————	山田直子

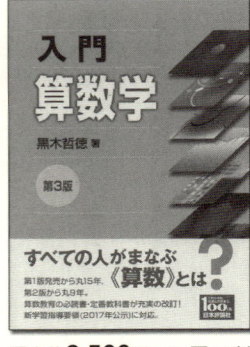